高等教育“十三五”规划教材

矿山固定设备与运输机械

主　编　时　彧　毛征宇
副主编　吴凤彪　樊彩转

中国矿业大学出版社

内容简介

本书主要介绍了煤矿固定设备中的矿井提升设备、矿井排水设备、矿井通风设备和矿井压气设备，以及煤矿运输机械中的刮板输送机、带式输送机、矿用电机车和辅助运输机械的工作原理、组成结构及工作性能，并介绍了这些机械设备的使用、维护和常见故障的分析与处理方法。

本书是普通高等院校相关专业的专业教材，也可以作为煤矿现场工程技术人员以及相关从业人员进修培训教材学习使用。

图书在版编目(CIP)数据

矿山固定设备与运输机械/时彧，毛征宇主编. 一徐州：中国矿业大学出版社，2019.1(2020.8 重印)

ISBN 978-7-5646-4022-4

Ⅰ. ①矿… Ⅱ. ①时…②毛… Ⅲ. ①矿山机械一技术培训一教材②矿山运输一运输机械一技术培训一教材 Ⅳ. ①TD4②TD5

中国版本图书馆 CIP 数据核字(2018)第 142527 号

书　　名　矿山固定设备与运输机械
主　　编　时　彧　毛征宇
责任编辑　周　红
出版发行　中国矿业大学出版社有限责任公司
（江苏省徐州市解放南路　邮编 221008）
营销热线　(0516)83884103　83885105
出版服务　(0516)83995789　83884920
网　　址　http://www.cumtp.com　**E-mail**:cumtpvip@cumtp.com
印　　刷　日照报业印刷有限公司
开　　本　787 mm×1092 mm　1/16　**印张** 13.75　**字数** 343 千字
版次印次　2019 年 1 月第 1 版　2020 年 8 月第 2 次印刷
定　　价　29.80 元
（图书出现印装质量问题，本社负责调换）

前　言

随着科学技术的不断进步，矿山机械设备也得到了飞速发展，尤其在煤炭工业领域，高效高产的综合机械化工作面不断涌现，煤矿中的提升设备、排水设备、通风设备、空压设备以及运输机械也得到不断更新，现代采煤业正朝着机械自动化和智能化的方向不断迈进。

本书主要介绍了我国煤矿生产企业所使用的固定设备以及运输机械的主要类型、基本结构、工作原理、工作性能、选型安装、使用维护和常见故障的分析处理等内容，并对本领域中的新技术、新成果、新产品及其发展方向做了相应的介绍。

本书注重基本概念、基本原理、基本结构的分析，在精选内容的基础上，力求理论联系实际，突出重点，深入浅出，加强教材的科学性和技术上的先进性、实用性，以便于培养学生的自学能力和分析解决实际生产技术问题的能力。

全书由湖南科技大学时彧和毛征宇教授担任主编，由湖南科技大学和山西能源学院联合编写。具体编写分工如下：第一章由湖南科技大学时彧编写，第二章由湖南科技大学刘伟编写，第三章由湖南科技大学沈意平编写，第四章由湖南科技大学毛征宇和王佳亮编写，第五章由山西能源学院吴凤彪编写，第六章由山西能源学院樊彩转编写，第七、八章由山西能源学院张盼盼编写。

本书在编写过程中得到了煤炭类相关院校、科研院所和厂矿的帮助和支持，并且参考使用了许多文献资料，在此向所有涉及的相关作者表示衷心的感谢。

由于编者水平所限，书中错误和疏漏之处在所难免，恳请相关专家和广大读者不吝指正，以便于今后修订完善。

编　者

2018 年 8 月

目　录

第一章 矿井提升设备

第一节 概 述

矿井提升机的出现和发展已经有近两百年的历史。19世纪初德国制造出第一台蒸汽机拖动的木结构缠绕式提升机;1827年又出现了第一台钢结构提升机;1877年设计出了第一台单绳摩擦式提升机;1905年由于电力的发展,又设计使用了第一台电气拖动的矿井提升机,逐渐代替了蒸汽提升机;1938年瑞典设计制造出第一台双钢丝绳(多绳)摩擦式提升机;1957年设计生产出多绳缠绕式提升机。1953年我国在抚顺重型机器厂制造出了第一台单绳缠绕式提升机;1961年自行设计制造出了第一台多绳摩擦式提升机,并在其后不断设计制造出具有自主知识产权的矿井提升机。

随着科学的发展,为了提高劳动生产率和各项经济技术指标,不断地采用新技术、新工艺对原有的提升设备进行技术改造,诸如采用新型制动器、液压站,并且使用寿命较长、结构稳定的线接触、面接触、三角股、多层股的钢丝绳,采用直流拖动和自动化控制等,从而提高了设备的工作能力、自控化程度和安全可靠性。从国内外矿井提升机的技术进步过程来看,都是不断地采用最新的技术、工艺和材质,以使提升设备向大型化、高效化、体积小、重量轻、能力大、安全可靠、运行准确和高度集中化、自动化的方向发展。

一、矿井提升设备的作用与特点

在煤矿生产系统中,矿井提升设备是井下生产与井上生产连接的枢纽,是矿山生产的关键设备之一,常被称为矿山的"咽喉设备"。它的主要作用是沿着井道提升煤炭、矸石,升降人员、设备和材料。

矿井提升设备的特点是在比较长的距离内,以符合设计和生产的要求,快速持续地完成往复运行,实现针对人和物的运输。这就要求它应该具备优良的机械性能、可靠的控制设备和完善的保护装置。

在安全性方面,矿井提升设备必须满足《煤矿安全规程》的要求,不能发生突然事故。因为矿井提升设备在工作过程中一旦发生机械或者电气故障,将会严重影响矿山的生产,损坏设备,甚至造成人员伤亡。这就需要从设备采购、安装、调试到使用过程中,必须将安全性放在头等重要的地位上。

在可靠性方面,矿井提升设备必须能够连续地运行而不需要停机维修。由于矿井提升设备是周期性动作的大型运输设备,工作性质决定了它必须频繁地启动和停机,所以不论是它的机械设备和结构,还是电气设备和控制系统都必须具有高可靠性,能够在符合生产要求下长期运行。要达到这一目的，除了在设计和制造方面的保证外，提高初次安装质量，精心的日常维护保养，细致熟练的操作，以及依据设备运行状态所进行的高水平的维修，都可以实现设备运行的高可靠性。

在经济性方面，矿井提升设备是矿山生产中大型机电设备，其采购成本和运行成本都很高，这就要求在保障生产的前提下尽可能地降低运行成本，确保其较高的经济性。就运行成本而言，其包含使用和维修成本。根据矿山生产要求精心编排和优化运输方案，提升机司机细致操作，及时排除设备隐患，加强管理并且严格执行各项规章制度，就可以大幅度降低使用成本。降低维修成本首先需要不断监测提升设备的运行状态，依据所测得的数据科学诊断设备的故障，合理安排维修时间，优化维修方案，以最佳的维修手段和时间进行维修。

二、矿井提升系统

常见的矿井提升系统如下。

（一）竖井箕斗提升系统

竖井箕斗提升系统采用的是单根钢丝绳一端缠绕在提升设备的滚筒上，另一端连接箕斗的形式，通过滚筒的转动来实现箕斗的升降，所以也称为单绳缠绕式提升系统。图 1-1 所示为竖井箕斗提升系统示意图。井下的运煤车通过井底车场巷道中的翻车机 8 将煤倾卸到煤仓 9 中，再通过定量输送机 10 和装载设备 11 将煤装入到箕斗中。同时，另外一条钢丝绳

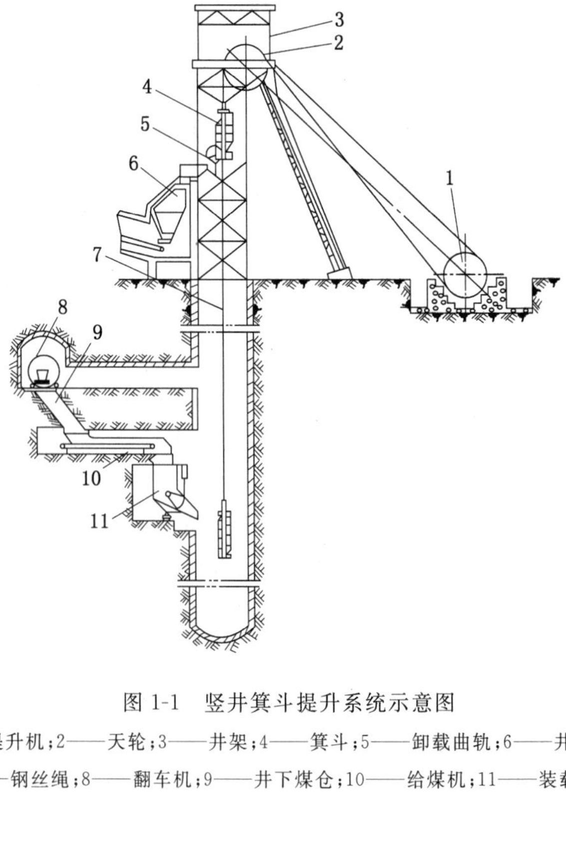

图 1-1 竖井箕斗提升系统示意图

1——提升机；2——天轮；3——井架；4——箕斗；5——卸载曲轨；6——井上煤仓；7——钢丝绳；8——翻车机；9——井下煤仓；10——给煤机；11——装载设备

上悬挂的箕斗正好位于井架 3 上的卸载曲轨 5 内，可以将煤卸入井口煤仓 6 中。两个箕斗连接的钢丝绳绕过井架上的天轮 2 缠绕在提升设备的滚筒 1 上，由提升机滚筒转动牵引其在井道中做上下往复运动，从而实现提升或下降的工作。

（二）竖井罐笼提升系统

竖井罐笼提升系统采用的是几根钢丝绳一端连接到一个罐笼，另一端连接到另外一个罐笼，中间将钢丝绳套挂在摩擦轮上，当电动机驱动摩擦轮时，通过钢丝绳与摩擦轮的摩擦力来实现罐笼的上升和下降，所以也被称为多绳摩擦式提升系统。图 1-2 所示为竖井罐笼提升系统示意图。几根提升钢丝绳 5 等距离地套挂在摩擦轮 1 上，钢丝绳两端分别连接到两个罐笼上，平衡尾绳 6 的两端分别与两个罐笼底部相连并自由地悬挂在井道中。当电动机运行时，通过减速器带动摩擦轮 1 旋转，凭借摩擦轮上的衬垫和钢丝绳之间的摩擦力来传递动力，完成提升和下放的工作。导向轮 2 用于缩小提升容器的中心距，同时也增大了钢丝绳在摩擦轮上的包角，提高了提升重量。

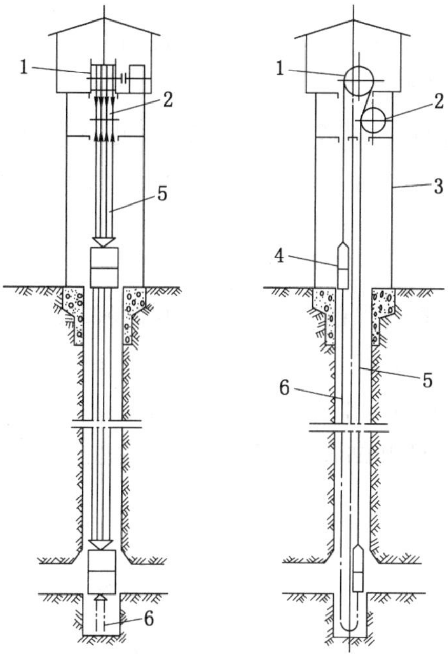

图 1-2 竖井罐笼提升系统示意图

1——摩擦轮；2——导向轮；3——井塔；4——罐笼；5——提升钢丝绳；6——尾绳

多绳摩擦式提升系统有井塔式和落地式两种配置形式。井塔式是把提升机主机安装在井塔上，其优点是提升设备系统布置紧凑，节省工业广场的占地，没有天轮，钢丝绳不在露天中，改善了钢丝绳的适用条件；缺点是需要建造井塔，所需费用较高。井塔式摩擦提升系统又可以分为有导向轮和无导向轮两种。有导向轮的优点是提升容器的中心距不受摩擦轮直径的限制，不仅可以减小井道的断面面积，而且还可以加大钢丝绳在摩擦轮上的包角，增加提升能力。但是导向轮会使钢丝绳产生方向弯曲，影响使用寿命。落地式提升系统是将提升机主机安装在地面上，优点是井架建造费用较低，减少了矿井的初期投资，还可以提高抗地震灾害的能力。目前较为普遍的是采用落地式提升系统。

多绳摩擦式提升系统与单绳缠绕式提升系统相比，其主要优点有：

(1) 提升高度不受滚筒宽度限制，适用于深井提升。

(2) 因为几根钢丝绳共同承担载荷，钢丝绳的直径可以小一些，这样摩擦轮的直径就会显著减小。

(3) 在相同的提升速度下，可以使用转速较高的电动机和较小传动比的减速器。

(4) 采用偶数根钢丝绳，并且左右捻钢丝绳各一半，可以消除提升容器在提升过程中的扭转，减小罐耳和罐道之间的摩擦。

(5) 钢丝绳套挂在摩擦轮上，减少了钢丝绳的弯曲次数，改善了钢丝绳的工作条件，可以提高钢丝绳的使用寿命。

(6) 多根钢丝绳同时被拉断的可能性极小，所以可以提高使用安全性。因此，多绳摩擦式罐笼提升系统可以不设防坠器。

其主要缺点有：

(1) 多根钢丝绳的悬挂、更换、调整、维护和检修的工作较为复杂，而且当其中一根钢丝绳损坏时，需要更换所有钢丝绳。

(2) 钢丝绳的长度不能调节，不适应多水平提升，也不适用于凿井。

因为多绳摩擦式提升系统具有一系列明显的优点，目前在使用矿井的开采系统中被广泛使用。

(三) 斜井串车提升系统

斜井串车提升系统是将钢丝绳的一端连接一组串车，另一端绕过井架上的天轮缠绕在提升系统的滚筒上，由电动机驱动滚筒转动实现串车组在井道中的上下往复运动。在井底车场和井口车场，通过一些辅助工作实现物料的装卸。图 1-3 所示为斜井串车提升系统示意图。其优点是不需要复杂的装卸设备，投资小、基建快。所以小产量的斜井常采用这种提升系统。

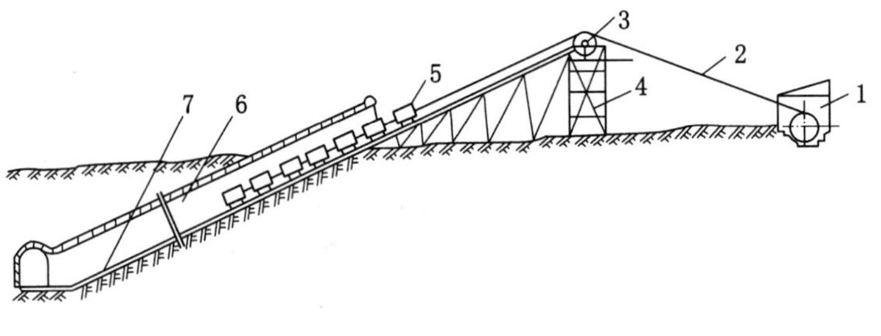

图 1-3 斜井串车提升系统

1——摩擦轮；2——钢丝绳；3——天轮；4——井架；5——矿车；6——井筒；7——轨道

(四) 斜井箕斗提升系统

当斜井的倾斜角度大于 25°时，如果使用矿车提升煤炭，很容易在提升过程中发生煤炭的撒漏，所以常采用斜井箕斗提升系统。图 1-4 所示为斜井箕斗提升系统示意图。

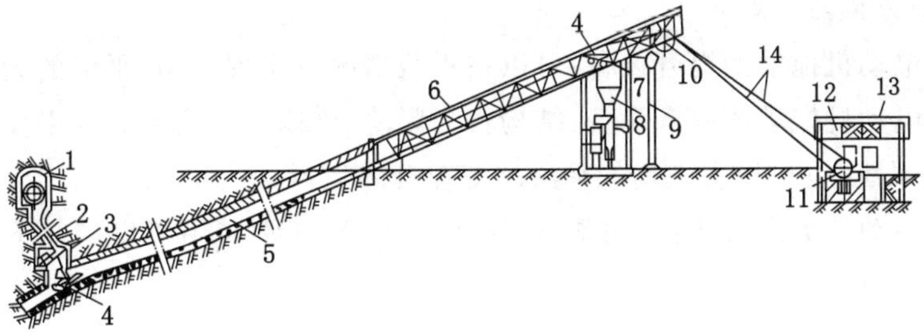

图 1-4　斜井箕斗提升系统

1——翻车机硐室；2——井下煤仓；3——装载闸门；4——斜井箕斗；5——井筒斜巷；6——地面栈桥；7——卸载曲轨；8——地面煤仓；9——立柱；10——天轮；11——提升机滚筒；12——提升机房；13——机房屋顶；14——提升钢丝绳

斜井的箕斗多采用后卸式。井下运煤车通过翻车机硐室 1 中的翻笼将煤卸入井下煤仓 2 中，操纵装载闸门 3 将煤炭装入箕斗 4 中，另外一个箕斗则正好在井上地面栈桥 6 上，通过卸载曲轨 7 将箕斗打开，并且把煤炭卸入地面煤仓 8 中。两个箕斗上的钢丝绳通过天轮 10 后缠绕在提升系统的滚筒上，当滚筒转动时带动箕斗在斜井的井道里实现上下往复运动，完成提升工作。

三、矿井提升设备的组成和类型

矿井提升系统的主要组成部分有：提升电动机、减速器、滚筒或者摩擦轮、制动系统、操作及控制系统、钢丝绳、天轮或者导向轮、提升容器、井架或者井塔以及装卸载设备等。

矿井提升设备的分类如下。

（一）按使用用途分

（1）主井提升设备：专用于提升煤炭或矿物；

（2）副井提升设备：专用于提升矸石，升降人员，下放材料、工具和设备。

（二）按井道的倾斜角度分

（1）竖井提升设备；

（2）斜井提升设备。

（三）按提升机类型分

（1）缠绕式提升设备：常用于井深小于 400 m 的矿井中；

（2）摩擦式提升设备：常用于井深大于 350 m、小于 2 100 m 的竖井中；

（3）内装式提升设备：具有结构紧凑，占地面积小，受力均匀，基础简单等特点，特别适用于塔式提升系统。

（四）按提升容器分

（1）箕斗提升设备：分竖井提升箕斗和斜井提升箕斗。生产效率较高。

（2）罐笼提升设备：分普通罐笼和翻转罐笼。生产效率较低，主要用于副井。

（3）矿车提升设备：分单钩和双钩，多用于斜井提升。

（4）吊桶提升设备：专用于竖井井道开凿时的提升。

（五）按动力拖动方式分

（1）直流电动机拖动的提升设备：可以在重载情况下实现均匀、平滑的无级调速运行；

（2）交流电动机拖动的提升设备：结构较为紧凑，维修较为简单。如果使用大功率交流变频调速电机系统，也可以实现均匀平滑的变速升降运行；

（3）液压传动的提升设备：结构紧凑，布置方式灵活，常应用于煤矿井下或含有易燃气体的场所。

第二节 提升容器

提升容器是用来装运提升煤炭、矸石，升降人员、材料和设备的工具。其按结构分类可以分为箕斗、罐笼、矿车、人车和吊桶等。

箕斗主要应用于主井提升，用来提升煤炭和矸石，可以分为竖井箕斗和斜井箕斗两类。竖井箕斗又可以分成底卸式箕斗、侧卸式箕斗和翻转式箕斗三种形式。斜井箕斗又可以分成后卸式箕斗和翻转式箕斗两种形式。

罐笼主要应用于副井升降，用来升降人员、材料和设备，可以分为普通罐笼和翻转式罐笼两类。小型矿山常采用罐笼混合升降。

矿车和人车主要应用于斜井升降。吊桶主要应用于竖井凿井阶段。

一、箕斗及其装载设备

（一）竖井箕斗

1. 箕斗

箕斗主要用来提升煤炭和矸石，其应该具备结构轻、强度高、装卸快、运行可靠、容易布置等特性。箕斗可以分为三个部分，即斗箱、悬挂装置和卸载闸门。斗箱的框架一般由两根直立的槽钢和横向的角钢组成，四个侧面用钢板焊接，其外部用角钢或钢筋加固。框架上面由钢板制成的平台用来防止水液落入斗箱，也可以在维修时供人员站立，用来检查井道的状况。悬挂装置是钢丝绳与箕斗连接的部分，它与罐耳一起固定在框架上。卸载闸门常见的有扇形，下开折页平板闸门和插板闸门。

图 1-5 所示为单绳平板闸门底卸式箕斗。它采用的是曲轨连杆下开折页平板闸门的结构形式。其卸载原理是当箕斗提升到地面煤仓时，井架上的卸载曲轨使连杆 8 转动轴上的滚轮 12 沿着箕斗框架上的曲轨运动。滚轮 12 通过连杆的锁角为 0 的位置后，闸门 7 就借助于煤炭的压力打开并卸载。关闭闸门时与上述顺序相反。

这种闸门的优点是：

① 结构简单、严密，闸门向上关闭冲击小，卸煤时撒煤少；

② 由于闸门是向上关闭的，对箕斗存煤有向上捞回的作用，所以当煤炭没有卸完时产生卡箕斗而造成断绳坠落的可能性很小；

③ 箕斗闸门开启主要借助的是煤炭的压力，因而卸载时传递到卸载曲轨上的力比较小，改善了井架的受力情况。

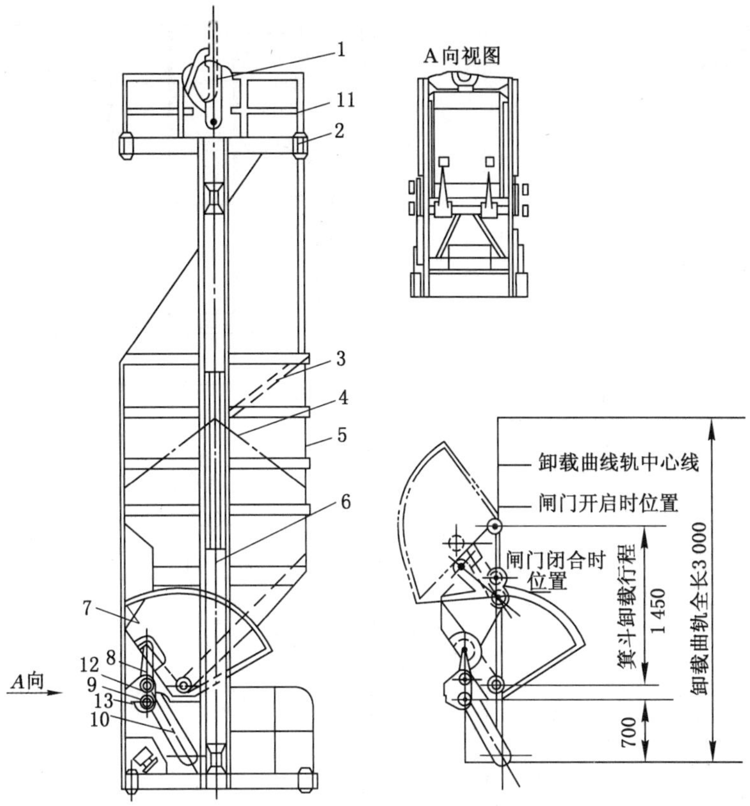

图 1-5　单绳平板闸门底卸式箕斗

1——连接装置；2——罐耳；3——活动溜煤板；4——煤堆线；5——斗箱；6——框架；7——闸门；8——连杆；9，12——滚轮；10——曲轨；11——平台；13——机械闭锁装置

该闸门的缺点是闸门在井道中有开启的可能性。

2. 箕斗装载装置

箕斗装载装置是一套用来从井下煤仓向箕斗装煤的中间储装和计量装置。对装载装置的基本要求是定量、定时、准确和快速地进行装载，其体积要小，能适应井下煤尘和水分较大的环境。常见的装载装置有箱式箕斗装载装置和输送机式箕斗装载装置。

（1）箱式箕斗装载装置

图 1-6 所示为箱式箕斗装载装置。它的组成包含斗箱 1、溜槽 5、闸门 4、控制缸 2 和压磁测重装置 6 等。利用压磁测重装置 6 来控制斗箱 1 的装煤量。当箕斗到达装载位置时，开动控制缸 2 并将闸门 4 打开，斗箱 1 中的煤便会沿着溜槽 5 装入箕斗。这种装置的结构简单，装置过程不需要其他设备。然而由于工作条件恶劣，压磁测重装置使用效果常会受到环境的影响而出现较大误差，有待进一步改进或升级。

（2）输送机式箕斗装载装置

图 1-7 所示为输送机式箕斗装载装置。板式或者带式输送机 2 先以低速装煤，安装在输送机上的负荷传感器 6 对所输送的煤进行称量，当煤量达到规定值时，负荷传感器 6 发出

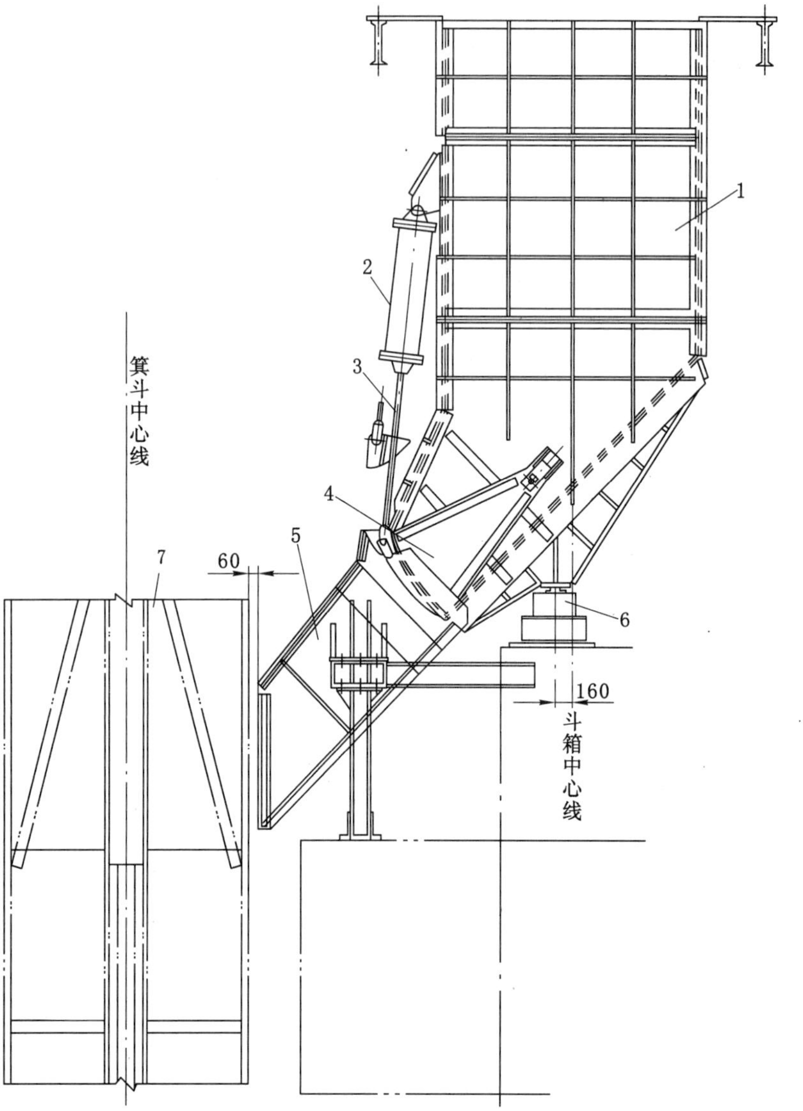

图 1-6　箱式箕斗装载装置

1——斗箱；2——控制缸；3——拉杆；4——闸门；5——溜槽；6——压磁测重装置；7——箕斗

信号，控制煤仓闸门 7 关闭，这时输送机快速将残留在输送带上的煤输送到箕斗 4 中。

这种装载装置的优点有：不需要开凿较大的硐室；煤的倒装次数少；向箕斗装载的煤分布均匀；钢丝绳所受的冲击小；装载时间不受煤质变化影响。

（二）斜井箕斗

斜井中运送煤炭或矿石一般使用矿车提升，但是当斜井的倾斜角度大于 25°时，使用矿车提升煤炭将会造成煤炭的外泄，因此需要采用斜井箕斗进行运送。依据卸载的方式不同，斜井箕斗分为前倾卸载式和后壁卸载式两种。后壁卸载式箕斗的基本构造如图 1-8 所示，斗箱与主框在箕斗的中部以铰链方式连接，并通过连接装置与提升钢丝绳相连。在斗

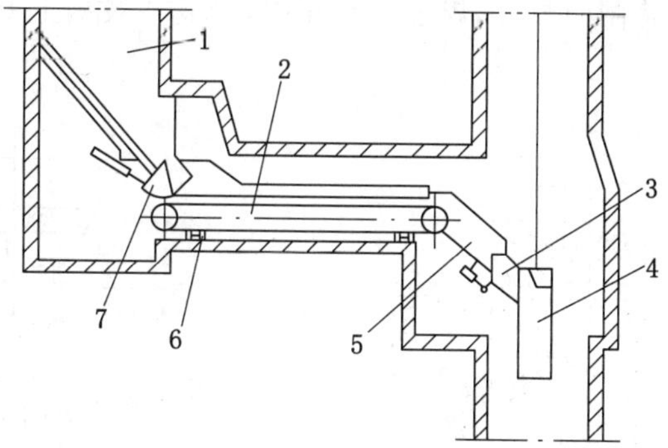

图 1-7　输送机式箕斗装载装置

1——煤仓；2——定量输送机；3——活动过渡溜槽；4——箕斗；5——中间溜槽；6——负荷传感器；7——煤仓闸门

箱的后部有一个扇形闸门，在闸门上安装有一对卸载滚轮，斗箱上设计有前后两个轮轴，前轮的轮缘较宽一点，而后轮的轮缘较窄。

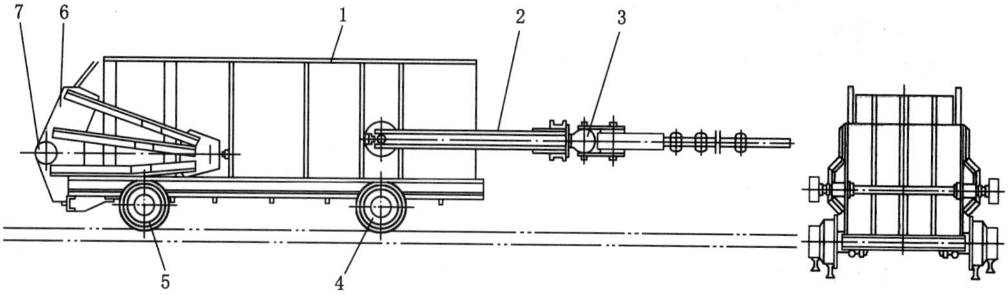

图 1-8　后壁卸载式箕斗基本构造

1——斗箱；2——主框；3——连接装置；4——前轮（宽）；5——后轮；6——扇形闸门；7——卸载滚轮

斜井箕斗的卸载过程如图 1-9 所示。在进行卸载时，基本轨道是弯曲的，并且在其外侧另加一个轨距较宽的附加轨道，因为后轮轮缘较窄，必须随着基本轨道运动，而前轮轮缘可以沿着附加轨道运动，因此斗箱后部下落而被附加轨道抬起，进行自动卸载。

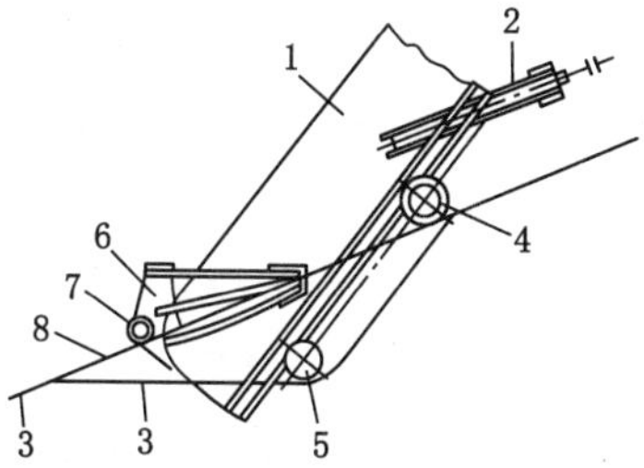

图 1-9　斜井后壁卸载式箕斗的卸载过程图

1——斗箱；2——主框；3——基本轨道；4——前轮（宽）；5——后轮（窄）；6——闸门；
7——卸载滚轮；8——附加轨道（宽）

图 1-10 所示为斜井箕斗的装载设备。装载设备中主要的是扇形闸门。在进行装载时，

下行的空箕斗推动滚轮将闸门打开，煤装入箕斗中，当箕斗装满上升后，闸门在重物的作用下关闭。

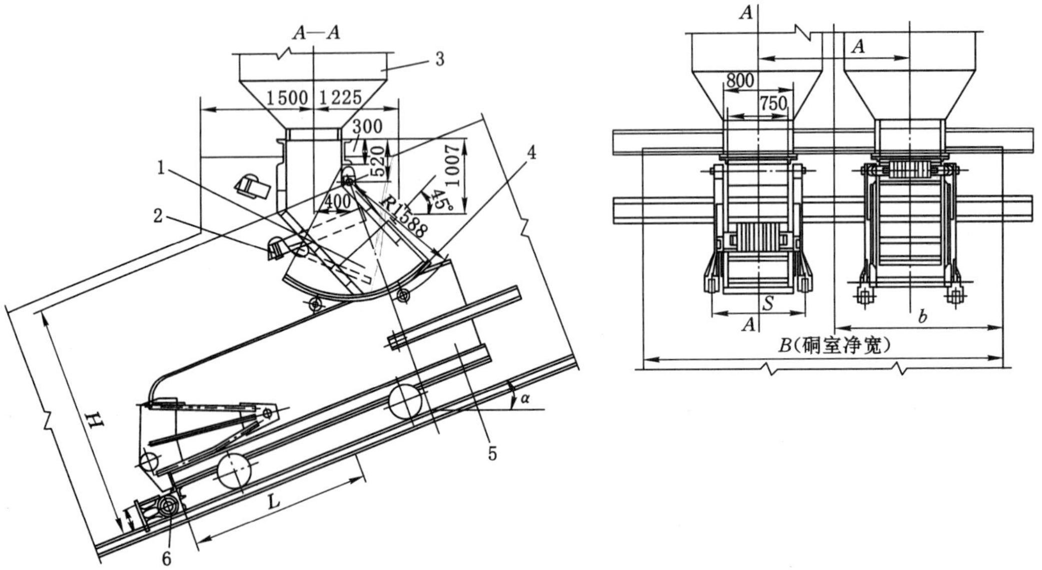

图 1-10 斜井箕斗的装载设备

1——扇形闸门；2——重物；3——装载煤仓；4——滚轮；5——空箕斗；6——横梁

二、罐笼及其承接设备

（一）普通罐笼

罐笼分为普通罐笼和翻转罐笼，我国多用普通罐笼。标准普通罐笼载荷根据矿车吨位确定。普通罐笼是一种多用途的提升容器，它既可以提升煤炭，也可以提升矸石、升降人员、运送材料及设备等。普通罐笼既可以用于副井提升，也可以用于主井提升。图 1-11 为单绳 1 t 单层标准普通罐笼结构示意图。它由罐体部分、罐耳、连接装置、阻车器和防坠器组成。

（1）罐体：由灌顶、罐底、骨架（横梁和立柱）、侧板与轨道组成，罐笼顶部设有半圆弧形的淋水棚和可以打开的罐盖，用于运送长材料。罐笼两端设有帘式罐门，以确保提升人员时的安全。

（2）罐耳：用以保持提升容器沿着井筒稳定运行，防止提升容器在往复运行中摆动和扭转。

（3）连接装置：连接提升钢丝绳与罐笼的装置，主要包括主拉杆、夹板、楔形绳环等。要求其本身具有足够的强度，其安全系数不得小于 13。

（4）阻车器：防止罐笼内的矿车在罐笼提升过程中移动。

（5）防坠器：防止连接罐笼的钢丝绳意外断裂时导致的罐笼坠落。

（二）承接装置

在井口、中间水平及井底车场，罐笼需要在各水平平台进出矿车。然而，提升机在运行

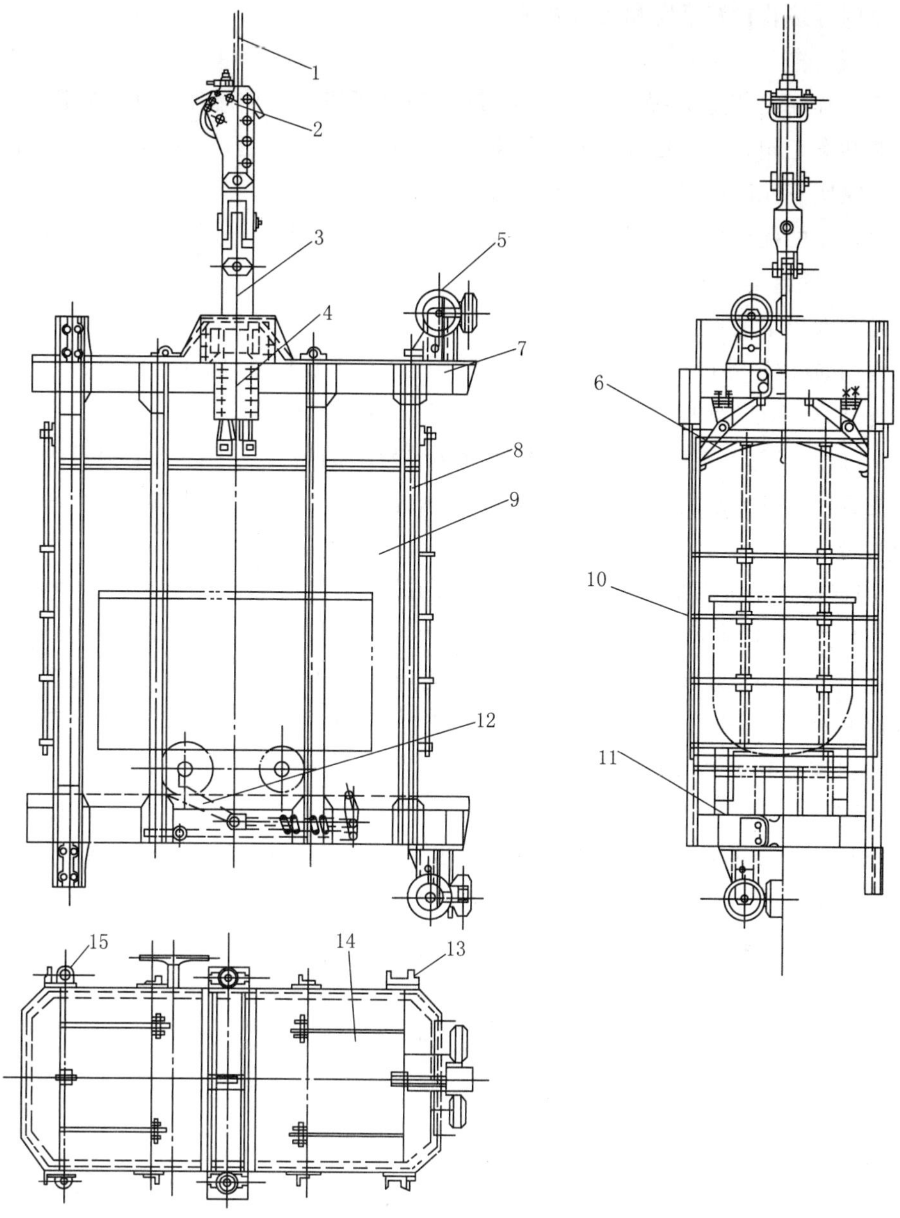

图 1-11　单绳 1 t 单层标准普通罐笼结构示意图

1——提升钢丝绳；2——双面夹紧楔形绳环；3——主拉杆；4——防坠器；5——橡胶滚轮罐耳（用于组合刚性罐道）；6——淋水棚；7——横梁；8——立柱；9——钢板；10——罐门；11——轨道；12——阻车器；13——稳罐罐耳；14——罐盖；15——套管罐耳（用于绳罐道）

过程中，承担提升罐笼的主提升钢丝绳在载荷的作用下，其长度都会发生不同程度的变化，提升机司机是无法掌握这些变化的，另外，井上井下的罐笼也不可能同时对准进出车平台的位置，所以，必须通过罐笼承接装置进行调节，来补偿钢丝绳长度的不同变化，从而保证井上井下同时对准进出车平台，并将罐笼内的轨道与各水平平台的固定轨道衔接起来。矿井中常用的承接装置有罐座和瑶台两种。

1. 罐座

罐座的作用是当罐笼提升到井口位置时，操纵罐座手把使罐座伸出，罐笼落在罐座上后进行装卸车工作。再次提升时要先将罐座上的罐笼稍稍提起，罐座靠配重可以自动收回到原位。罐座不允许用在中间的水平位置。

使用罐座的优点是：罐笼停车位置准确，便于出入，推入矿车时产生的冲击负荷可以由罐座承担，钢丝绳不受力。

但是存在以下缺点：

① 要下放位于井口罐座上的罐笼时，必须先稍稍上提罐笼，罐座才能收回，这将使提升机操作复杂，效率低，并且容易出现过卷，不利于实现自动化操作。

② 当稍稍提起罐笼时，会使位于井底承接装置上的另外一个罐笼的提升钢丝绳松弛，当再次提升时钢丝绳必将承受冲击载荷，对钢丝绳的使用寿命产生影响，还容易产生“弯鼻子”现象，造成断丝事故。

③ 当提升机司机因操作不慎发生过卷时，另外一个罐笼就会产生蹾罐。如果是在升降人员时发生蹾罐，则会造成人员伤亡。

因此，《煤矿安全规程》中有“井口和井底使用罐座的立井，必须对罐座设置闭锁装置，罐座未打开，发不出开车信号”的规定。鉴于以上优缺点的对比和安全规程的要求，为了安全生产和提高提升机工作效率，许多矿山将老矿井井口的罐座更换为瑶台。

2. 瑶台

瑶台作为罐笼的承接装置，比较容易与提升信号系统实现闭锁，可以确保安全生产和提高提升效率。瑶台的应用范围很广，可以用于井口、井底和多水平提升的中间运输巷道，尤其是多绳摩擦式提升系统，必须使用瑶台作为承接装置。图 1-12 为瑶台的结构示意图。

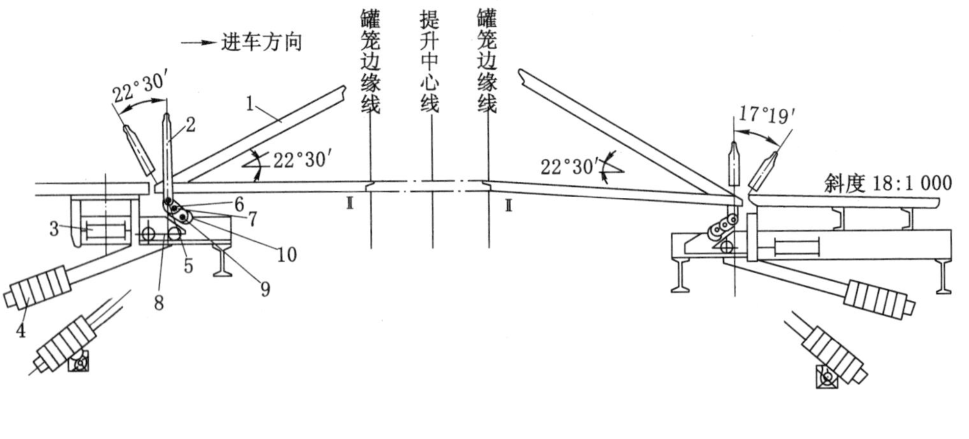

图 1-12 瑶台的结构示意图

1——钢臂；2——手把；3——动力缸；4——配重；5——轴；6——摆杆；7——销子；8——滑车；9——摆杆套；10——滚子

瑶台位于井口两侧通向罐笼进出口处。当罐笼停在装卸位置时，动力缸 3 中的压缩空气排出，装有轨道的钢臂 1 靠自重绕轴 5 转动落下搭在罐笼底座上，将罐内的轨道与车场的轨道连接起来，以便于矿车进出罐笼。固定在轴 5 上的摆杆 6 用销子 7 与活套在轴 5 上的摆杆套 9 相连，摆杆套 9 前部装有滚子 10。矿车进入后，压缩空气进入动力缸 3，推动滑车 8，滑车 8 推动摆杆套 9 前的滚子 10，致使轴 5 转动而使钢臂抬起，罐笼开始升降，进行正常的提升运行。

当动力缸发生故障或其他原因而无法工作时，也可以临时用手把 2 进行人工操作。此时要将销子 7 去掉，并使配重 4 的质量大于钢臂部分的质量。这时钢臂 1 的下落靠手把 2 转动轴 5，抬起钢臂靠配重 4 实现。

使用钢丝绳罐道的罐笼在用瑶台作为承接装置时，为了防止罐笼由于进出矿车的冲击造成罐笼摆动过大，在井口与井底的金属支持结构上专设一段刚性罐道进行稳罐(也称稳罐道)。稳罐道与罐笼上的稳罐罐耳相配合使用。在中间水平位置因为不能设刚性罐道，可以采用气动或者液动的专门稳罐装置，当罐笼停在中间水平位置时，稳罐装置可以自动伸出凸块将罐笼抱稳。

使用瑶台时还必须注意，当瑶台不工作时扳动手把将摇臂抬起后，用卡销定位。为了确保安全，在罐笼不提升时必须插上安全销子。调整时，应该使摇臂部分质量略大于配重质量，以使瑶台在工作时能随罐笼上下摆动。

三、提升容器的附属装置

(一) 防坠器

防坠器是罐笼上的一个非常重要的组成部分，《煤矿安全规程》中规定：升降人员或升降人员和物料的单绳提升罐笼(包括带乘人员的箕斗)，必须装设可靠的防坠器。防坠器的基本作用就是当提升钢丝绳或连接装置断裂时，可以使罐笼平稳地支撑到井筒中的罐道或制动绳上，避免罐笼坠落而造成重大事故。

由于提升机在井筒中运转的条件较差，而且还经常处于备用状态，一旦发生断绳事故又要求其动作灵活可靠，因此设计制造出良好的防坠器，正确地使用、维护和检查防坠器来确保其可靠性是一项十分重要的工作。所以了解防坠器的组成和工作原理是非常必要的。

立井防坠器一般由四个部分组成：开动装置、传动装置、抓捕装置、缓冲装置。其工作过程是当发生断绳时，开动机构动作，通过传动机构传动给抓捕机构，抓捕机构把罐笼支撑到井筒中的支撑物上(罐道或制动绳)，罐笼下坠的动能由缓冲机构来吸收。一般开动机构和传动机构连接在一起，抓捕机构和缓冲机构有的联合作用，有的设有专门缓冲机构以限制制动力的大小。

1. 对立井防坠器的基本要求

① 保证在任何条件下都能制动下坠的罐笼，并且动作迅速、平稳、可靠。

② 为保证人身安全，在最小终端载荷时，制动减速度不能大于 50 m/s^2，延续时间不超过 0.2～0.5 s，在最大终端载荷时，制动减速度不小于 10 m/s^2。

③ 防坠器动作的空行程时间，即从钢丝绳断裂到防坠器发生作用的时间，不大于0.25 s。

④ 结构简单，动作灵活，便于检查和维护，没有误动作，重量轻。

⑤ 每天必须有专人检查,每半年需要进行一次不脱钩检查性试验,每年进行一次脱钩性试验。对新安装和大修后的防坠器,必须进行脱钩试验,合格后才能使用。

2. 防坠器的种类

目前,在我国常用的防坠器主要有以下三种。

(1) 木罐道防坠器

这种防坠器的支撑物为木罐道,其工作原理为切割式。当防坠器动作时,依靠抓捕器的齿形猫爪插入木罐道产生的切割阻力来制动下坠的罐笼。其优点是结构简单,制造方便,维修量小;缺点是罐道磨损时或者有弯曲时,罐笼在运行中容易出现摆动,引起防坠器的误动作而擦伤罐道,所以新建矿井已经不采用了,但是许多老矿井仍在使用这种防坠器。

(2) 钢轨罐道防坠器

这种防坠器的支撑物是钢轨,其工作原理为摩擦式。当钢丝绳断裂时依靠抓捕机构的凸轮爪或者楔形块在钢轨罐道上所产生的摩擦阻力来制动下坠的罐笼。其优点是结构简单,容易加工制造;缺点是很难控制其制动力达到设计要求,安全可靠性较差,故很少被选用。

(3) 制动绳防坠器

这种防坠器的支撑物利用专门在井筒中设置的制动钢丝绳作为支撑元件。其特点是采用定点抓捕并用专设的缓冲器进行缓冲。

制动绳防坠器的主要形式有 GS 型防坠器、FS 型防坠器和 JS 型防坠器。1978 年原煤炭工业部在 JS 型防坠器的基础上对防坠器进行了完善,并考虑了刚性罐道与绳罐道的通用性,成功地设计和使用了 BF 型防坠器,从而取代了以往的制动绳防坠器。

3. BF 型防坠器的结构和工作原理

BF 型防坠器的整个系统布置如图 1-13 所示。

制动绳 6 的上部通过连接器 3 与缓冲绳 4 相连。缓冲绳通过装在天轮平台上的缓冲器之后,绕过圆木 1 自由地悬垂在井架的一边,绳的端部用合金浇铸成锥形杯 5,用以防止缓冲绳从缓冲器中全部拔出。制动绳的另一端穿过罐笼 9 上的防坠抓捕器 8 之后垂到井底,用拉紧装置 10 固定在井底水窝的固定梁上。

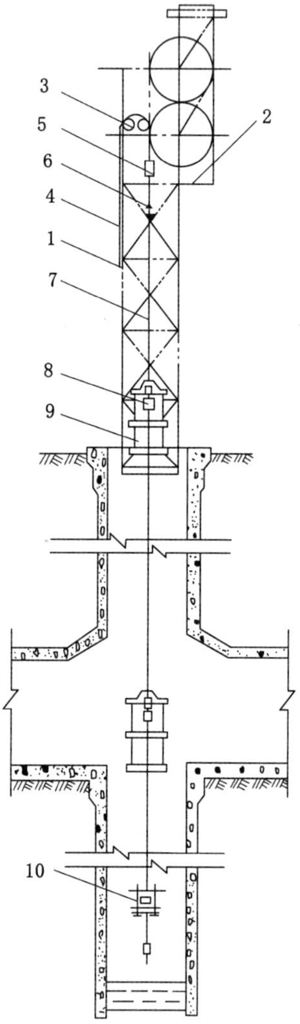

图 1-13 BF-152 型制动绳防坠系统布置图

1——圆木;2——缓冲器;3——连接器;4——缓冲绳;5——锥形杯;6——制动绳;7——导向套;8——抓捕器;9——罐笼;10——拉紧装置

(1) 开动机构和传动机构

开动机构的作用是当发生断绳事故时用来启动防坠器；传动机构的作用是当开动机构动作时，通过杠杆系统传动抓捕机构。

BF 型防坠器开动机构和传动机构如图 1-14 所示。开动机构和传动机构是相互连在一起的组合机构，由断绳时自动开启的弹簧和杠杆两部分组成。从图中可以看出它采用垂直布置的弹簧 1 作为开动机构，弹簧为螺纹旋入式接头，克服了弹簧容易断的缺点。正常提升时，钢丝绳拉起主拉杆 3，通过横梁 4、连板 5 使两个拨杆 6 处于最低位置，此时弹簧 1 受拉。发生断绳时，主拉杆 3 下降，在弹簧 1 的作用下，拨杆 6 的端部抬起，使抓捕器的滑楔与制动绳接触从而实现定点抓捕。

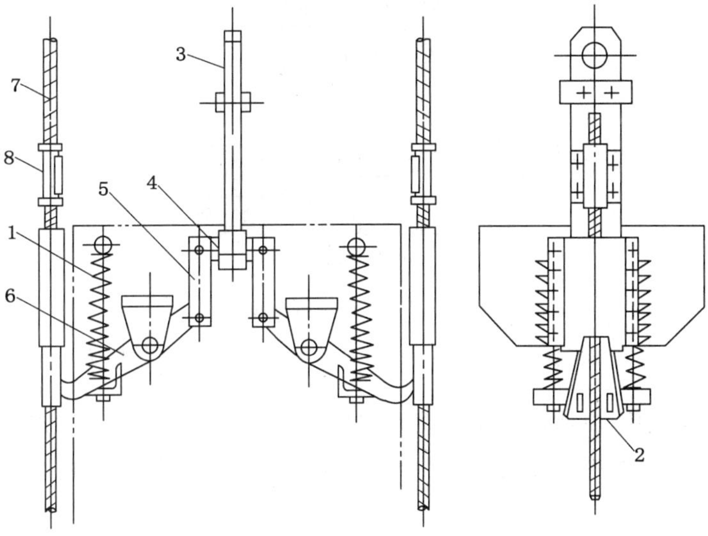

图 1-14　BF-152 型制动绳防坠开动机构和传动机构

1——弹簧；2——滑楔；3——主拉杆；4——横梁；5——连板；6——拨杆；7——制动绳；8——导向套

(2) 抓捕机构与缓冲机构

抓捕机构的作用是防坠器的主要工作机构，用来实现抓捕支撑物(制动绳或钢罐道)把下坠的罐笼悬挂在支撑上；缓冲机构的作用是用来调节防坠器的制动力，吸收下坠罐笼的动能，限制制动减速度。

抓捕机构与缓冲机构可以是联合作用的，也可以是单独的。抓捕机构采用背面带滚子的楔形抓捕器，其结构如图 1-15 所示。

两个带有绳槽的滑楔 3 在拨杆的作用下向上移动，可以抓捕通过抓捕器的制动钢丝绳 7。滚子 4 的作用主要是使抓捕器容易释放恢复。

缓冲机构采用安装在井架平台上的缓冲器，其结构如图 1-16 所示。

缓冲机构靠缓冲器中的三个圆轴 5，两个带圆头的滑块 6，使穿过其间的缓冲绳 3 弯曲。滑块 6 的背面连有螺杆 1 和螺母 2，转动螺杆便可以带动滑块左右移动，用以调节缓冲绳的弯曲程度，从而调节缓冲力的大小。

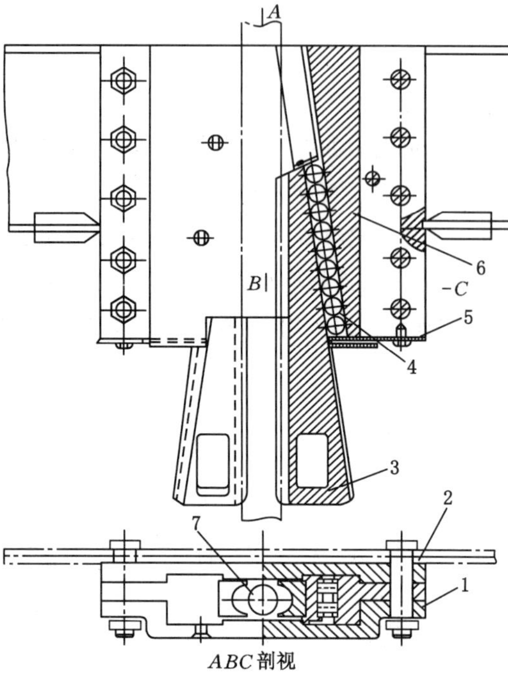

图 1-15 抓捕器结构图

1——上壁板；2——下壁板；3——滑楔；4——滚子；5——下挡板；6——背楔；7——制动钢丝绳

提升钢丝绳断绳后，抓捕器卡住制动绳，制动绳通过图 1-17 所示的连接器将缓冲绳从缓冲器中抽出一部分(根据终端载荷的不同，可以抽出不同的长度)。这时缓冲器的弯曲变

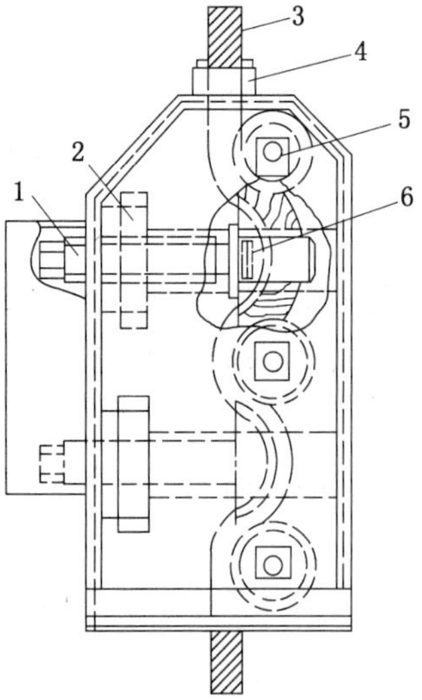

图 1-16 缓冲器

1——螺杆；2——螺母；3——缓冲绳；4——密封；5——圆轴；6——滑块

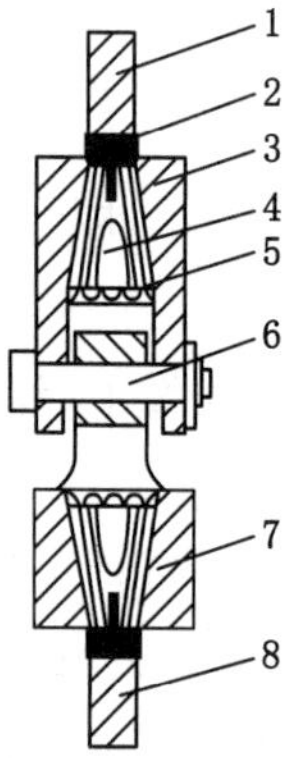

图 1-17 连接器

1——缓冲钢丝绳；2——钢丝扎圈；3——上锥形体；4——斜楔；5——巴氏合金；6——销轴；7——下锥形体；8——制动钢丝绳

形和摩擦阻力吸收下坠罐笼的动能,使下坠的罐笼平稳地停住,从而保证提升安全。

(3) 制动绳拉紧装置

制动绳拉紧装置如图 1-18 所示。制动绳靠绳卡 5、角钢 6 和可断螺栓 7 固定在井底水窝的固定梁上,然后装上张紧螺栓 2、压板 4 和张紧螺母 3。当制动绳的拉力大约为 10 kN 时,即可用可断螺栓 7 将制动绳固定好。可断螺栓 7 在 15 kN 力的作用下应能被拉断,这是为了避免防坠器动作进制动绳产生弹性振动,可能会把罐笼再次抛起,使抓捕器释放,致使第一次抓捕失效,再产生第二次抓捕。如果有了可断螺栓,第一次抓捕后,制动绳的振波将把可断螺栓拉断,罐笼便可以随制动绳一起振动,避免第二次抓捕现象的发生。由于制动绳的伸长,因此需要定期调整拉紧装置。

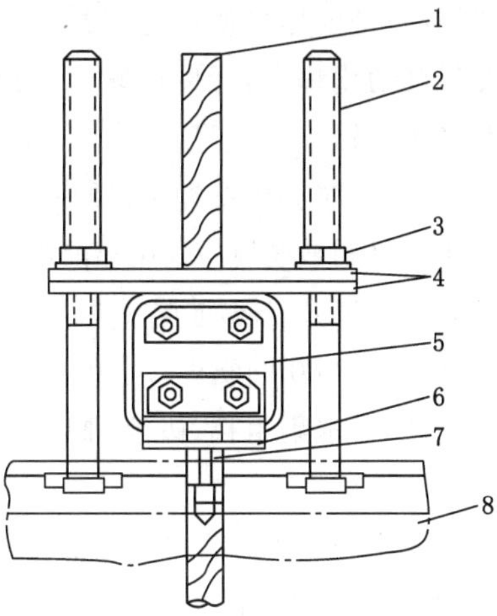

图 1-18 制动绳拉紧装置

1——制动绳;2——张紧螺栓;3——张紧螺母;4——压板;5——绳卡;6——角钢;7——可断螺栓;8——固定梁

(二) 导向装置

在立井提升中,为了顺利、安全、高效地提升,在井筒内必须设置导向装置,也就是罐道。罐道分为刚性罐道和钢丝绳罐道。刚性罐道有木罐道、钢轨罐道和组合罐道。刚性罐道固定在罐道梁上,罐道梁为形钢制作,间隔数米架设一根,其两端固定在井筒壁上。钢丝绳罐道是以钢丝绳作为提升容器的导向装置,其一端固定在井架上,另一端悬垂至井底并用重锤拉紧。

1. 刚性罐道

木罐道由矩形截面且具有一定长度的方木制成,其结构简单,但变形大,磨损快,容易腐烂,且材料来源短缺,目前新井已不再采用。

钢轨罐道采用普通重型钢轨做成,侧向刚度小,使容器运行时产生横向摆动,罐耳磨损较大,通常用于提升速度不大、提升量较小的场合。

组合罐道采用槽钢和钢板焊成,罐道的截面积为空心矩形,也可以用整体轧制的型钢做成,其优点是侧向抗弯和抗扭刚度大,与胶轮罐耳相配合运行阻力小,因而容器运行平稳,罐耳磨损小,使用寿命长。这种罐道主要用于提升速度高、一次提升量大的立井。

2. 钢丝绳罐道

钢丝绳罐道与刚性罐道相比,安装工作量小,建设时间短,维护简便,容器运行平稳。因为没有罐道梁,还可以适当减小井筒壁厚,通风阻力小。但是钢丝绳罐道要求容器与井壁之间的间隙较大,使井筒净断面增加,且因罐道绳需要一定的张紧力而使井架或井塔的负荷增加。井塔不直时不能采用钢丝绳罐道。大型矿井每个容器一般采用 4～6 根罐道绳,小型矿井可以采用 2～3 根罐道绳。罐道绳上端用双楔块固紧式固定装置固定在井架上,下端用重锤拉紧。

(三) 防过卷缓冲装置

提升容器过卷是提升设备运行的主要事故,发生的频率较高,一些恶性事故常常造成设备损坏和人员伤亡。过去防过卷的对策是“尽量避免过卷事故发生”,实践证明这种认识是不全面的,无论保护系统如何完善都不能完全避免过卷事故的发生。防止过卷事故较好的对策是:一是要尽量使过卷事故少发生;二是一旦发生,则控制事故损失为最小,即除了提高设备自动化程度、元件可靠性,加强运行状态的监测监控手段外,还应设置性能优异的防过卷缓冲装置。

在井上设置防过卷缓冲装置的同时,井下应该设有防过放装置(双容器提升过卷和过放同时发生)。井下防过放装置应采用超前不同步布置,能改善过卷侧受力状态,减少过卷冲击能量。

我国摩擦提升设备通常在井塔及井底设置楔形木罐道和防撞梁作为防过卷装置。楔形木侧面有 1∶100 的斜度,利用罐耳对罐道木的挤压和摩擦吸能。木质楔形罐道的优点是结构简单,楔形木集阻挡、吸能、捕捉于一身。但是随着提升速度的提高,终端载荷的加大,其缺点也日益突出:

① 比能耗小,采用的木材为吸能元件,强度低,靠木材挤压塑性变形所耗散的能量小;

② 缓冲力受材料的力学性能、罐耳表面状态、接触条件的影响,难于精确计算;

③ 发生事故后的处理时间长,处理困难等。

第三节　矿井提升机

一、矿井提升机的类型

矿井提升机是矿井提升设备中最重要的组成部分。矿井提升机主要由下列几个部分组成:工作机构(包括主轴装置和主轴承)、制动系统(包括制动器和制动器控制装置)、机械传动装置(包括减速器、离合器和联轴器)、润滑系统(包括润滑油泵站和管路)、拖动控制和自动保护装置(包括主电动机、电气控制装置、自动保护系统和信号系统)以及辅助装置(包括机座、机架、保护罩、导向轮装置和车槽装置)等。

根据矿井提升机的工作原理和结构的不同,可以分为缠绕式和摩擦式两种。

缠绕式矿井提升机可以分为单绳缠绕式和多绳缠绕式两种。单绳缠绕式矿井提升机有单卷筒、双卷筒和可分离单卷筒三种形式;多绳缠绕式矿井提升机主要是布雷尔式矿井提升机。

摩擦式矿井提升机可以分为单绳摩擦式和多绳摩擦式两种,这两种矿井提升机都可分为塔式和落地式两种形式。

单绳缠绕式矿井提升机工作可靠,结构简单,适用于浅井和中等深度的矿井,但是终端载荷不能过大。多绳摩擦式矿井提升机适用于中等深度和深度矿井。多绳缠绕式矿井提升机(布雷尔提升机)适用于深井和超深井。目前在我国使用的矿井提升机主要是单绳缠绕式和多绳摩擦式矿井提升机。

二、单绳缠绕式提升机

(一) 工作原理

将两根钢丝绳的一端以相反的方向分别缠绕并固定在提升机的两个滚筒上,另一端绕过井架上的天轮分别与两个提升容器连接，当电动机启动后就可以使两个滚筒上的钢丝绳一个缠绕，另一个放松，从而实现提升和放下容器的工作。

（二）结构

国产单绳缠绕式矿井提升机有两个系列，一个是JT系列，卷筒直径小于2 m，主要用于井下，常称为矿用绞车，有防爆和不防爆两种。另一个是JK系列，卷筒直径大于2 m，属于大型矿井提升机，主要应用于立井提升。

图1-19所示为JK型矿井提升机布置示意图。

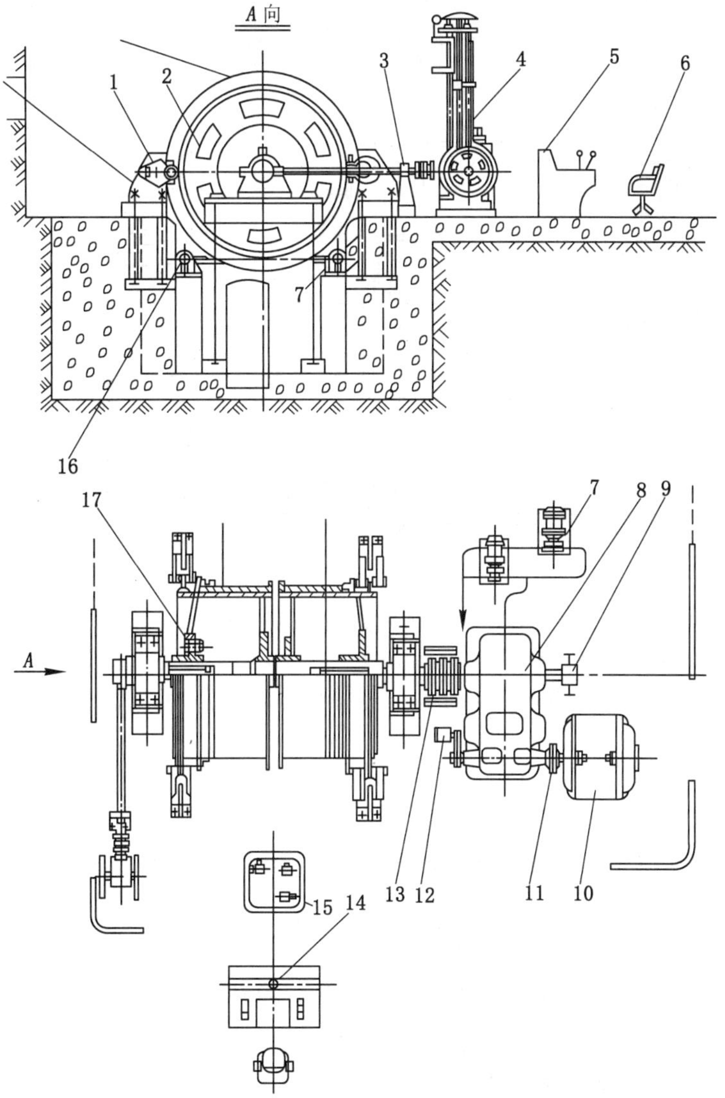

图1-19　JK型矿井提升机布置示意图

1——制动器；2——主轴装置；3——深度指示器传动装置；4——牌坊式深度指示器；5——操纵台；6——座椅；7——润滑油站；8——减速器；9——圆盘式深度指示器传动装置；10——电动机；11——弹簧联轴器；12——测速发电机；13——齿轮联轴器；14——圆盘式深度指示器；15——液压站；16——锁紧器；17——齿轮离合器

1. 主轴装置

JK 型双滚筒矿井提升机主轴装置包括滚筒、主轴、主轴承以及调绳离合器等。其结构如图 1-20 所示。图中右边的是固定滚筒，左边的称为游动滚筒。固定滚筒的右轮毂用切向键固定在主轴上，左轮毂滑装在主轴上。游动滚筒的右轮毂经过衬套滑装在主轴上，用专用润滑油杯来保证其润滑，衬套用来保护主轴和轮毂，避免在调绳时造成主轴和轮毂磨损及擦伤。游动滚筒的左侧毂板上用精制配合螺栓固定着调绳离合器的内齿圈，其右端面安装了尼龙瓦，左端面上方有注油孔，可以定期向铜瓦和尼龙瓦注入润滑油。

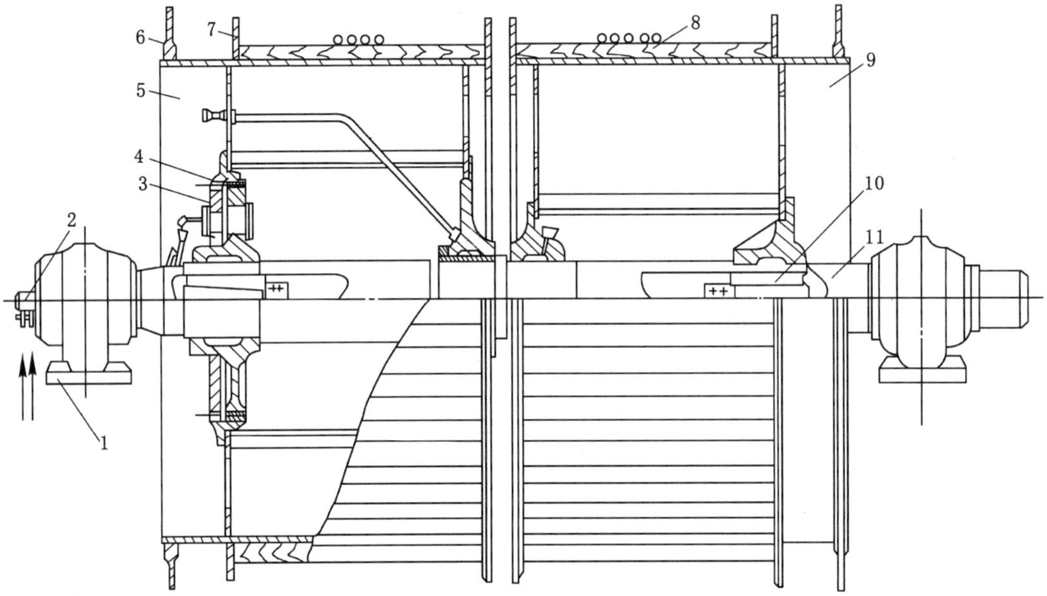

图 1-20 JK 型双滚筒提升机主轴装置

1——主轴承；2——密封头；3——调绳离合器；4——尼龙套；5——游动滚筒；6——制动盘；
7——挡绳板；8——衬木；9——固定滚筒；10——切向键；11——主轴

游动滚筒上的钢丝绳为下方出绳，固定滚筒上的钢丝绳为上方出绳。固定滚筒的左侧留有出绳孔，在进行二层和满四层缠绕时，钢丝绳必须从左侧绳孔导出，以免钢丝绳集中在主轴的中部，影响其强度。在进行双层缠绕时，为了避免咬绳还应增设钢丝绳过渡装置。

2. 调绳离合器

双滚筒提升机都装有调绳离合器，其作用是使游动滚筒与主轴连接或脱开，以便在调节绳长或更换提升水平时，使游动滚筒与固定滚筒有相对运动。

调绳离合器主要有三种类型：齿轮离合器、摩擦离合器、涡轮蜗杆离合器。目前应用最多的是轴向移动式齿轮调绳离合器。

JK 系列矿井提升机齿轮离合器的结构如图 1-21 所示。

内齿圈 1 固定在游动滚筒的辐板上，径向齿块 2 通过滑动毂 4 的带动与内齿圈 1 啮合或脱开，滑动毂 4 由离合油缸 6 的活塞杆推动。当压力油进入离合油缸 6 的合上腔时，活塞杆伸出，推动滑动毂 4、撑杆 3，使齿块 2 向外撑开(类似撑开雨伞)与内齿圈 1 啮合，使游动

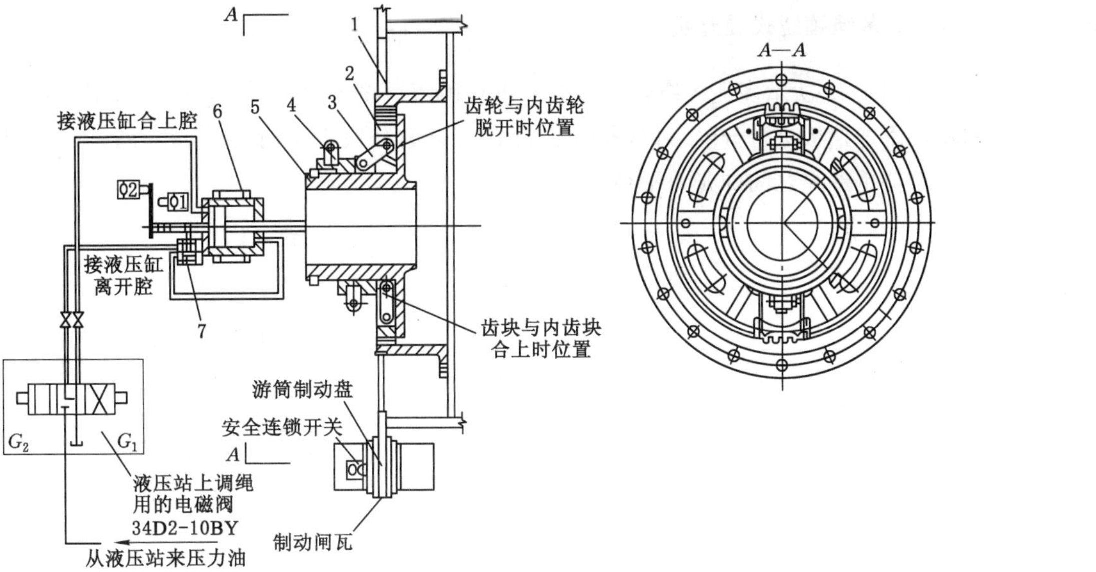

图 1-21 JK 系列矿井提升机齿轮离合器结构

1——内齿圈；2——齿块；3——撑杆；4——滑动毂；5——轮毂；6——离合油缸；7——连锁阀

滚筒随主轴一起旋转。当压力油进入离合油缸 6 的离开腔时，活塞杆缩回，拉动滑动毂 4、撑杆 3，使齿块 2 向内收回（类似收雨伞）与内齿圈 1 脱开啮合，使游动滚筒不随主轴一起旋转。

3. 减速器

根据提升速度要求，矿井提升机的主轴转速一般为 40～60 r/min，然而拖动提升机的交流电动机转速通常为 290～980 r/min，除了采用低速直流电机拖动外，不能把电动机与主轴直接相连，必须通过减速器。

矿井提升机所配用的减速器，按结构形式可以分为平行轴减速器和行星齿轮减速器两种。平行轴减速器又分为双输入轴和单输入轴，行星齿轮减速器也有一级和二级之分。若按齿形来分可以分为渐开线齿轮减速器和圆弧齿轮减速器。

行星齿轮减速器具有体积小、重量轻、承载能力大、传动效率高、噪音低和运行平稳等优点，与同等能力平行轴齿轮减速器相比，其重量为后者的 30%～50%，其效率提高约 5%。因此，目前矿井提升机广泛使用行星齿轮减速器。

4. 联轴器

目前，电动机与减速器输入轴之间的连接一般使用蛇形弹簧联轴器，其齿轮侧面为圆弧形，在齿轮齿间嵌入带状的蛇形弹簧，利用这种弹簧将扭矩由电动机轴传递到减速器输入轴上。蛇形弹簧减轻了提升机在启动、减速和制动过程中对减速器齿轮的冲击。

提升机主轴与减速器输出轴的连接一般采用齿轮联轴器，外齿轴套的齿为球面形，齿厚由中间向两端逐渐变小，啮合中齿侧间隙较大，可以自动调位，传动时载荷分布较均匀，可延长轴承的使用寿命。齿轮联轴器还可以消除设备安装误差，有利于设备的安装。

三、多绳缠绕式提升机

如图 1-22 所示多绳缠绕式矿井提升机是用两根以上的钢丝绳与提升容器相连接，滚筒间使用附加挡板进行分隔，每根钢丝绳都在各自的分段上进行缠绕，并且利用平衡悬挂装置来调节钢丝绳之间的张力平衡。

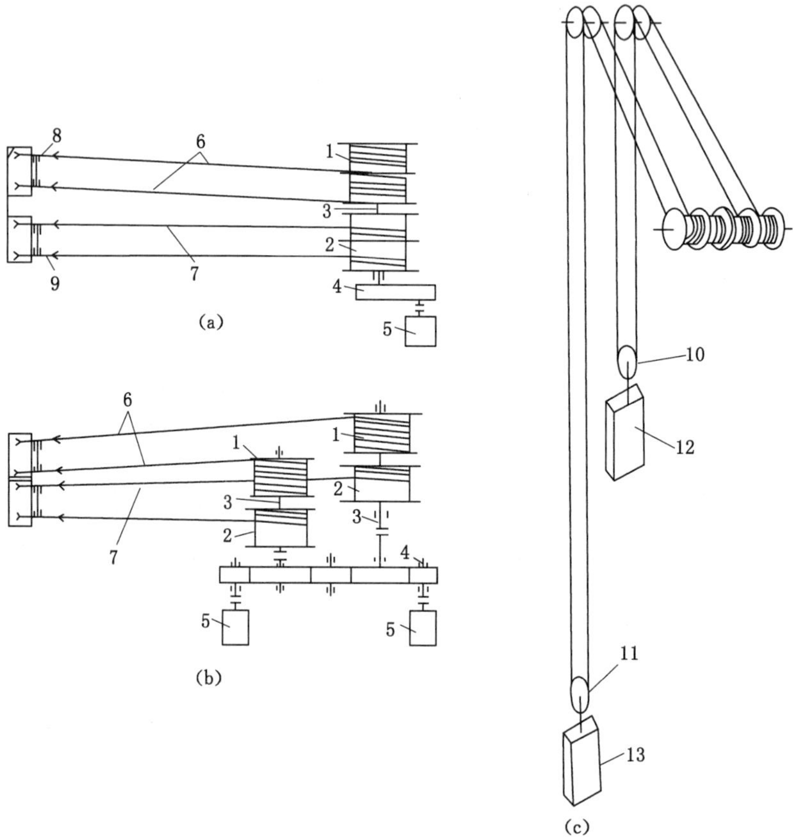

图 1-22 多绳缠绕式矿井提升机罐笼提升系统

(a) 同轴直线布置；(b) 前后排列布置；(c) 直连电机分别拖动

1——游动滚筒；2——固定滚筒；3——主轴；4——减速器；5——电动机；6——上出绳；7——下出绳；8,9——双槽天轮；10,11——平衡补偿装置；12,13——提升容器

图 1-22 所示是多绳缠绕式提升机的三种结构布置形式，有同轴直线布置，前后排列布置，直连电动机分别拖动形式。

与单绳缠绕式矿井提升机相比，多绳缠绕式矿井提升机的优点有：钢丝绳直径、滚筒直径和滚筒的宽度都相应地减小了；不使用尾绳，克服了深井提升时尾绳带来的问题。所以，多绳缠绕式矿井提升机适用于深井和大负荷的提升。

四、多绳摩擦式提升机

图 1-23 所示为多绳摩擦式矿井提升机。

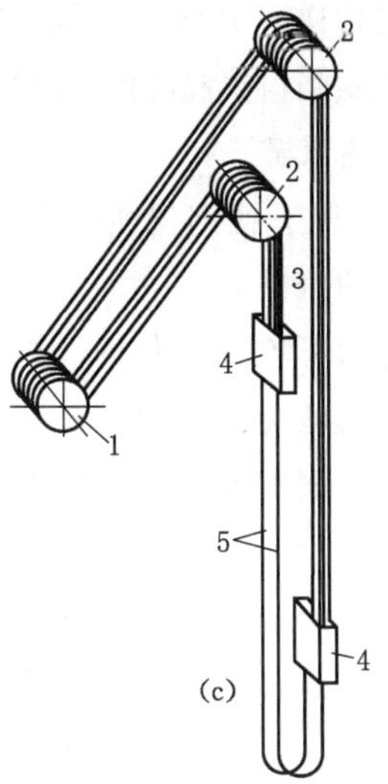

图 1-23　多绳摩擦式矿井提升机示意图

1——摩擦轮；2——导向轮；3——钢丝绳；4——提升容器；5——尾绳

主导轮 1(摩擦轮)安装在提升井塔上，或者安装在地面机房里，几根钢丝绳 3 等距离地搭在主导轮的衬垫上，钢丝绳两端分别与提升容器 4 相连，平衡尾绳 5 的两端分别与容器的底部相连后自由地悬挂在井筒中。当电动机带动主导轮旋转时，通过衬垫与提升钢丝绳之间产生的摩擦力来带动容器往复升降，实现提升工作。导向轮 2 用于增大钢丝绳在主导轮上的包围角或缩小提升中心距。

多绳摩擦式矿井提升机根据布置方式不同可以分为井塔式和落地式两种。井塔式多绳摩擦矿井提升机是将整套提升机安置在井塔的顶层，其优点是不受地形的限制，布置紧凑，节省工业广场的用地，天轮和钢丝绳不会暴露在雨雪中，改善了钢丝绳的工作条件，但是其建造费用较高，初期投资大。落地式多绳摩擦矿井提升机是将提升机安装在地面上，其优点是井架建造费用较小，并且可以提高抵抗地震灾害的能力。

（一）主轴装置

图 1-24 所示为多绳摩擦式矿井提升机的主轴装置。两类矿井提升机主轴装置的区别是井塔式的摩擦衬垫为单绳槽，而落地式的摩擦衬垫为双绳槽。

1. 摩擦轮

摩擦轮一般采用整体全焊接结构，少数大规格的提升机由于受到运输吊装条件的限制，需要做成两半剖分结构，并在结合面处用定位销和高强度螺栓进行连接。

2. 摩擦衬垫

摩擦衬垫的主要作用是保证衬垫与钢丝绳间

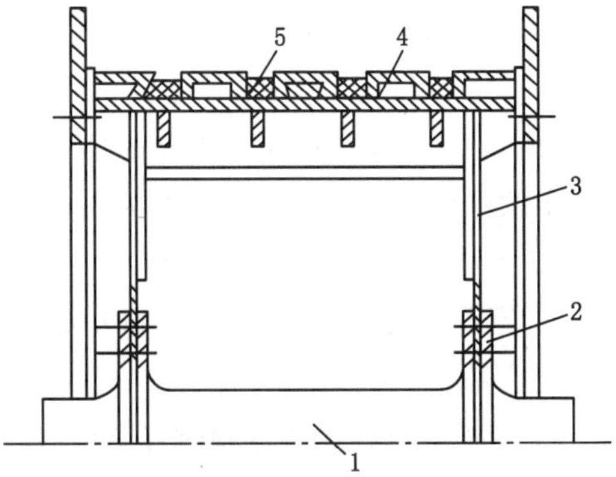

图 1-24　主轴装置

1——主轴；2——法兰盘；3——摩擦轮辐；4——主导轮；5——摩擦衬垫

有足够的摩擦系数从而能传递一定的动力，同时减轻钢丝绳张力分配不均，实现保护钢丝绳的作用。目前我国主要采用聚氨酯衬垫和高性能摩擦衬垫，其摩擦系数分别为 0.2、0.23、0.25。

（二）钢丝绳张力平衡装置

多绳摩擦式矿井提升机上各钢丝绳的张力往往很难保持一致，主要原因有：

① 各绳槽车削直径的偏差；

② 材质及捻制工艺的不均造成各钢丝绳刚度不等；

③ 安装误差造成各钢丝绳的长短不一；

④ 环境影响引起的各钢丝绳的变形偏差；

⑤ 摩擦衬垫的影响。

所以，需要定期调整钢丝绳的张力差。目前，常见的调绳器有垫块式、螺旋式、螺旋液压式、完全液压式等几种类型。

图 1-25 所示为螺旋液压式调绳器。

活塞杆 1 上端与楔形绳环连接，下端为梯形齿螺杆，穿过液压缸 4、底盘 5，用圆形螺母 6 顶住。提升钢丝绳的终端载荷由底盘、圆螺母、活塞杆等直接传到提升钢丝绳上。液压缸盖 3 上有输入液体的小孔，每个液压缸之间用高压软管相互连接。调绳时，压力油经软管，同时充入每个液压缸内，油压上升，向下推动活塞 9，下端的圆螺母 6 便离开液压缸缸底盘 5。此时活塞和压力油代替了圆螺母承受钢丝绳的终端载荷。当所有液压缸底盘下面的圆螺母都离开时，各钢丝绳承受的张力完全相等，然后可以轻易地旋紧不承受载荷的圆螺母 6，使它贴在液压缸底盘下面，释放油压，调绳完成。

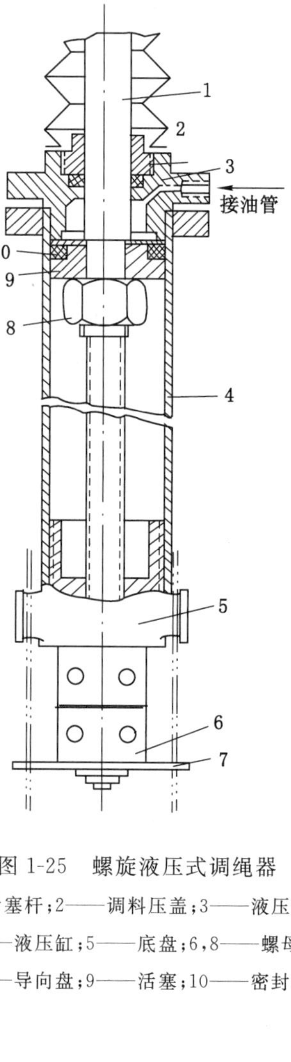

图 1-25 螺旋液压式调绳器

1——活塞杆；2——调料压盖；3——液压缸盖；4——液压缸；5——底盘；6，8——螺母；7——导向盘；9——活塞；10——密封环

（三）深度指示器

深度指示器是矿井提升机不可缺少的一类装置，它既可以检测提升容器所处的位置，又可以起到一定的保护作用。其主要功能为：

① 指示提升容器的运行位置；

② 容器接近井口卸载位置和井底车场时，发出减速信号；

③ 当提升机超速和过卷时，进行限速和过速保护；

④ 对于多绳摩擦式矿井提升机，深度指示器还能自动调零，用以消除由于钢丝绳在主导轮摩擦衬垫上的滑动、蠕动和自然伸长等造成的指示误差。

我国矿井提升机应用的深度指示器有牌坊式、圆盘式、数字式三种。牌坊式目前已经很少使用，数字式得到了越来越广泛的使用。

1. 圆盘式深度指示器

圆盘式深度指示器主要由两个部分组成，即深度指示器传动装置和深度指示盘，如图 1-26 和 1-27 所示。

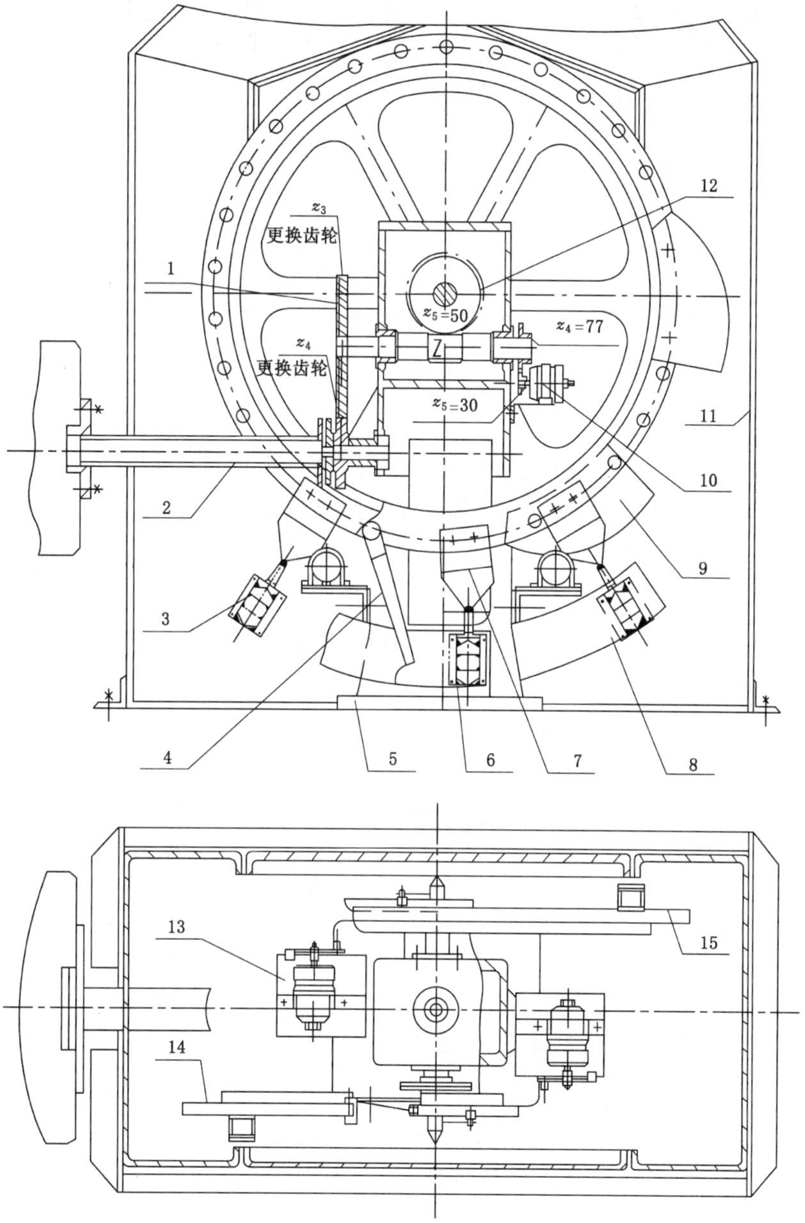

图 1-26　圆盘式深度指示器传动装置

1——传动轴；2——更换齿轮对；3——过卷开关；4——右轮锁装置；5——机座；6——减速开关；7——碰板装置；8——开关架装置；9——取速凸轮板；10——发送自整角机装置；11——外罩；12——自整角机限速装置；13——右限速圆盘；14——左限速圆盘；15——涡轮蜗杆

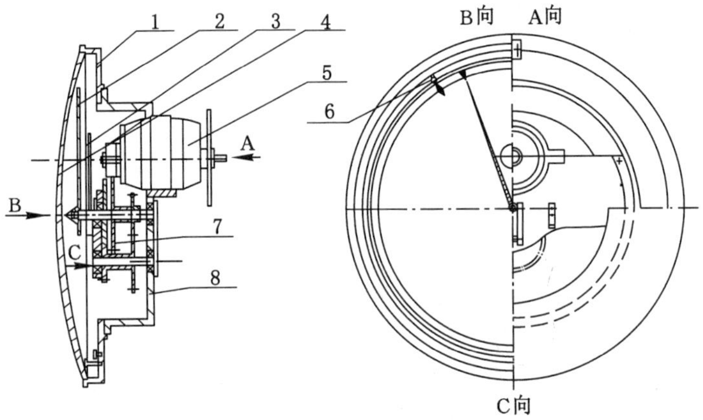

图 1-27　圆盘式深度指示盘

1——指示圆盘；2——精针；3——粗针；4——有机玻璃罩；5——接收自整角机；6——停车标记；7——齿轮；8——架子

2. 数字式深度指示器

数字式深度指示器是一种现代化的电子装置，具有指示精度高、结构简单、节约空间、使用维护方便等优点，目前在新老矿井提升机上都得到了广泛使用，也必将是未来的一个发展趋势。比如 DPV 型数字式深度指示器就是矿井提升机机电一体化专用的电子部件，具有标准电平的并行接口电路和标准的 RS232C 串行接口电路，可以方便地与可编程控制器(PLC)或工业控制计算机等具有相应接口的控制装置配套使用，装在操作台上作为提升容器的粗针指示和精针指示。

DPV 的工作原理如图 1-28 所示。

该指示器由六位数字显示器组成，能显示容器所在的位置及其正负号。它有四象限深度指示功能，在井口停车点为±0；停车点以上为+，表示过卷距离；停车点以下为－，表示容器在井筒中的位置。其分辨率为 0.01 m，最大指示深度为±999.99 m。

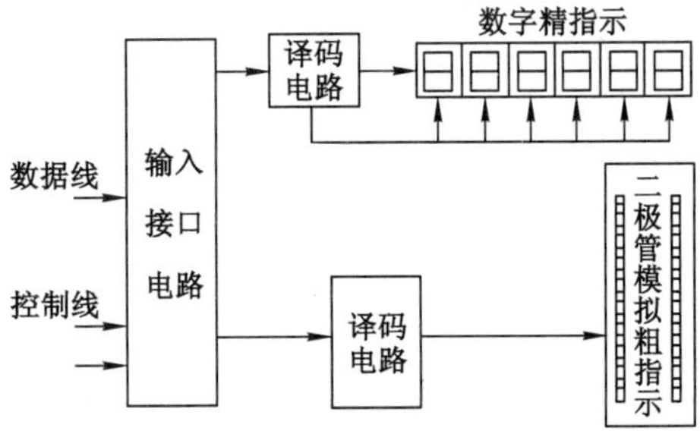

图 1-28　数字式深度指示器的工作原理

通过软件编程，PLC 将计数值同预设值进行比较，从而设置各种位置点，如减速点、精针投入点、限速点、各水平停车点等。在提升机的运行过程中，PLC 发出不同的位置信号，并根据提升工艺完成相应的操作控制。由于 PLC 中采取数据保护措施，深度指示值不会因停电而与实际值不符，即所谓的“失步”现象。为了防止由于钢丝绳滑动、蠕动引起的深度指示误差，系统会对深度值进行自动校正以确保指示精度。

第四节 矿井提升机的制动系统

制动装置是矿井提升机的重要组成部分，一般由制动器和传动装置组成。制动器是直接作用于制动轮上产生制动力矩的部分，传动机构是控制及调节制动力矩的部分。

一、提升机制动装置的作用与安全要求

（一）制动装置的作用

(1) 提升机停止工作时能可靠地闸住提升机，即正常停车。

(2) 在减速阶段及下放重物时参与提升机的控制，即工作制动。

(3) 当发生紧急事故时能迅速并符合要求地闸住提升机，即安全制动。

(4) 双卷筒提升机在调节钢丝绳长度或更换钢丝绳时，应该能闸住提升机的活动卷筒，松开不动卷筒。

（二）对制动器的安全要求

(1) 提升机的常用闸和保险闸制动时，所产生的力矩与实际提升机提升最大静载荷重旋转力矩之比不得小于 3。

(2) 在调整双卷筒提升机滚筒旋转的相对位置时，制动装置在各滚筒闸轮上所发生的力矩，不得小于该滚筒所悬提升容器和钢丝绳重量形成的旋转力矩的 1.2 倍。

(3) 立井和斜井中使用的提升机保险闸发生作用时，全部机械的减速度必须符合表 1-1 的要求。

表 1-1　全部机械的减速度规定值

运行状态	倾角		
	$\theta<15°$	$15°\leqslant\theta\leqslant30°$	$\theta>30°$
上提重载	$\leqslant A_C$	$\leqslant A_C$	$\leqslant5$
下放重载	$\geqslant0.75$	$\geqslant0.3A_C$	$\geqslant1.5$

注：A_C——自然减速度，m/s^2；$A_C=g(\sin\theta+f\cos\theta)$；$\theta$——井巷倾角，(°)；$f$——绳端载荷的运行阻力系数，一般取 0.010～0.015。

(4) 保险闸或保险闸第一级由保护回路断电时起至闸瓦接触到闸轮上的空动时间，压缩空气驱动闸瓦式制动闸不得超过 0.5 s，盘式制动闸不得超过 0.3 s。

(5) 摩擦轮式提升机在各种载荷和各种状态下，保险闸所能产生的制动减速度的计算值不能超过滑动极限，保险闸发生作用时钢丝绳不出现滑动。

二、块闸制动装置

块闸制动系统包括块式制动器和油压或压气制动传动系统。块式制动器按结构可分为角移式、平移式和综合式等。

（一）角移式制动器

角移式制动器如图 1-29 所示。焊接结构的前制动梁和后制动梁经过三角杠杆用拉杆彼此连接，木质或压制石棉塑料的闸瓦固定于制动梁上，利用拉杆左端的调节螺母来调节闸瓦与制动轮之间的间隙。顶丝用来支撑前制动梁，用以保证制动轮两侧的松闸间隙相同。当进行制动时，三角杠杆右端按逆时针方向转动，带动前制动梁，同时经拉杆带动后制动梁各自绕其轴承转动一个不大的角度，使两个闸阀压向制动轮产生制动。

角移式制动器的结构比较简单，但是围包角比较小，所产生的制动力矩也比较小，而且由于闸瓦表面的压力分布不够均匀，闸瓦上下磨损也不均匀。

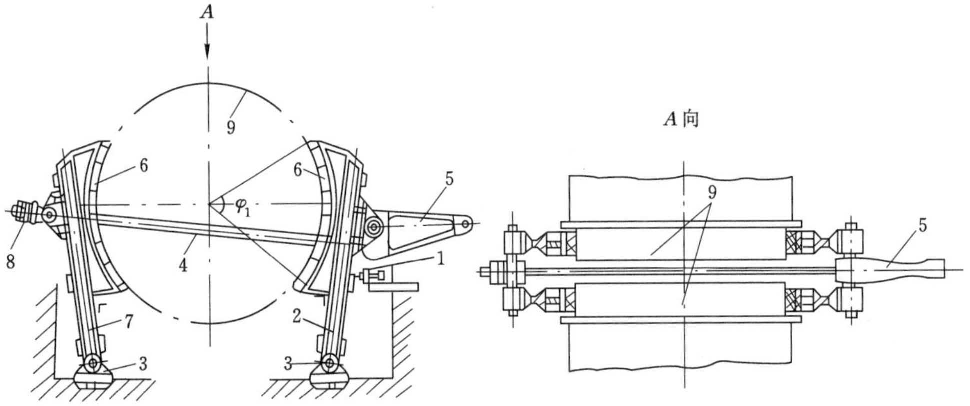

图 1-29 角移式制动器结构简图

1——顶丝；2——前制动梁；3——轴承；4——拉杆；5——三角杠杆；6——闸瓦；7——后制动梁；8——调节螺母；9——制动轮

（二）平移式制动器

平移式制动器如图 1-30 所示。

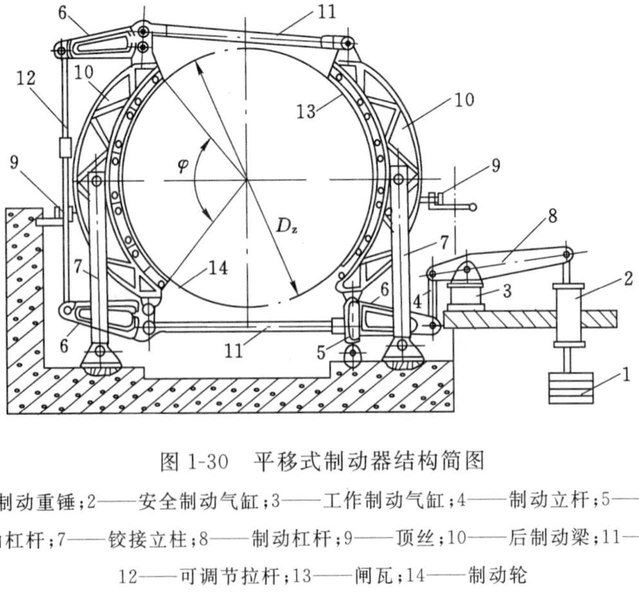

图 1-30 平移式制动器结构简图

1——安全制动重锤；2——安全制动气缸；3——工作制动气缸；4——制动立杆；5——辅助立柱；6——三角杠杆；7——铰接立柱；8——制动杠杆；9——顶丝；10——后制动梁；11——横立杆；12——可调节拉杆；13——闸瓦；14——制动轮

后制动梁用铰接立柱支撑在地基上。后制动梁的上下端安设三角杠杆，用可调节拉杆保持联系；前制动梁用铰接立柱和辅助立柱支撑在地基上，前后制动梁用三角杠杆和横拉杆彼此连接，通过制动立杆，制动杠杆受工作制动气缸和安全制动气缸控制。工作制动气缸充气时抱闸，放气时松闸；安全制动气缸工作情况与之相反。当工作制动气缸充气或安全制动气缸放气时，都可以使制动立杆向上运动，通过三角杠杆、横拉杆等驱使前后制动梁上的闸瓦压向制动轮并产生制动作用；反之，若工作制动气缸放气或安全制动气缸充气，都使制动立杆向下运动，实现松闸。

这种制动器前后制动梁是近似平移的，因为后制动梁只有一根铰接立柱和辅助立柱支撑，很难保证其平移性，所以用顶丝来辅助改善其工作情况。前制动梁受铰接立柱和辅助立柱支撑，形成四连杆机构，当其接近垂直位置时（制动梁的位移仅 2 mm），基本上可以保证前制动梁的平移性。

平移式制动器围包角比较大，所产生的制动力矩也比较大，闸瓦压力及磨损比较均匀，但是其结构要复杂一些。

三、盘闸制动装置

盘闸制动器的液压控制系统是同整个提升机的拖动类型、自动化程度相配合的。在直流拖动、自动化程度较高的系统中，由于系统的调速性能较好，机械闸一般只是在提升终了时起定车作用。而在交流拖动的提升系统中，制动器还要参与提升机速度的控制，制动力矩必须在较宽的范围内进行调节，所以相应的液压站必须与之适应。

盘闸制动装置与块闸制动装置不同，它的制动力矩是靠闸瓦沿轴向从两侧压向制动盘产生的。为了使制动盘不产生附加变形，主轴不承受附加轴向力，盘闸都成对使用，每一对称为一副。根据所要求的制动力矩的大小，每一台提升机上可以同时布置两副、四副或者多副制动器。

图 1-31 所示为盘闸制动器的结构。两个制动缸组件装在支座上，支座为整体铸钢件，经过垫板用地脚螺栓固定在基础上，内装活塞、柱塞、调整螺栓和蝶形弹簧等零件。筒体可以在支座的内孔往复运动。闸瓦用铜螺钉或燕尾槽的形式固定在衬板上。

盘闸制动器是由蝶形弹簧产生制动力，靠油压松闸的，当压力油充入油缸推动活塞压缩蝶形弹簧，并带动调整螺栓、螺钉及柱塞右移时，筒体和闸瓦在回复弹簧和螺栓的作用下也一起右移，闸瓦离开制动盘呈松闸状态。当油缸内油压降低，蝶形弹簧就回复其松闸状态时的压缩变形，推动活塞向左移动，同时带动调整螺栓、螺钉、柱塞推动筒体左移，使闸瓦压向制动盘，达到制动的目的。

制动状态时，闸瓦压向制动盘的正压力大小取决于油缸内工作油的压力。当缸内压力为最小值时（一般不等于零），弹簧力几乎全部作用在活塞上，此时制动盘上的正压力最大，呈全制动状态；反之，当工作油压为系统最大油压时，机器全松闸。

第一次向制动油缸充油或在使用中发现松闸时间较长时，应该将放气螺钉拧松，把制动油缸内空气排尽，以免影响制动缸的正常工作。

塞头是排油用的，在使用过程中油缸有可能微量渗油，需要定期将此塞头拧开排油，以

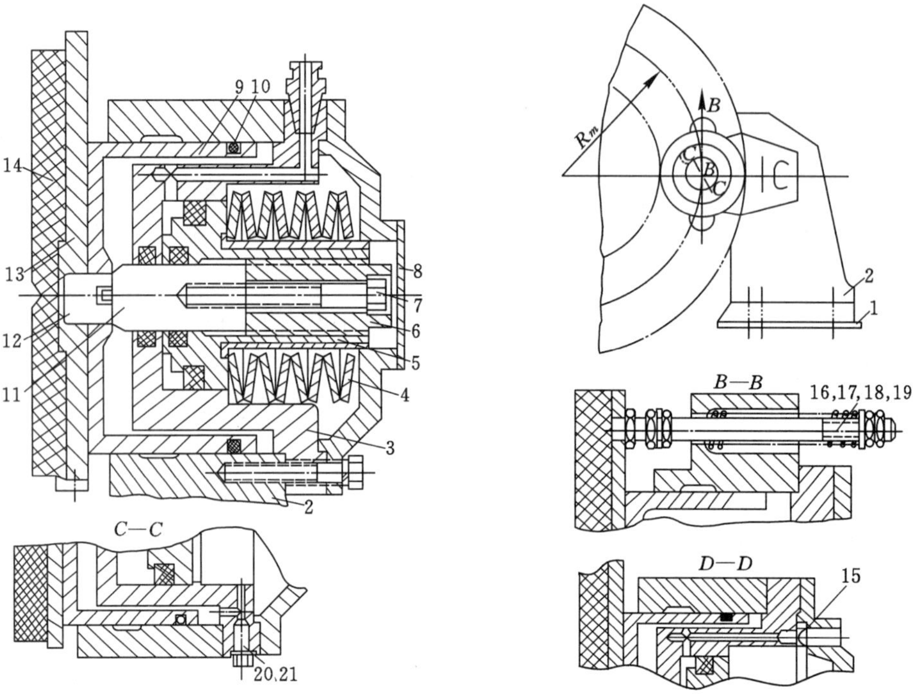

图 1-31 盘闸制动器结构简图

1——垫板;2——支座;3——油缸;4——蝶形弹簧;5——活塞;6——调整螺栓;7——螺钉;8——盖;9——筒体;10——密封圈;11——柱塞;12——销子;13——衬板;14——闸瓦;15——放气螺钉;16——回复弹簧;17——螺栓;18,21——垫;19——螺母;20——塞头

免渗油玷污闸瓦和制动盘。

第五节 矿井提升机使用、维护与故障处理

一、矿井提升机的运行

（一）操作方式

矿井提升机的操作方式有手动操作、半自动操作和自动操作三种。

手动操作的提升机多用于斜井提升，司机直接用控制器操纵电动机的换向和速度调节；自动操作的提升机多用于提升循环简单、停机位置要求不必特别准确的主井箕斗提升系统，其操作过程都是提升机自动运行，司机只观察操作保护装置的正确性；半自动操作的提升机要求司机通过操作把手进行部分阶段的运行操作，启动阶段的加速过程是由继电器按规定要求自动切除启动电阻进行的，等速阶段由于电动机工作在自然机械特性曲线的稳定运行区域，不需要自动操纵装置，只需要各种保护装置，减速阶段根据不同的减速方式采用手动操作，实现准确停车。半自动操作方式是我国目前较为普遍使用的提升机操作方式。

（二）提升机的运行

以半自动操作的单绳缠绕式提升机为例。

1. 运行许可条件

（1）电气控制装置完善、灵敏，配电装置及轮缘等处清洁、完好。

（2）主传动电动机的短路及断电保护装置、过卷装置、过速保护装置、过负荷及无电压保护装置、闸瓦磨损保护装置、励磁检测装置必须灵敏、可靠。

（3）司机操作台各控制按钮灵敏、可靠，各电流表、电压表指示准确、可靠。

（4）液压站油量充足，电磁阀、溢流阀等动作可靠，压力表灵敏、准确，泄压阀动作可靠，盘型闸启闭灵活。

（5）主机部分、导向轮部分螺栓无松动、无缺少，绳槽无过度磨损。

（6）钢丝绳无超标现象。

（7）提升机紧急情况下，安全制动动作灵敏、可靠。

2. 运行前的检查和运行顺序

（1）运行前的检查

提升机在运行前首先要对重点部位进行一次检查，检查的项目是：对整机各部位、导向轮部位、液压站、操纵机构、制动管路系统、深度发送装置等进行检查。

（2）运行顺序

检查完毕无误后按以下开车顺序进行启动：

① 主令控制器、工作闸以及各安全装置处于正常位置。

② 将安全开关拨到手动方式。

③ 司机接到开车指令后，按照信号要求方向控制主令操作杆向前或向后，同时操作制动杆，开动提升机。

二、矿井提升机的维护与检修

（一）巡回检查路线

操作台→计算机→监控设备→主电机→滚筒及制动器→液压站→冷却风机→低压开关柜→直流快开及电抗器、整流变压器→动力励磁变压器→高压开关柜→操作台。

（二）主要设备的维护与检修

1. 传动机构

（1）每个轴承的润滑油量是否充足，油质是否清洁；轴承是否有异常声音；减速机运行是否有异常振动声音。

（2）各部位的螺丝是否有松动或缺少。

（3）各部位的键连接是否有松动。

2. 制动机构

（1）检查抱闸各拉杆螺丝是否松动或缺少，盘型闸动作时是否灵活可靠。

（2）检查制动盘与闸瓦的磨损间隙是否过大，应该在 0.6～1.5 mm 之间。

（3）检查测速发电机是否传动平稳，胶轮是否过度磨损。

(4) 检查电磁阀、溢流阀、比例阀、紧急停车阀、卸荷阀和过卷开关是否灵活可靠。

(5) 制动盘是否有油污,应使其保持清洁。

3. 液压系统

(1) 检查油量是否充足,油温是否过高。

(2) 观察油压表指示的压力是否达到规定要求。

(3) 检查阀、管路是否漏油。

4. 深度指示器

(1) 检查链轮及链子、丝杆及齿轮等磨损情况,键及螺丝是否松动。

(2) 链轮与链子、丝杆与齿轮和轴承润滑是否良好。

(3) 链锁和保护装置是否灵活、可靠。

5. 导向轮部分

(1) 导向轮绳槽是否过度磨损或缺少。

(2) 导向轮运转是否平稳,有无异常振动或噪音。

(3) 各部分螺栓是否松动或缺少。

(4) 导向轮轴承是否润滑良好。

6. 电气部分

(1) 检查电动机滑环和碳刷磨损、接触情况。

(2) 配电装置及绝缘子等处是否清洁、完好。

(3) 电动机和启动电阻等处接线固定螺丝是否松动。

(4) 检查信号系统是否良好。

7. 提升电机

(1) 每班操作工要测定温度,不能超过 60 ℃。

(2) 每年由专职电工测定转子和定子的间隙。

(3) 每半年由专职电工检查轴承磨损情况。

8. 操作台

(1) 每班操作工检查工作制动闸是否灵活,固定处是否良好。

(2) 每周专职电工检查主令控制器是否灵活、接点是否良好。

9. 防坠器

(1) 每周由专职维修工用手锤敲击各元件连接处是否牢固。

(2) 每半年由专职机构组织一次坠罐试验。

10. 安全控制部分

(1) 每班由操作工检查过卷是否动作正常。

(2) 每半月由专职电工检查闸瓦过磨开关的灵敏度。

(3) 每月由操作工试验过速保护装置的灵敏程度。

11. 钢丝绳维护

(1) 新绳挂绳后一周内要每天检查一次,以后每周检查一次。当钢丝绳断丝达到 2% 后,应该每天检查一次。每次检查都应该做好记录。检查速度应该在 0.3 m/s 以下。

(2) 使用过程中的钢丝绳应该定期剁绳头。剁绳头时间要根据使用年限,三年以内者3～6个月剁一次,两年以上者6～10个月剁一次。使用后期可以酌情缩短剁绳时间。

(3) 发生紧急制动或严重的过卷和卡罐等事故时,应该立即停车,并详细检查记录和处理。

(4) 若钢丝绳为双层或三层缠绕时,每层间应隔两个月换一次位置,并安装过渡块。

(5) 操作工每周涂钢丝绳润滑脂一次,每清洗一次要重新涂油。

(6) 主要提升机应该备有备用钢丝绳。备用钢丝绳要妥善保管,勿使其生锈。

三、矿井提升机常见故障分析及处理方法

矿井提升机常见故障产生原因及排除方法见表1-2。

表1-2　　提升机设备常见故障分析及其处理

故障现象	产生原因	排除方法
(一)主轴及滚筒		
1. 主轴断裂	(1) 长期超负荷运行或使用不当造成外伤; (2) 主轴配合表面润滑不良造成磨损;或出现较大应力集中导致产生疲劳裂纹;或在冲击载荷作用下造成主轴断裂; (3) 拆装主轴上零件时造成主轴损伤,导致主轴出现裂纹; (4) 安装齿轮联轴器的轴颈处是主轴最薄弱部分,应力最高,最易出现断轴故障	(1) 提升机严禁超负荷使用; (2) 维修人员必须定期检查主轴的润滑情况; (3) 在拆装主轴上零件时,必须避免对主轴的损伤; (4) 定期对主轴实行无损探伤工作
2. 滚筒异样	(1) 连接件松动或断裂; (2) 焊缝开裂; (3) 筒壳强度不足至开裂、变形; (4) 衬套与轴磨损间隙过大; (5) 离合器松动	(1) 进行紧固或更换; (2) 进行补焊; (3) 更换筒板或加固; (4) 更换衬套并适当加油; (5) 进行检修、调整
3. 滚筒裂缝	(1) 对缝焊接质量不好; (2) 局部受力过大,连接件松动或断裂; (3) 木衬断裂或松动; (4) 钢板材质有缺陷	(1) 重新焊接; (2) 局部进行补强、紧固或更换连接件; (3) 紧固或更换衬木; (4) 处理缺陷部位
4. 滚筒松动	(1) 连接螺栓松动或断裂; (2) 与主轴连接处切向键松动; (3) 加工与装配质量不符合要求; (4) 维护、加油不及时	(1) 紧固或更换连接螺栓; (2) 紧固或更换切向键; (3) 重新检修或更换支轮; (4) 加强维护并及时加注润滑油
5. 轴承过热	(1) 缺油或油质不良; (2) 油圈转动不良或卡住; (3) 接触不好或与轴心线不同心; (4) 间隙过小	(1) 加油或换油; (2) 调整处理油圈; (3) 进行检修,重新调整; (4) 进行轴瓦刮研或调整垫片
6. 主轴弯曲	(1) 长期超载或受重载冲击; (2) 材料不良或加工装配质量不符合要求	(1) 调整并防止超载运行或重载冲击; (2) 改进材质和加工装配质量,定期检查
(二)调绳离合器		
1. 离合器油缸内有敲击声	(1) 活塞装配不合适; (2) 活塞与缸盖间的间隙太小	(1) 进行检修、重新安装; (2) 进行调整、保证间隙不小于2～3 mm

续表 1-2

故障现象	产生原因	排除方法
2. 离合器发热	离合器沟槽口处有赃物或金属碎屑等	用柴油清洗干净，加注润滑油
3. 活动滚筒卡死	活动滚筒的轴套润滑不良或尼龙套黏结在轴上	加强润滑，更换尼龙套
4. 齿轮调绳离合器离、合困难	(1) 齿轮与齿圈相对位置未对好； (2) 外齿轮与内齿圈上有毛刺； (3) 内齿圈与轮毂间的尼龙瓦磨损，滚筒下沉	(1) 可以稍微转动提升机，使齿轮与齿圈对合； (2) 进行修整，去除毛刺； (3) 顶起或吊起滚筒进行离合作业或更换尼龙瓦
5. 齿轮调绳离合器油缸及阀漏油	(1) 连锁阀关闭不严； (2) 密封圈损坏	(1) 拆检并清洗干净后重装； (2) 更换密封圈
6. 运行中离合器突然脱开	(1) 连锁阀的销未插入轮毂的环形槽中或活塞杆的缺口中； (2) 压力油进入调整绳油缸	(1) 拧紧弹簧后面的盖，使弹簧受压、锁销推出； (2) 在管路中增加截止阀，调绳后将阀关死
	（三）减速器	
1. 齿轮异响或振动过大	(1) 齿轮装配啮合间隙不合适； (2) 齿轮加工精度低或齿形不好； (3) 轮齿表面粗糙、磨损严重； (4) 两齿轮轴线不平行； (5) 轴瓦松动或间隙过大； (6) 润滑不良	(1) 调整间隙； (2) 维修或更换； (3) 研磨或更换； (4) 调整校正； (5) 检修或更换； (6) 加强润滑
2. 轮齿磨损过快	(1) 加工与装配不符合要求，啮合不好； (2) 润滑不良或油有杂质； (3) 承载过大； (4) 材质不良或疲劳	(1) 检修、调整； (2) 加强润滑或换油； (3) 合理调整载荷； (4) 调质或更换
3. 轮齿折断	(1) 两齿间掉入金属杂物； (2) 突然重载冲击或反复重载冲击； (3) 材质不良或疲劳	(1) 检查维修、清理杂物； (2) 严禁超负荷运行； (3) 重新更换齿轮
4. 传动轴弯曲或折断	(1) 各轴线不平行，轴的弯曲应力过大； (2) 齿间掉入金属杂物或断齿进入另一齿间隙； (3) 材质有缺陷或疲劳； (4) 加工及装配质量不符合要求	(1) 进行调整、校正； (2) 检查取出杂物，修齿形或更换； (3) 进行修理或更换； (4) 重新装配，按标准验收
5. 齿形变形	(1) 材质太软； (2) 润滑不良或干摩擦； (3) 超载运行	(1) 更换齿轮； (2) 加强润滑或提高润滑油标号； (3) 定量装载，严禁超载
	（四）制动系统	
1. 制动或松闸不灵活	(1) 各传动杆件不灵活； (2) 销轴缺油或烧住； (3) 制动油缸卡缸； (4) 油压不足或气压过低	(1) 调整制动杆件； (2) 清洗或注油，修理或更换； (3) 检查并维修制动油缸； (4) 检查管路是否堵塞或泄漏
2. 闸瓦局部过热或烧损	(1) 制动力分布不均匀，调整不当； (2) 局部接触，单位压力过大； (3) 闸瓦与闸轮间隙不均匀	(1) 调整一致； (2) 进行维修调整； (3) 调整间隙，增加闸瓦接触面积

续表 1-2

故障现象	产生原因	排除方法
3. 闸瓦偏磨或磨损较快	(1) 闸瓦与闸轮中心偏差过大； (2) 闸瓦间隙不均匀，偏斜； (3) 闸瓦与闸轮接触表面不平整； (4) 闸瓦材质不合格	(1) 调整一致； (2) 调整间隙； (3) 调整闸瓦或车削闸轮； (4) 更换闸瓦
4. 制动力不足	(1) 制动重锤重量不够或盘形弹簧力不够； (2) 闸瓦与闸轮或制动盘接触面积小，闸轮或制动盘的粗糙度偏低，使摩擦系数降低； (3) 制动油缸严重磨损	(1) 验算制动力或检查盘形弹簧力是否合适及有无疲劳现象； (2) 提高粗糙度，增加闸瓦与闸轮或制动盘的接触面积； (3) 检修或更换制动油缸
5. 制动器抱闸或松闸速度缓慢	(1) 传动拉杆长短不符合要求，调整机构调整的不合适； (2) 销轴与孔松动，磨损过大或锈蚀严重； (3) 制动器操纵手把给不到位或移动角度不合适； (4) 制动力矩不够或弹簧力小	(1) 适当进行调整； (2) 修配或更换销轴和清洗除锈； (3) 检修或调整操纵把手； (4) 检修或更换弹簧
6. 制动油压打不上去	(1) 油泵中进入空气或叶片有锈、卡现象； (2) 密封件损伤产生泄漏； (3) 油质太脏堵塞油路	(1) 排出空气或检修油泵； (2) 更换密封件； (3) 换油，疏通油路
7. 运转中突然失压，松不开闸	(1) 溢流阀的节流孔堵塞或滑阀被卡住； (2) 电液调压装置控制阀和喷嘴接触不良； (3) 溢流阀的控制密封不严或连接管路漏油； (4) 电液调压装置的动线圈引出线焊接不牢固	(1) 进行检修、清洗； (2) 进行研磨、调整； (3) 加强密封； (4) 检查并焊接牢固
8. 油泵启动 1 min 后溢流阀无回流，压力表为 0	油泵吸不上油	将油泵电机反转，待油面有翻腾现象后再进行正转，就会吸上油压
9. 油泵启动后溢流阀有回油，油压升高时油面有气泡、有噪声	(1) 联轴器处塑料端盖破裂，螺钉松动，空气进入； (2) 出油口处的端盖未压住配油盘，空气进入泵体； (3) 吸油口的滤油器被堵，吸油阻力加大，空气进入泵内	(1) 更换同样规格的尼龙端盖或铁盖； (2) 在出油口处的端盖和配油盘之间增加 0.15 mm 的透明纸垫； (3) 将滤油器内赃物清理干净
10. 油泵正常，动线圈电流最大，但是无油压或油压偏低	(1) 节流孔被堵塞； (2) 喷嘴平面不平	(1) 从喷嘴中取出赃物； (2) 维修磨平喷嘴平面
11. 油泵正常，动线圈电流为零时，油压上升到松闸状态，但是油压不能调整	喷嘴中有赃物，但是未完全堵塞	从喷嘴中取出赃物
12. 安全装置油路之间漏油，油压下降，松不开闸	各油路之间的连接螺钉松动	将螺钉拧紧
13. 油压正常，但松不开闸或只松开一部分闸	电磁阀所需电压过高或过低，将线圈烧坏	检查电气线路及电磁阀线圈，处理货更换损坏件

续表 1-2

故障现象	产生原因	排除方法
14. 油压升到某一值时油压表出现高频振动，影响开车	(1) 电源电压不稳定，与其他自振频率相等或相近而产生高频共振； (2) "十"字弹簧，溢流阀中的小弹簧均有自己的自振频率	(1) 检查电源电压，使其稳定在要求范围； (2) 固定"十"字弹簧、调整磁钢间隙
	(五) 深度指示器	
1. 丝杠晃动	(1) 上下轴承不同心，间隙过大； (2) 传动轴的轴向窜动量大，轴承调整不合适	(1) 进行调整或更换轴承； (2) 检查调整，消除轴向窜动量
2. 丝杠弯曲	(1) 丝杠磨损超限，刚度不够； (2) 丝杠螺母别劲	(1) 更换新的丝杠； (2) 调整或更换丝杠螺母
3. 传动伞齿轮松动或键窜出来	(1) 键连接松动； (2) 挡键板不起作用	(1) 按键槽研配新键； (2) 修整和上紧键挡板
4. 传动装置的小圆锥齿轮轴折断	(1) 安装、调整不正确，产生别劲； (2) 结构设计不够完善； (3) 使用维护不当，使圆锥齿轮副运行间隙过小，别劲运行，疲劳折断	(1) 重新调整； (2) 将主轴上的大圆锥齿轮由固定在轴头的结构更改为在主轴上浮动的结构； (3) 调整齿轮副间隙
5. 传动轴折断	(1) 传动轴细长，刚度小，易出现弯曲变形； (2) 整个系统为三支点固定，安装找正困难，容易出现别劲，造成疲劳断裂	(1) 可以将传动轴改为万向接头； (2) 为防止断轴后发生事故，可以增加断轴保护装置
6. 圆盘式指示器指针振动或爬行	(1) 机械阻力过大或自整角机发生问题； (2) 指示器的密封不严，进入粉尘	(1) 调整机械传动部分，检修或更换自整角机； (2) 重新密封
7. 自整角机出现嗡嗡的声音	自整角机的轴弯曲或机械阻力过大	更换自整角机，调整机械阻力
8. 紧急制动后圆盘指示器指示容器的位置与实际位置不符	这种现象一般出现在外部电源或控制电源断电后，是因为发送自整角机和接收自整角机的角度大于 90 ℃，产生了不同步	将容器提升至正确位置后，用手拨动指针到正确位置
9. 双筒提升机调整后，圆盘指示器传动装置中移动滚筒的限速圆盘发生走动现象	圆盘式指示器有两个限速圆盘，正常运行时靠摩擦片带动其旋转；调绳时，可移动滚筒的限速圆盘与蜗轮轴脱开，使其固定不动。若两摩擦片脱开不彻底，调绳时会出现两个圆盘都转动的现象	调绳时将摩擦离合器彻底松开，并将可移动滚筒的限速圆盘用锁紧装置锁住
10. 运转中，圆盘指示器的减速开关或过卷开关出现漏信号现象	(1) 主要是减速开关或过卷开关的固定螺栓未拧紧，行程开关滚子中心未对准限速圆盘的回转中心，碰板装置上的减速碰板不灵活，或有赃物； (2) 有线接头松脱断线或电气元件失效	(1) 检查安装误差，拧紧固定螺栓并在开关底面塞上垫片，经常清洗减速碰板； (2) 重新接线，更换失效元件
	(六) 联轴器	
1. 连接螺栓折断	(1) 两轴水平度偏差太大，转动时别劲； (2) 螺栓材料不符合要求或螺栓磨细后强度不够； (3) 螺栓与螺孔配合间隙过大或螺孔磨成椭圆	(1) 检查调整水平度； (2) 更换螺栓； (3) 检修扩孔，配制新螺栓
2. 齿轮联轴器的轮齿折断	(1) 轮齿磨损超限或轮齿材质较差； (2) 两轴水平度偏差较大，轮齿啮合不好； (3) 油量不足，润滑不良	(1) 进行检修或更换； (2) 调整水平度，保证啮合良好； (3) 加强润滑

续表 1-2

故障现象	产生原因	排除方法
3. 蛇形弹簧折断	(1) 蛇形弹簧材质不良或制造质量差； (2) 两轴水平度偏差大或端面间隙过大； (3) 润滑脂不充足，润滑不良； (4) 司机操作不当，启动过急	(1) 更换合格的蛇形弹簧； (2) 进行检修调整，使端面间隙达标； (3) 加强润滑； (4) 按规定进行操作
(七) 提升钢丝绳		
1. 钢丝绳磨损或断丝过快	(1) 钢丝绳排列不齐，无顺序乱缠； (2) 无木衬或木衬损坏； (3) 调头不及时； (4) 冲击载荷大，次数多； (5) 钢丝绳缸油； (6) 钢丝绳质量不符合要求，材质较差； (7) 双层缠绕时，临界段未设过渡块	(1) 调整钢丝绳偏角，加设导轮； (2) 增设或更换木衬； (3) 及时调头； (4) 采取措施防止冲击； (5) 定期涂油或注油； (6) 按标准选用钢丝绳； (7) 及时调整更换位置或增设过渡块
2. 使用中的钢丝绳出现鼓肚	(1) 绳芯腐朽或拉断； (2) 多层股钢丝绳里层胶断丝过多	(1) 立即换绳； (2) 进行检查、换绳
3. 使用中的钢丝绳出现绳股松散	(1) 某捻距内断丝超过规定数量； (2) 截绳时未扎牢	(1) 验算安全系数或更换； (2) 将松散股赶至绳头端，重新卡绳
4. 多绳摩擦式提升机钢丝绳打滑	(1) 钢丝绳在悬吊前未清洗干净； (2) 操作时减速度过大； (3) 摩擦衬垫的摩擦系数小； (4) 超负荷	(1) 清洗擦拭干净，涂抹油脂； (2) 提高操作水平，施闸不要过猛； (3) 采用聚氨衬垫； (4) 减轻负荷达到防滑极限的要求

思考与练习题

1. 矿井提升机的作用是什么？
2. 矿井提升机由哪几个部分组成？
3. 矿井提升机分哪几种类型？
4. 矿井提升容器有哪些类型？竖井和斜井提升各采用哪些提升容器？
5. 深度指示器的作用是什么？有哪几种类型？其原理有何不同？
6. 罐笼上的罐耳和井筒中的罐道有什么作用？
7. 矿井提升机工作制动、安全制动、调绳制动有何不同？
8. 矿井提升机的操作步骤有哪些？提升机应如何使用和维护？
9. 提升机常见故障有哪些？对应的故障原因和常见的处理方法是什么？

第二章 矿井排水设备

第一节 概 述

在矿井建设和生产过程中，从各种渠道来的水源源不断地涌入矿井，如果不及时排除，必将影响煤矿的安全和生产。因此，必须设置水泵，把涌入矿井的水及时从井下排至地面。另外，由于煤矿地质条件复杂，有可能遭到突然大量涌水而淹没矿井，这时需要排水设备抢险排水，以尽快恢复矿井生产。总之，矿井排水始终伴随着煤矿建设和生产，直至矿井报废，才完成它的历史使命。因此，矿井排水是煤矿建设和生产中不可缺少的一部分，它对保证矿井正常生产起着非常重要的作用。图 2-1 所示是矿井排水过程的示意图。涌入矿井的水顺着巷道一侧的水沟自流集中到水仓 1，而后经分水沟流入泵房 5 内一侧的吸水井 3 中，水泵运转后水经管路 6 排至地面。

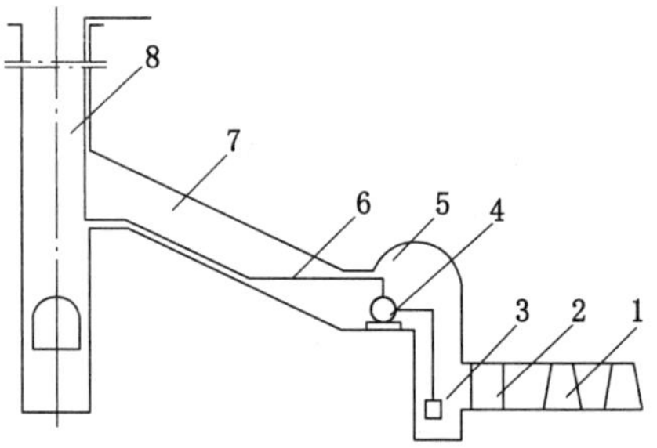

图 2-1 矿井排水过程的示意图

1——水仓；2——分水沟；3——吸水井；4——水泵；5——泵房；6——管子；7——管子道；8——井筒

矿井排水设备的任务是将矿水及时地排送至地面，为井下创造良好的工作环境，保证井下工作人员、设备和矿井的安全，并且要求排水设备必须安全、可靠、经济地工作。

一、矿井排水系统

（一）矿水

在煤矿地下开采过程中，由于地层含水的涌出，雨雪和江河中水的渗透，水砂充填和水力采煤的井下供水，大量的水昼夜不停地汇集于井下。涌入矿井的水统称为矿水，矿水分为自然涌水和开采工程涌水。自然涌水指自然存在的地面水和地下水，地面水包括江、河、湖以及季节性雨水、融雪等，地下水包括含水层水、断层水和老空水。开采工程涌水是与采掘方法或工艺有关的涌水，如水砂充填时矿井的充填废水、水力采矿的动力废水等。

单位时间涌入矿井水仓的矿水总量称为矿井涌水量，其单位是 m^3/h。由于矿井涌水量受地质构造、地理特征、气候条件、地面积水和开采方法等多种因素的影响，因此各矿涌水量可能极不相同。即便同一个矿在不同季节涌水量也是变化的，通常在雨季和融雪期出现涌水高峰，此期间的涌水量称为最大涌水量；其他时期的涌水量变化不大，一年内持续时间较长，此期间的涌水量称为正常涌水量。

有时为了便于比较各矿涌水量的大小，常采用同一时期内单位煤炭产量的涌水量作为比较参数，称为含水系数。据统计，每开采 1 t 煤要排出 2～7 t 矿水，有的矿井甚至多达 30～40 t。

矿水性质主要是指矿水的物理性质和化学性质，包括重度、温度、pH 值等。

矿井涌水在穿过岩层和沿坑道流动过程中溶解了各种矿物质，并且矿水中含有大量泥沙，因此矿水的密度比一般清水大，15 ℃的矿水密度为 1 015～1 025 kg/m³。由于矿水中悬浮状固体颗粒容易磨损水泵零件，因此必须经过沉淀池和水仓沉淀后再由水泵排出。

由于溶解在水中的物质不同，矿水有酸性、中性和碱性之分。当矿水中氢离子浓度的 pH 值等于 7 时为中性水，pH 值小于 7 时为酸性水，pH 值大于 7 时为碱性水。酸性矿水对金属有腐蚀作用，因此，当矿水的 pH 小于 5 时，应根据情况加石灰中和或采用耐酸的排水设备，以保证设备的使用年限。

（二）水仓

用来专门储存矿水的巷道叫水仓。水仓有两个主要作用，一是储存集中矿水，排水设备可以将水从水仓排至地面。为了防止断电或者排水设备发生故障被迫停止运行时淹没巷道，主泵房的水仓应有足够大的容积，必须能容纳 8 h 正常的涌水量。二是沉淀矿水，因为在从采掘工作面到水仓的流动过程中，矿水夹带有大量悬浮物和固体颗粒，为防止排水系统堵塞和减轻排水设备磨损，矿水须在水仓中进行沉淀。根据颗粒沉降理论，为了达到能把大部分细微颗粒沉淀于仓底，水在水仓中流动的速度必须小于 0.005 m/s，而且流动时间要大于 6 h，因此水仓巷道长不得小于 100 m。

为了在清理水仓沉淀物的同时，又能保证排水设备正常工作，水仓至少有一个主水仓和一个副水仓，以便清理时轮换使用。水仓可以布置在水泵房的一侧，也可以布置于水泵房的两侧。在水泵房一侧的布置方式适用于单翼开采，矿水从一侧流入水仓；在水泵房两侧的布置方式适用于双翼开采，矿水从两侧流入水仓。

由于矿水中固体颗粒的沉淀，水仓容量逐渐减少。为了保证水仓的容水能力，容纳涌水高峰的全部矿水，每次雨季到来前，必须彻底清理一次主泵房的水仓。为了便于清扫水仓的淤泥，水仓和分水井靠管路连接，管路上装有闸阀，关闭时可以清扫水仓。为了便于运输，水仓底板一般都敷设轨道。

（三）水泵房

水泵房是专为安装水泵、电机等设备而设置，大多数主水泵房布置在井底车场附近，其原因如下：

（1）运输巷道的坡度都向井底车场倾斜，便于矿水沿排水沟流向水仓。

（2）排水设备运输方便。

（3）由于靠近井筒，缩短了管路长度，不仅节约管材，而且减少了管路水头损失，同时增加了排水工作的可靠性。

（4）在井底车场附近，通风条件好，改善了泵与电机的工作环境。

（5）水泵房以中央变电所为邻，供电线路短，减少了供电损耗，这对耗电量很多、运转时间又长的排水设备而言，具有不容忽视的经济意义。

根据矿井条件不同，水泵房在井底车场的位置有多种形式，图 2-2 所示是其中的一种。

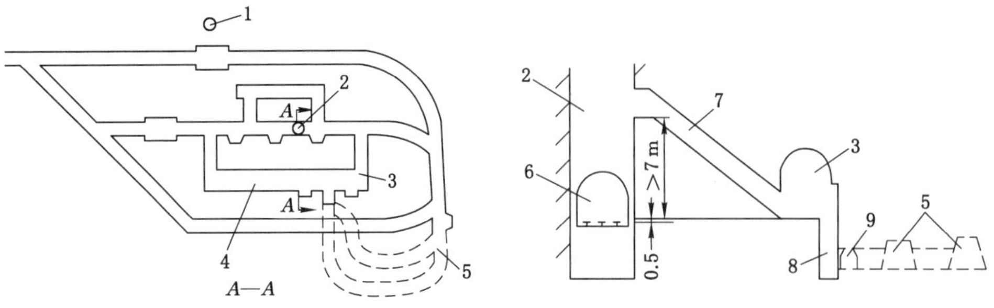

图 2-2 水泵房位置图

1——主井；2——副井；3——水泵房；4——中央变电所；5——水仓；6——井底车场；7——管子道；8——吸水井；9——分水沟

根据水泵房在井底车场的位置可以清楚地看出，它有三条通道与相邻巷道相通，人行运输巷与井底车场相通，人员和设备由此出入；倾斜的管子道与井筒相通，如图 2-3 所示，排水管可由此敷入井筒，同时又是人员和设备的安全出口，它的出口平台应高出泵房底板标高 7 m 以上，倾斜坡度一般为 25°～30°。当井底车场被淹没时，人员可由此安全撤出；经井下变电所与巷道相通的通道是一个辅助通道。

水泵房的地面标高应比井底车场轨面高 0.5 m，且向吸水侧留有 1%的坡度。

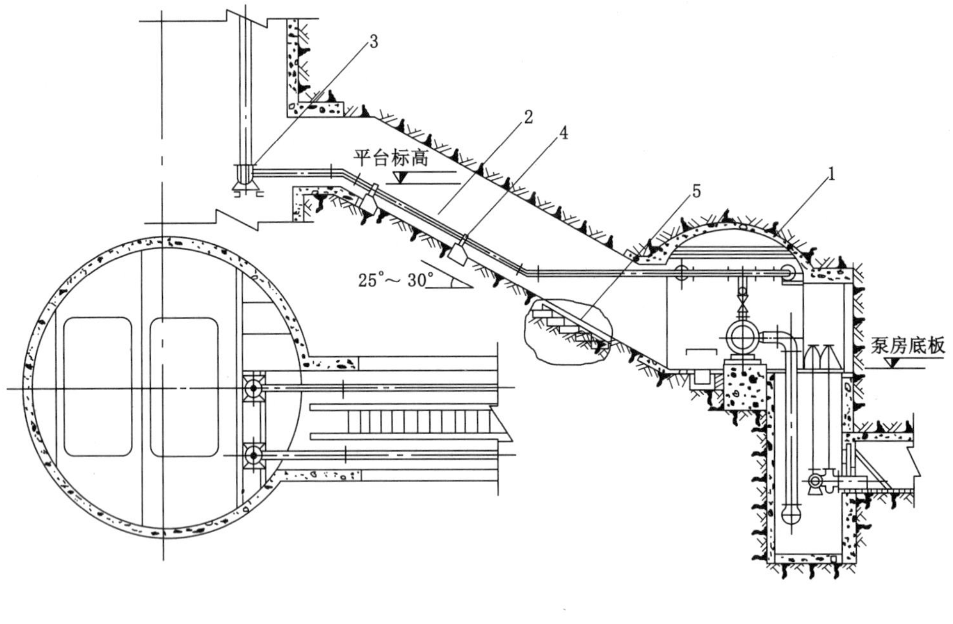

图 2-3 管子道布置图

1——泵房；2——管道；3——弯管；4——管墩和管卡；5——人行台阶和运输轨道

图 2-4 所示为安装三台水泵的泵房布置图。吸水井在泵房的一侧，由水仓来的水首先通过箅子 17 拦截进入水仓的大块物质，而后经过水仓闸阀 13 进入分水井 15。水仓闸门共有两个，分别和主副水仓相通，轮换使用，可在配水井上部操作。进入分水井的水经过分水

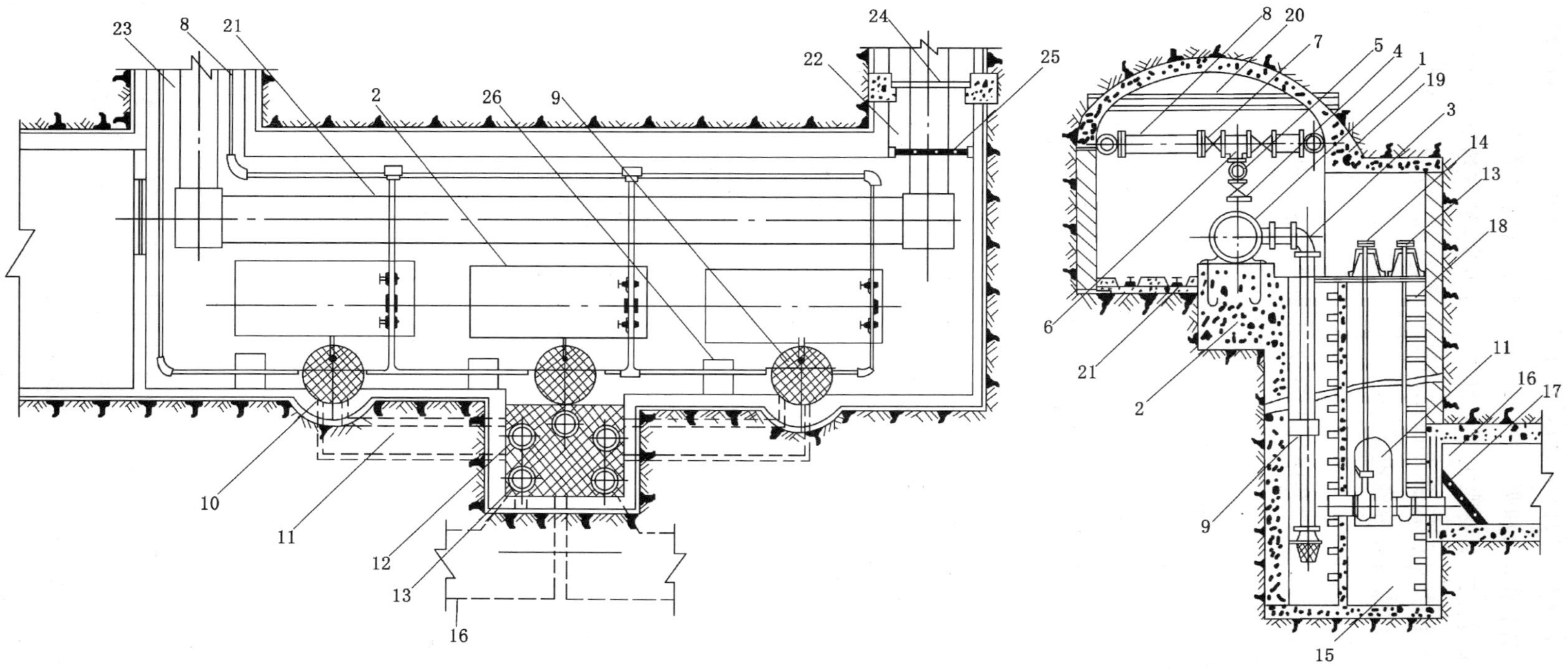

图2-4　三台水泵两趟管路泵房布置图

1——水泵；2——水泵基础；3——吸水管；4——调节闸阀；5——逆止阀；6——三通；7——闸阀；8——排水管；9——吸水井；10——吸水井盖板；11——分水沟；12、14——分水闸阀；13——水仓闸阀；15——分水井；16——水仓；17——水仓箅子；18——上、下梯子；19——管子支撑架；20——起重梁；21——轨道；22——人行运输道；23——管子道；24——防水门；25——大门；26——启动设备闸阀12、14分配到中间吸水井9和两侧的分水沟11中。水从分水沟再进入两侧的吸水井中。关闭分水闸阀14可以清理水沟和吸水井,并控制水仓流入的水量。

水泵房排水设备的布置方式主要取决于泵和管路的多少,通常情况下,应尽量减少泵房断面,水泵在水泵房内顺着水泵房长度方向轴向排列,泵房轮廓尺寸应根据安装设备的最大外形、通道宽度和安装检修条件等确定。

(四) 矿井排水系统的分类

对于巷道低于地面的矿井,涌入矿井中的水需要用排水设备将水排到地面。目前我国大多数矿井采用这种方法。根据开采水平以及各水平涌水量大小的不同,矿井排水可采用不同的排水系统。竖井单水平开采时,可采用直接排水系统将井下全部涌水集中于井底车场的水仓内,并用排水设备将其排至地面。

两个或多个水平同时开采时,可有多种方案供选用。就两个水平而言,有三种方案可供选用,分为直接排水系统、分段排水系统和集中排水系统等。

1. 直接排水系统

直接排水系统是将矿水集中到水仓,然后用排水设备直接排送至地面。图2-5(a)所示为单水平开采的直接排水系统;图2-5(b)所示为多水平开采的直接排水系统,每个水平分别采用直接排水系统。直接排水系统具有简单,泵房、水仓及管道开拓量和基建投资小,排水设备数量少,检修、维护量小,管理方便等优点。在现有水泵扬程满足排水高度要求的情况下,一般采用直接排水系统。直接排水系统也是我国煤矿通常采用的一种排水系统。

(a) (b)

图2-5 直接排水系统示意图

2. 分段排水系统

如果井筒过深,现有水泵的扬程不能满足排水高度的要求时,可采用分段排水系统。图2-6(a)所示为单水平开采的分段排水系统,是在井筒中部开设泵房和水仓,也可只开设泵房不开设水仓,采用水泵串联工作。图2-6(b)所示为多水平开采的分段排水系统,它是把下水平的矿水排至上水平水仓,然后由上水平排至地面。

3. 集中排水系统

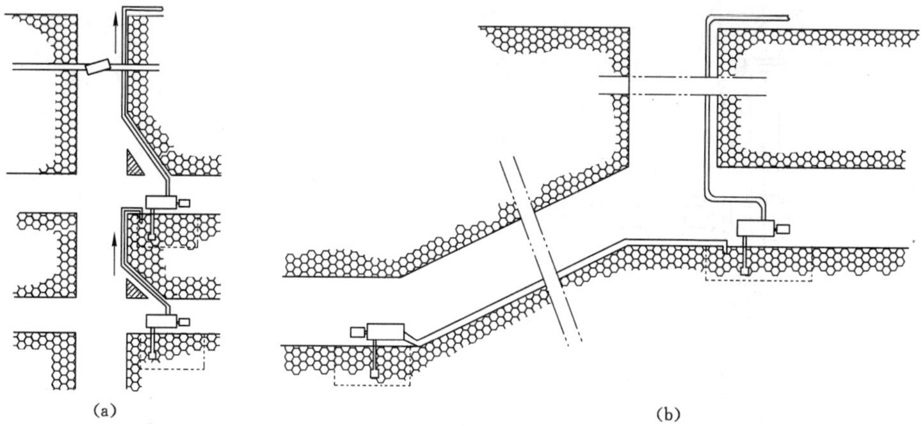

图 2-6　分段排水系统示意图

多水平开采的矿井，可将上水平的矿水集中到下水平水仓，由下水平排至地面。图 2-7 为 2 个水平开采的集中排水系统，是将上水平的矿水下放至下水平水仓，然后，由下水平排至地面。

矿井排水采取哪种排水系统，应根据矿井的具体情况和现有可选择的排水设备，经技术经济比较后确定。

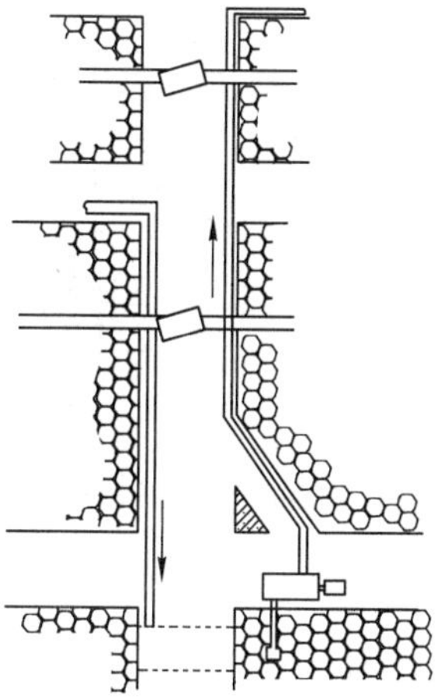

图 2-7　集中排水系统示意图

二、矿井排水设备的组成和作用

（一）矿井排水设备的组成

矿井排水设备一般由水泵、电动机、启动设备、管路及其附件和仪表等组成，如图 2-8 所示。水泵是把原动机械能传输给水的机械，叶轮是传输能量的主要零件。

滤水器 5 装在吸水管 4 的末端，其作用是过滤矿水中的杂物，防止水中杂物进入泵内。滤水器应插入吸水井水面 0.5 m 以下。

底阀 6 是用以防止水泵启动前灌入泵内和吸水管内的引水以及停泵后的存水漏入井中。底阀阻力较大，并常出现故障，所以一些矿井采用了无底阀排水。无底阀排水就是去掉底阀，减小吸水管路的阻力，并减少了底阀存在时的故障。

调节闸阀 8 安装在靠近水泵排水接管下方的排水管路 7 上，位于逆止阀 9 的下方。其作用是调节水泵的扬程和流量，在关闭闸阀的情况下启动水泵以减小电动机的启动负荷。

逆止阀 9 安装在调节闸阀 8 的上方，其作用是当水泵突然停止运转（如突然停电）时，或者在未关闭调节闸阀 8 的情况下停泵时，能自动关闭，切断水流，使水泵和管路不至受到水力冲击而遭损坏。

旁通管 10 接在调节闸阀 8、逆止阀 9 的两端。当水泵再次启动时，可通过旁通管 10 向

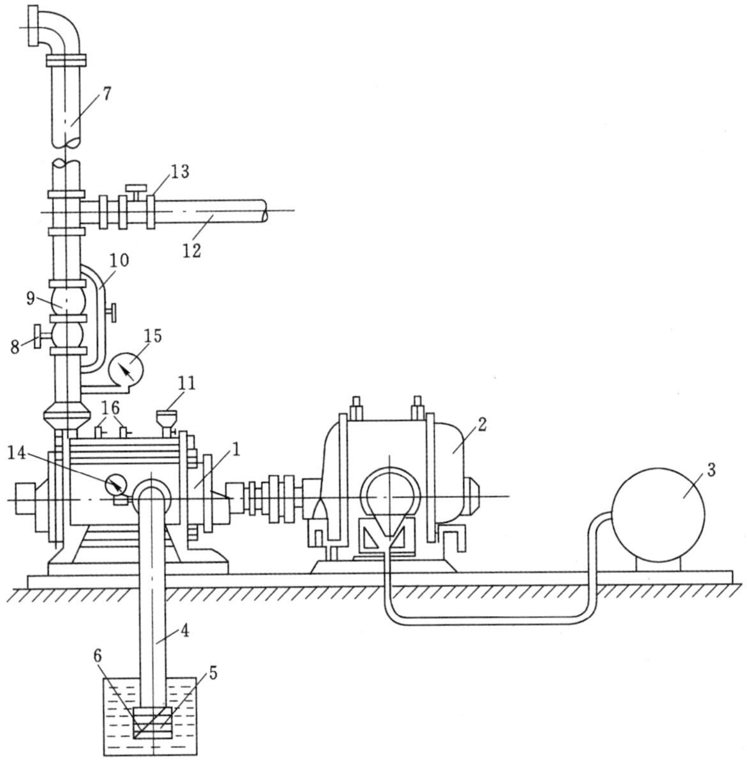

图 2-8 矿井排水设备示意图

1——离心式水泵;2——电动机;3——启动设备;4——吸水管;5——滤水器;6——底阀;7——排水管;8——调节闸阀;9——逆止阀;10——旁通管;11——灌引水漏斗;12——放水管;13——放水闸阀;14——真空表;15——压力表;16——放气栓

水泵内灌注引水。

灌引水漏斗 11 的作用是在水泵启动前向泵内灌注引水。此时,水泵内的空气经放气栓 16 放出。

在检修水泵和排水管路时,应将放水管 12 上的放水闸阀 13 打开,通过放水管将排水管路中的水放回吸水井。

压力表 15 和真空表 14 的作用是检测排水管中的压力和吸水管中的真空度。

(二) 矿井排水设备的作用

矿井排水设备一般分为主排水设备和辅助排水设备。生产矿井的主排水设备设在井底车场附近。由于井底车场是开采水平的最低处,故矿井绝大部分涌水自采掘工作面涌出后,会沿着具有一定坡度的巷道排水沟,自行流至井底车场附近的水仓中,然后经主排水泵将水排至地面。

生产矿井除井底车场的主排水设备外,在箕斗提升的井筒底部,有水窝的罐笼提升井筒底部、胶带输送机斜井底及集中下山等处。为防止水窝淹没,影响设备正常运行,都设有辅助排水设备。这种设备的水泵和电动机固定在整体底盘上,放在较平坦的高处,其吸水软管插入水窝中，水泵通过排水管将水排到井底车场水沟中，水靠自重流至井底车场水仓，然后由主排水设备一起排至地面。

有时某一采区的涌水比较大，或由于地质条件的影响，不利于排水沟自流时，可设采区排水设备。尤其在水沙充填矿井中，由于水中含有大量泥沙，需在采区设沉淀池，经第一次沉淀后，由采区排水设备将水排至运输巷道水沟中，水靠自重流至井底车场水仓或沉淀池中进行第二次沉淀，再由主排水设备将水排至地面。当掘进工作面的涌水比较大，或局部地区低洼，水不能很快流出而影响工作面正常工作时，在掘进工作面也可设置移动排水设备，它随工作面的推进而移动。

三、对矿井排水设备的要求

矿井排水设备是矿山大型固定机械设备之一，为确保矿井安全生产对它提出的主要要求是：

(1) 水泵必须有工作、备用和检修的水泵，其中工作水泵的能力，应能在 20 h 内排出 24 h的正常涌水量(包括充填水及其他用水)。备用水泵的能力应不小于工作水泵能力的 70%，并且工作和备用水泵的总能力，应能在 20 h 内排出 24 h 的最大涌水量。检修水泵的能力应不小于工作水泵能力的 25%。水文地质条件复杂或有突水危险的矿井，可根据具体情况，在主泵房内预留安装一定数量水泵的位置，或另外增加排水能力。

(2) 水管必须有工作水管和备用水管，其中工作水管的能力应该能配合工作水泵在 20 h内排出矿井 24 h 的正常涌水量。工作水管和备用水管的总能力，应该能配合工作和备用水泵在 20 h 内排出矿井 24 h 的最大涌水量。涌水量小于 300 m^3/h 的矿井，排水管也不得少于两趟。

(3) 配电设备应该同工作、备用和检修水泵相适应，并且能同时开动工作和备用的水泵。主排水泵房的供电线路不得少于两路。当一路停止供电时，另一路应能担负全部负荷的供电。

(4) 主排水设备应有预防涌水突然增加而致使设备被淹没的措施。

(5) 水泵除要保证工作可靠外，还必须有较高的运行效率。

(6) 应尽量采用体型小的水泵，以减小泵房尺寸。水泵在结构上应适合井下安装、拆卸、运输和便于维修。

(7) 水泵机组装在需要采取隔爆措施的地方，其电气设备也应是隔爆型的。

第二节　离心式水泵的结构

我国煤矿使用的水泵主要是离心式水泵，不同的分类方法如下：

(1) 按水泵的安装分：固定式水泵(把水泵固定到水泵房内工作，是矿井的主排水设备)和移动式水泵(把水泵安装后可以移动其工作位置，是矿井的辅助排水设备，常用于掘进或淹没巷通的排水)。

(2) 按叶轮数目分：单级水泵(泵轴上只装有一个叶轮)和多级水泵(泵轴上装有多个叶

轮）。

（3）按叶轮进水口数目分：单吸水泵（叶轮上只有一个进水口）和双吸水泵（叶轮上两侧都有进水口）。

（4）按泵壳的接缝形式分：分段式水泵（垂直于泵轴心线的平面上有泵壳接缝）和中开式水泵（在通过泵轴心线的平面上有泵壳接缝）。

（5）按水泵轴的位置分：卧式水泵（水泵轴呈水平位置）和立式水泵（水泵轴呈垂直位置）。

目前，煤矿主要排水设备常用多级泵，其中主要是 D 型和 DK 型多级离心式水泵，而井底水窝和采区局部排水则常用 B 型和 IS 型单级离心式水泵。

一、D 型离心式水泵

D 型水泵是单吸、多级、卧式、分段式离心式水泵，供输送清水及物理化学性质类似于水的液体之用，输送液体的最高温度不得超过 80 ℃，适用于矿山排水，工厂及城市给水之用。为适应不同工作条件与环境，D 型水泵又派生出一些产品，如 DM 型（耐磨泵）、DF 型（耐腐蚀泵）、DG 型（锅炉给水泵）等，也可用于矿山排水。它们都为单吸、多级、卧式、分段式离心式水泵，除 DG 型泵吸水口为垂直向上（有些 DF 型水泵吸水口也为垂直向上）外，其他泵皆为吸水口水平、排水口垂直向上，其他结构基本相同，不同的是它们的过流部件采用的材料不同。

（一）D 型水泵的结构

D 型水泵结构如图 2-9 所示。D 型水泵主要由转动部分、固定部分和密封部分等组成。

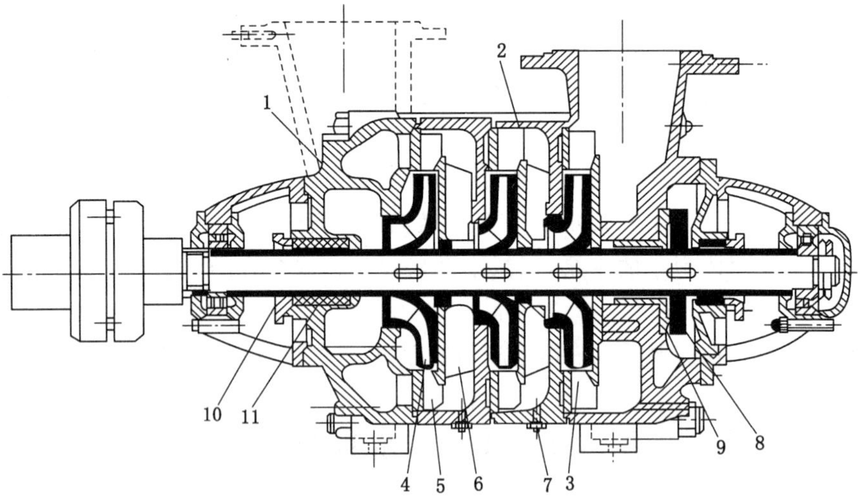

图 2-9 D 型水泵结构

1——进水段；2——中间段；3——出水段；4——第一级叶轮；5——导水圈叶片；6——返水圈叶片；7——放水孔；8——平衡盘；9——平衡座；10——填料压盖；11——水封环

D 型水泵各部分作用如下：

1. 转子部分

转子部分主要由泵轴、叶轮、平衡盘和轴承组成。叶轮和平衡盘装在泵轴上，泵轴两端用轴承支撑，在电动机带动下一起转动。

(1) 叶轮

叶轮是离心式水泵的主要零件，其作用是靠离心力将电动机输入的机械能传递给水，对水做功，使水获得压力能和动能。它的尺寸、形状和制造精度对水泵的性能影响很大，是水泵的易损件。

D 型水泵采用的闭式叶轮的结构示意图如图 2-10 所示。叶轮由前轮盘、后轮盘、叶片和轮毂组成，由灰口铸铁或铸钢铸造加工而成。

D 型水泵叶轮叶片数目一般为 5～10 片。离心式水泵的叶片型式有前弯、径向、后弯三种。因后弯叶片的叶轮效率高，所以离心式水泵都采用后弯叶片的叶轮。

第一级叶轮的入口直径大于其余各级叶轮的入口直径，目的是降低水流进入第一级叶轮的速度，提高水泵的抗汽蚀性能；其余各级叶轮入口直径相同。同时，D 型水泵叶轮叶片的入口边缘呈扭曲状，以保证全部叶片入口断面都适应水流入叶轮，从而减少水流入口的冲击损失，从而提高水泵效率。

(2) 泵轴

泵轴的作用是传递扭矩，固定和支撑套装在它上面的其他转动部件。为了防止泵轴锈蚀，泵轴与水接触的部分装有轴套，轴套锈蚀和磨损后可以更换，以延长泵轴的使用寿命。泵轴常用优质碳素结构钢或合金钢锻造加工而成。

(3) 平衡盘和平衡座

平衡盘和平衡座配合工作用来平衡叶轮产生的轴向推力。平衡盘用键固定在泵轴上，随泵轴一起转动。平衡座用螺钉固定在出水段上。

叶轮轴向推力产生的主要原因是作用在叶轮前、后盘上的压力不平衡，如图 2-11 所示原理图。

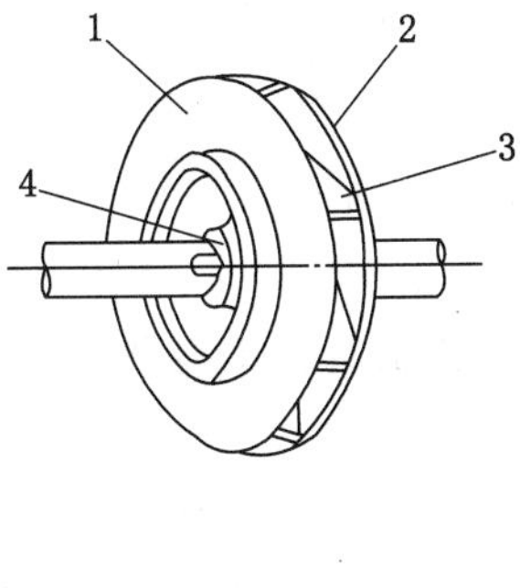

图 2-10 闭式叶轮结构示意图

1——前盘；2——后盘；3——叶片；4——轮毂

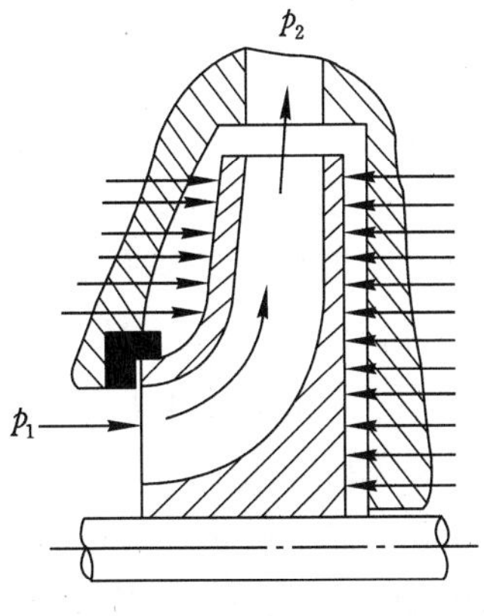

图 2-11 轴向推力产生原理图

从叶轮流出的高压水作用在叶轮的前、后盘上，前盘的吸水口使前盘面积小于后盘，因而高压水作用在前、后盘上的压力不等，使后盘压力大，前盘压力小，产生向吸水侧的轴向推力。由于D型水泵为多级泵，所以轴向推力为多个叶轮产生的推力之和。D型水泵的轴向推力很大，如不进行平衡，转子部分将向吸水段窜动，造成转动部分与固定部分摩擦磨损、轴承发热、电动机过载等，水泵将不能正常工作。

平衡盘平衡轴向推力工作原理示意图如图2-12所示。

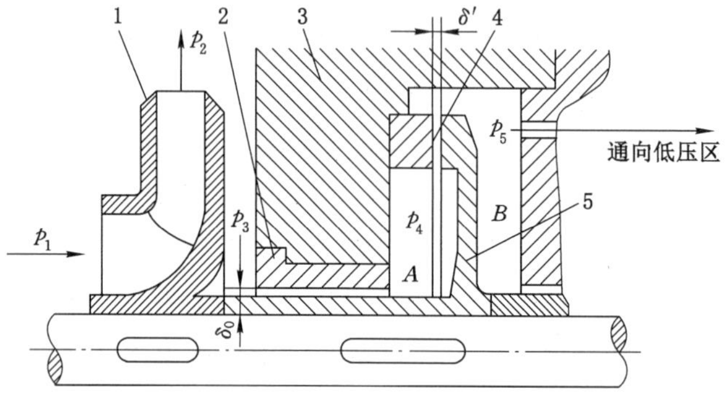

图2-12 平衡盘平衡轴向推力工作原理示意图

1——叶轮；2——支承环；3——泵体；4——平衡环；5——平衡盘

平衡盘安装在末级叶轮之后，随着轴一起旋转。平衡盘装置有两个密封间隙，径向间隙表示为δ_0，轴向间隙表示为δ'。设末级叶轮出口液体的压力为p_2，平衡盘间隙δ_0前的液流压力为p_3，平衡盘前的液流压力为p_4（也就是轴向间隙δ'前的液流压力），p_5为间隙δ'后的液流压力。根据流体流动阻力原理可知$p_3>p_4>p_5$。由于$p_4>p_5$，所以平衡盘前后产生压力差。该压力差乘以平衡盘的平衡面积，就可以得到平衡盘所产生的平衡力F'。平衡力F'的方向与轴向力F的方向相反、大小相等，所以轴向力F得以平衡。

当工况发生变化时，叶轮产生的轴向力也发生变化，如果轴向力F增大，那么轴会向着吸入口方向移动，平衡盘的轴向间隙δ'减小，通过δ'间隙的泄漏量降低。径向间隙δ_0不随工况变动，因此当通过δ'间隙的泄漏量降低时，δ_0间隙两侧液体的压力降也会降低，平衡盘前的液体压力p_4升高。可是平衡盘后的液体压力p_5小于首级叶轮入口液流压力（因为它与首级叶轮吸入口相通），那么平衡盘前后压差增大，平衡力F'也增大。增大了的平衡力与轴向力相等，泵轴处于新的平衡状态。反之，若轴向力减小，则轴向间隙δ'增大，液体压力p_4下降，平衡力下降，泵轴又处于另一个新的平衡状态。平衡盘具有自动调节的特点，故广泛应用在单吸多级离心式水泵上。

泵轴处于新的平衡状态不是立刻就能够达到的。实际上，由于泵的转子工作时有惯性作用，移动的转子不会立刻停在平衡位置上，而是会发生位移过量的情况，使得平衡力与轴向力又处于不平衡状态，于是泵的转子又往回移动，这就造成了泵的转子在从一个平衡状态过渡到另一个新的平衡状态时，会出现来回穿梭的现象。为了防止泵轴的过大轴向窜动，避免转子的振动和平衡盘的磨损，必须在平衡盘轴向间隙δ'变化不大的情况下使平衡力发生显著的变化，从而使平衡盘在短时间内能迅速达到新的平衡状态，这就要求平衡盘有足够的灵敏度。

平衡盘平衡轴向推力应注意以下几个问题：

① 尽量减少水泵的启、停次数，以减少平衡盘和平衡座以及叶轮和固定部分的磨损，并防止轴承的损坏。因水泵在启动过程中流量小、扬程大，轴向推力较大，平衡力较小，使泵轴向吸水侧发生窜动，造成平衡盘与平衡座摩擦，叶轮与固定部分因摩擦而产生磨损。

② 在进行水泵装配时，平衡盘与平衡座之间的轴向间隙不能超过规定值，正常应保持在 0.5～1.0 mm。即从平衡盘的回水管中流出的水量不应超过水泵流量的 1.5%～3%。否则水泵的效率就要显著降低。

③ 要保证回水管的畅通。如果回水管堵塞，平衡盘两侧就没有压力差，平衡盘将失去作用。

④ 泵轴应有 1～4 mm 的轴向窜量。因平衡盘在平衡轴向推力的过程中随泵轴左、右移动，所以泵轴要有一定的轴向窜量，以保证平衡盘能自动平衡轴向推力。

(4) 轴承

D 型水泵的轴承采用单列向心滚柱轴承，用润滑脂润滑。这种轴承允许有少量的轴向位移，以利于平衡盘平衡轴向推力。轴承两侧用 O 型耐油橡胶密封圈和挡水圈防水。D 型水泵采用滚动轴承也减小了摩擦阻力，提高了水泵的效率。

2. 固定部分

固定部分主要包括进水段（前段）、出水段（后段）和中间段等部件，并用拉紧螺栓（穿杠）将它们连接在一起。水泵的吸水口为水平方向并位于进水段，出水口为垂直方向并位于出水段。

(1) 进水段

D 型水泵进水段结构图如图 2-13 所示。进水段内的吸水室接受来自吸水管内的水，并把水均匀地导入第一级叶轮入口，以降低流动损失。进水段一般由灰口铸铁铸造加工而成。

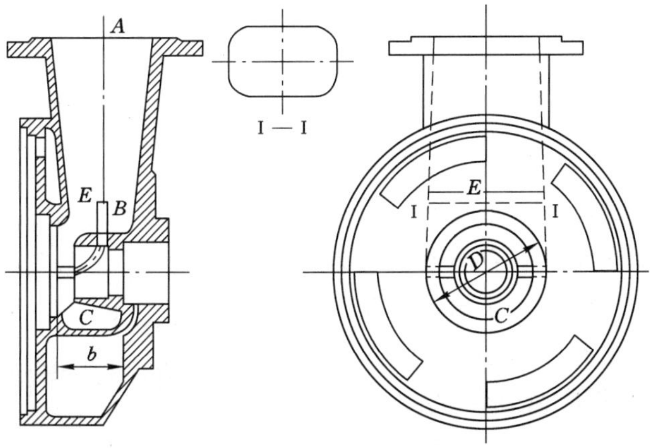

图 2-13　D 型水泵进水段结构图

(2) 中间段

在单吸多级离心式水泵中，水由进水段的吸入室均匀地进入叶轮，经由叶轮甩出后，水流具有相当大的动压。为了提高克服管路阻力的能力，必须将此项动压尽可能地转变为静压。D 型水泵动压的转变是由中间段与出水段共同实现的。

D 型水泵中间段结构图如图 2-14 所示，中间段又称导叶，主要由导水圈叶片和返水圈叶片组成，两叶片数相等。中间段的叶片数和叶轮叶片的数目相差一个，以避免水流的脉动产生的冲击和振动。中间段一般由灰口铸铁铸造加工而成。

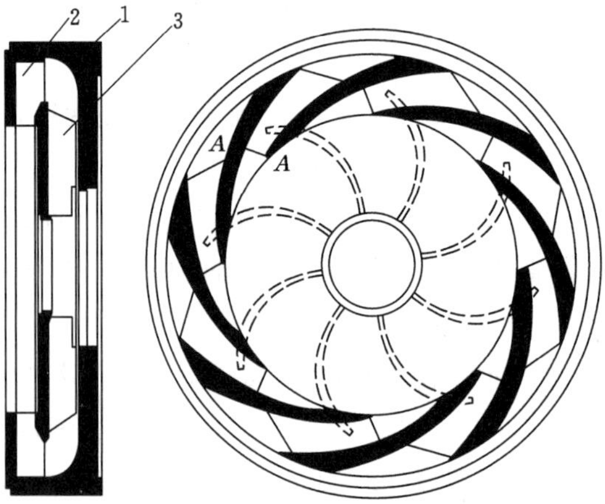

图 2-14　D 型水泵中间段结构图

1——中段；2——导水圈叶片；3——返水圈叶片

导水圈装在叶轮外缘外围，其出口与返水圈的入口相吻合并接受散流出来的水，把它导入返回圈。导水圈是由均匀布置在环形空间中的若干叶片组成，扭曲形的叶片把环形空间分成若干流道。流道的截面由小逐渐增大，水在流过该流道时速度下降，将部分动能转换为压力能。由于导水圈不仅起导流作用，而且主要起扩散作用，故又称为扩散流道。返水圈的出口与次级叶轮的入口相连接，它的作用是以最小损失把水引入次级叶轮的入口。

(3) 出水段

出水段位于最后一级叶轮的后面，其作用是以最小损失将导水圈中流出的水汇集起来并均匀地引至出水口；同时将一部分动能变为压力能。如图2-15所示，D 型水泵出水段流道呈螺壳形，它可以将从导水圈散流出来的水，先后均匀地导入总流并缓慢减速引至出水口，提高水泵效率。出水段一般由灰口铸铁制成。

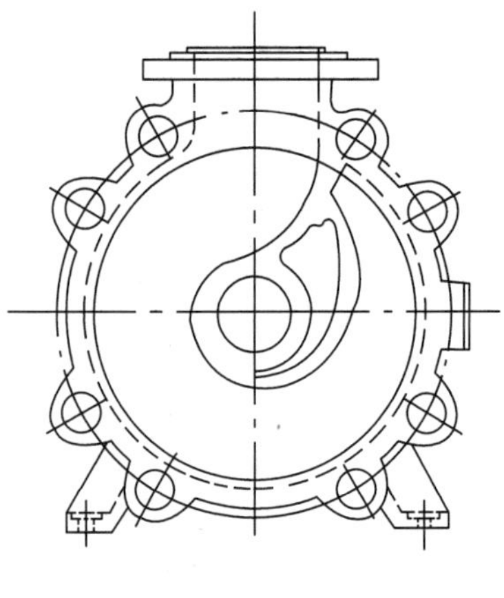

图 2-15　D 型水泵出水段结构图

3. 密封部分

水泵的密封包括各固定段结合面间的密封、转动部分与固定部分之间的密封，前者采用纸垫密封，后者则采用密封环、填料来密封。

(1) 密封环密封

叶轮的吸水口和水泵固定部分之间、叶轮尾端轮毂与中间段内孔之间都有环形缝隙。高压区的水经过这些缝隙进入低压区并形成循环流，从而使叶轮实际排入次级的流量减少，并多消耗部分能量。为了减少缝隙的泄漏量，应在保证转子正常转动的前提下，尽可能减小缝隙。为此，在每个叶轮前后的环形缝隙处安装了密封环(又称口环)进行密封，如图 2-16 所示。装在叶轮入口处的密封环 1 叫作大口环，装在级间缝隙处的密封环 3 叫作小口环。

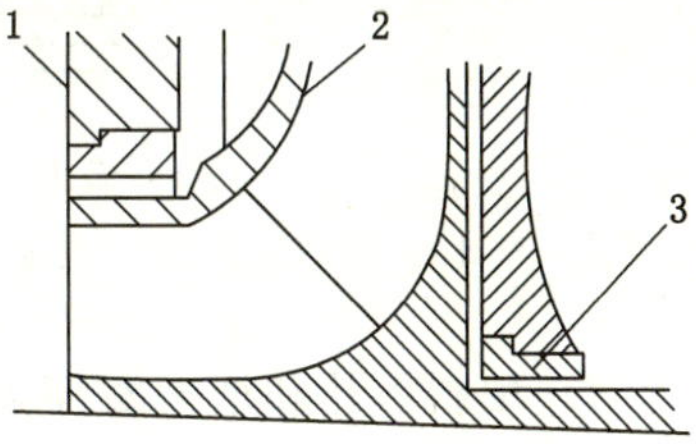

图 2-16 D 型水泵的密封环

1——大口环；2——叶轮；3——小口环

D 型水泵的密封环为圆柱形，用螺栓固定在泵壳上，它承受着同转子的摩擦，故密封环是水泵的易损零件之一。当这些密封环被磨损到一定程度后，水在泵腔内的窜流量增大，使水泵的排水量和效率显著下降，故应及时更换。

在保证叶轮正常转动的情况下，为了提高密封效果，大口环处的间隙很小。当大口环内径为 200 mm 左右时，其装配间隙不超过 0.35 mm，磨损后的间隙也不得超过 0.7 mm。对于小口环，因它的前侧是前一级叶轮的高压侧，后侧是后一级叶轮的低压侧，因此小口环两侧的压差不如大口环两侧大，故对密封间隙的要求不如大口环严格。

(2) 填料密封

在水泵轴穿过泵壳的地方设有填料装置(又称填料箱)，以实现泵轴的密封。在泵轴穿过进水段处，外侧是大气压，内部是首级叶轮入口的低压，如不进行密封，外部大气将窜入泵内而影响水泵的正常吸水；在泵轴穿过出水段处，如不进行密封，高压水将沿泵轴向外泄漏，使水泵的流量减少。

所以，填料装置的作用是：

① 在出水侧减少压力水的泄漏。

② 在吸水侧防止空气进入泵体，影响水泵正常吸水。

③ 部分地起到支撑水泵转子的作用。

④ 引水润滑，冷却泵轴。

D 型水泵进水段填料密封的结构如图 2-17 所示，它由填料箱、填料 6、水封环 5、压盖 1 和压盖螺栓 4 等组成。填料座、水封环和压盖套装在泵轴上。填料缠绕在泵轴上，每圈接头要错开，粗度要合适，用填料座、压盖和压紧螺栓将填料压紧。在填料中间的水封环 5 是金属制品，周圈有眼，由引水管将压力水引至水封环处，利用水压，将水分溢到水封环两侧成滴状外漏，并起到冷却、润滑作用。使用水封能有效地防止填料发热和空气进入泵体，保证了水泵的正常运行。

填料压盖是用来压紧填料的，它穿在两条双头螺栓上，把螺母拧进拧出，便可松紧填

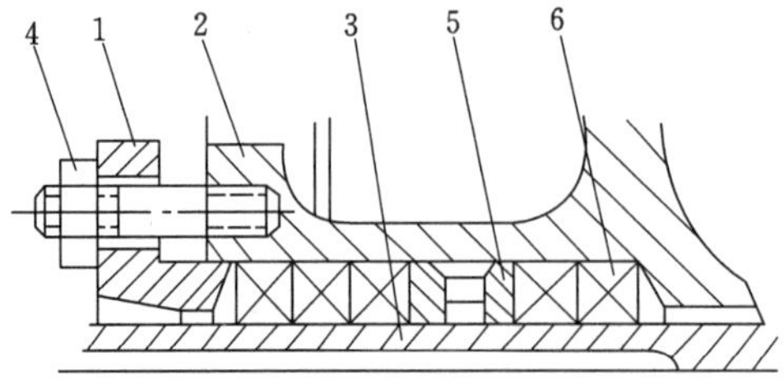

图 2-17 D 型水泵进水段填料密封结构图

1——填料压盖；2——进水段；3——轴套；4——压盖螺栓；5——水封环；6——填料

料。为防止填料发热和增大摩擦阻力，填料压盖不可拧得太紧，一般以有滴状的水向外泄露为宜。

填料一般用浸油石绵绳弯成圆形装入填料箱，在水泵运转时填料经常受到磨损，因此，每日、每班要检查填料，并做到及时更换和添加。出水段填料密封的目的是防止高压水的泄露，对其要求没有吸水侧的密封高，故没有设置水封环，其他结构与进水段相同。

（二）D 型水泵型号的含义

D 型水泵新系列型号为 D□-□×□形式：D280-43×5，DF(M，G)280-43×5

D——单吸多级分段式清水泵；DF——单吸多级分段式耐酸离心泵；DM——单吸多级分段式耐磨离心泵；DG——单吸多级分段式锅炉给水泵；280——额定流量，m^3/h；43——平均单级额定扬程，m；5——水泵级数。

旧型号：200D43×5

200——吸水口的直径，mm；D——单吸多级分段式清水泵；43——平均单级额定扬程，m；5——水泵级数。

（三）D 型离心式水泵的特点

（1）D 型离心式水泵是我国目前设计制造的效率最高的多级离心泵，其流量、扬程范围较大，并有清水泵、耐酸泵和耐磨泵等，适合于矿山排水。

（2）水泵的结构合理，效率较高。

（3）采用单列向心滚柱轴承，减少了水泵的静阻力矩，提高了机械效率；同时，此轴承还可以满足运转时泵轴的轴向窜动。

（4）通向进水段填料箱的水封管在进水段内部，不裸露在外边。

（5）扬程特性曲线较平缓，没有上凸部分，初始扬程较高，有利于水泵稳定工作，效率曲线平坦，工业利用区范围大。

二、IS 型水泵

IS 型水泵是单级单吸轴向吸入式离心泵，是根据国际标准所规定的性能和尺寸设计的，输送液体温度不超过 80 ℃的清水或物理化学性质类似于水的液体。它具有结构简单、性能可靠、体积小、质量轻、效率高、振动小、汽蚀余量低等特点。该型号水泵采用“后开式”结构，检修方便。IS 型水泵共有 26 个基本型号，126 种规格，零部件通用化程度高达 92%

以上，使用维修方便。IS型水泵在矿山主要用于井底水窝和采区局部排水等。

（一）IS型水泵的结构

IS型水泵的结构图如图2-18所示。IS型水泵主要由泵体、泵盖、叶轮、泵轴、轴承、密封环、填料密封部分和悬架轴承部件等组成。

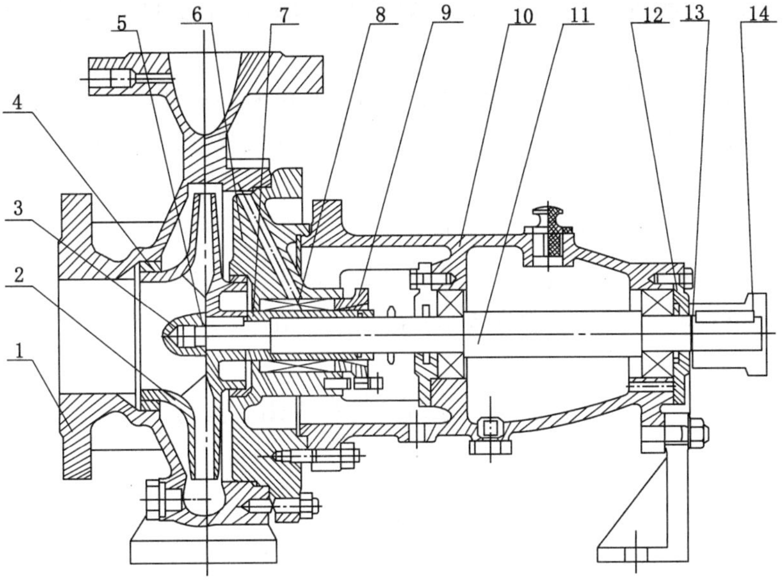

图2-18　IS型水泵的结构图

1——泵体；2——叶轮；3——叶轮螺母；4——密封环；5——止动垫圈；6——泵盖；7——轴套；8——填料环；9——填料压盖；10——悬架；11——泵轴；12——轴承盖；13——悬架支架；14——联轴器部件

1. 泵体和泵盖

泵体和泵盖一般由灰口铸铁铸造加工而成。泵体内有螺线形流道，用来收集叶轮排出的水，在螺线形扩散流道内把一部分动能转化为压力能。泵体下部加工有放水孔。泵盖中主要有填料室和窜水孔，少量的高压水通过窜水孔进入填料室，起到密封、冷却和润滑作用。

2. 叶轮

叶轮一般由灰口铸铁铸造加工而成。叶轮为轴向单侧进水。叶轮与泵体、泵盖之间的间隙用密封环密封。为平衡轴向推力，大多数IS型水泵叶轮前、后均设有密封环，并在叶轮后盘设有平衡孔。有些小型泵由于轴向推力不大，叶轮背面未设平衡孔。

3. 泵轴

泵轴用优质碳素钢锻造加工而成。泵轴的一端固定叶轮，另一端接联轴器部件，并由两个滚动轴承支撑在悬架上。为避免轴磨损，在轴通过填料腔的部位装有轴套保护。轴套与轴之间装有O型密封圈，防止进气、漏水。

4. 密封环

密封环一般由灰铁制成，用来减小叶轮与泵体、泵盖之间的摩擦磨损，并减少水的泄漏，提高水泵的效率。

5. 填料密封部分

IS 型水泵填料密封部分由填料压盖 8、填料环 9 和填料 10 等组成。叶轮有平衡孔时，由于填料空腔通过平衡孔与叶轮入口相通，而叶轮入口为负压，空气很容易沿轴套 7 进到叶轮内部，所以在填料腔内装有填料环，通过泵盖上的小孔（窜水孔）将泵室内的压力水引至填料环进行水封，并起到冷却、润滑作用。如果叶轮没有平衡孔，可不装填料环。

6. 悬架轴承部件

悬架轴承部件包括悬架、悬架支架、轴承及轴承压盖等。悬架由铸铁制成，内有轴承室，轴承室用来安装轴承，轴承用轴承压盖压紧。悬架支架用来支撑悬架，并安装在水泵的基础上。

（二）IS 型水泵型号的含义

以 IS80-65-160 和 IS80-65-160A 为例。

IS——国际标准离心泵；80——泵进口直径，mm；65——泵出口直径，mm；160——叶轮名义直径，mm；A——A、B、C 分别表示叶轮直径经第一、二、三次切割。

第三节 离心式水泵的运行

一、离心式水泵的工作原理

（一）工作原理

图 2-19 为单吸单级离心式水泵的结构示意图。它主要由叶轮 1、泵轴、外壳 3、轴承及吸水管 4、排水管 5 等组成。叶轮上有一定数目的叶片 2；叶轮固定于轴上，由轴带动旋转。水泵的外壳 3 为一螺旋形扩散室，水泵的吸水口与吸水管 4 相连接，排水口则与排水管 5 连接。

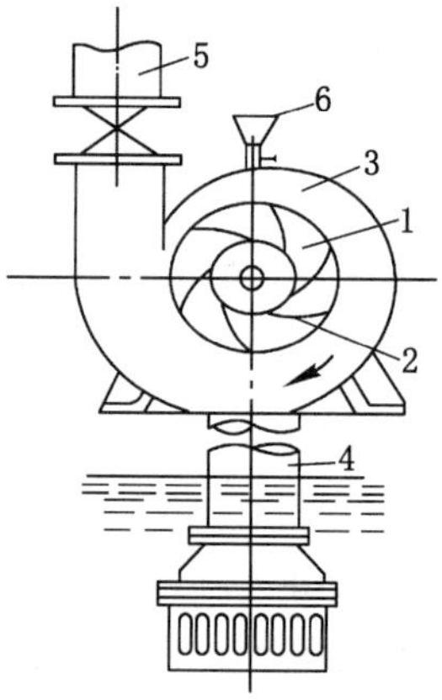

图 2-19 单吸单级离心式水泵结构示意图

1——叶轮；2——叶片；3——外壳；4——吸水管；5——排水管；6——灌引水漏斗

水泵启动前，先由灌引水漏斗 6 向泵内灌引水，灌满引水后，启动电动机。电动机带动泵轴与叶轮 1 旋转，叶轮中的水在离心力的作用下，由叶轮中心被甩向叶轮周围压向泵壳，并经螺旋形扩散室进入排水管 5 排出，与此同时叶轮中心进口处，由于水被抛至轮缘而形成真空，在吸水井液面上的大气压力作用下，水沿滤水器及底阀、吸水管 4 进入水泵，立即填补叶轮中心，叶轮连续旋转，吸水井中的水就不断地被压入和排出，形成连续的水流，达到排水的目的。

（二）工作参数

水泵工作性能的参数主要有流量、扬程、功率、效率、转速和允许吸上真空度等。

1. 流量

水泵的流量是指水泵在单位时间内所排出水的体积，用 Q 表示，单位为 m^3/s 或 m^3/h。

2. 扬程

扬程是指单位重量的水流过水泵时所获得的总能置，用 H 表示，单位为 m。

吸水扬程(吸水高度)是指水泵轴心线到吸水井水面之间的垂直高度，用 H_x 表示，单位为 m。

排水扬程(排水高度)是指水泵轴心线到排水管出口中心之间的垂直高度，用 H_p 表示，单位为 m。

实际扬程(测地高度)是指水泵的吸水扬程和排水扬程之和，用 H_c 表示，$H_c=H_x+H_p$，单位为 m。

扬程 H 的作用是提高水位(实际扬程 H_c)、克服流动阻力(管路损失扬程 H_w)和提供流动所需速度水头($v^2/2g$)，单位为 m。即

$$H = H_c + H_w + v^2/2g \tag{2-1}$$

3. 功率

水泵的功率是指在单位时间内水泵所做功的大小，单位为 kW。

轴功率(输入功率)是指电动机传递给水泵轴的功率，用 N_a 表示，单位为 kW。

有效功率(输出功率)是指水泵实际传递给水的实际功率，用 N_x 表示，单位为 kW。

$$N_x = \frac{\gamma QH}{1\,000} \quad (\text{kW}) \tag{2-2}$$

式中，γ 表示矿水的重力密度，一般取 10^4 N/m^3。

4. 效率

水泵的效率是指有效功率与轴功率之比，用 η 表示。

$$\eta=\frac{N_x}{N_a}\times 100\% \tag{2-3}$$

5. 转速

水泵的转速是指水泵轴和叶轮每分钟的转数，用 n 表示，单位为 r/min。

6. 允许吸上真空度与必需汽蚀余量

在保证水泵不发生汽蚀的条件下，水泵吸水口处所允许的真空度，称为水泵的允许吸上真空度，用 H_s 表示，单位为 m。

汽蚀余量是指在泵吸入口处单位重力液体所具有的超过汽化压力的富余能量。

必需汽蚀余量又叫泵汽蚀余量，是指水泵进口动压降，用$(\text{NPSH})_r$ 表示，单位为 m。必需汽蚀余量越小，水泵的抗汽蚀性能越好。

新型号 D 型水泵，用必需汽蚀余量$(\text{NPSH})_r$ 表示水泵的抗汽蚀能力，而旧型号 D 型泵采用的是允许吸上真空度 H_s。汽蚀余量或允许吸上真空度是正确确定最大吸水高度(水泵安装高度)的重要参数。

表 2-1 为部分 D 型水泵的工作性能参数，表 2-2 为部分 IS 型水泵的工作性能参数，表中所列的流量 Q、扬程 H、轴功率 N_a、效率 η、必需汽蚀余量$(\text{NPSH})_r$ 和允许吸上真空度 H_s 等均为额定工况值，供参考。如需要其他型号水泵的性能参数，可在《泵类产品样本手册》或生产厂家说明书等资料中查找。

表 2-1　　部分 D 型水泵的工作性能参数

水泵型号	级数	流量 Q /(m^3/h)	扬程 H /m	转速 n /(r/min)	轴功率 N_a/kW	允许吸上真空高度 H_s/m	效率 η/%	电动机型号
150D-30	4	155	116	1 480	63.5	6.5	77	Y280M-2
	5		145		79.5			JS114-4
	6		174		95			JS115-4
	7		203		111			JS116-4
	8		232		127			JS117-4
200D43	4	288	163.2	160	160	5.7	80	
	5		204.0	200	200			
	6		244.8	240	240			
	7		285.6	280	280			
	8		326.4	320	320			
	9		367.2	360	360			
D250-150	5	250	790	2 985	742	5	72	YK1000-2
	6		949		891			YK1000-2
	7		1 107		1 040			YK1250-2
	8		1 265		1 188			YK1250-2
	9		1 423		1 337			YK1600-2
	10		1 581		1 485			YK1600-2
D280-43 (200D43)	4	280	168	1 480	169	5.7	78	JS126-4
	5		210		211.2			JS128-4
	6		252		253.4			JS128-4
	7		294		295.6			JS147-4
	8		336		337.9			JS148-4
D280-65 (200D65B)	6	280	390	1480	407.4	6.3	74	JS1410-4
	7		455		475.3			JS158-4
	8		520		543.2			JS158-4
	9		585		611.1			JS1510-4
	10		650		679			JS1510-4
D300-150A	5	300	813	2 985	868	4	76.5	YK1000-2
	6		976		1 024			YK1250-2
	7		1139		1 216			YK1600-2
	8		1 302		1 390			YK1600-2
	9		1 464		1 564			YK2000-2
	10		1 627		1 738			YK2000-2
D450-60 (250D60)	4	450	240	1 480	372.3	5.1	79	JS1410-4
	5		300		465.4			JS158-4
	6		360		558.5			JS158-4
	7		420		651.5			JS1510-4
	8		480		744.6			JS1510-4
	9		540		837.7			JS1512-4

表 2-2 部分 IS 型水泵的工作性能参数

型号	流量 Q		扬程 H	转速 n	轴功率 N_a	电动机		效率 η	必需汽蚀余量 $(NPSH)_r$	泵口径		泵重
										吸入	排出	
	m^3/h	m^3/s	m	r/min	kW	功率/kW	型号	%	m	mm	mm	kg
IS150-125-315B	105.6	29.31	26.3	1 450	11.13	18.50	Y180M-4	68	2.50	150	125	158
	176	48.93	24.8		15.44			77	2.50			
	211.2	58.70	22.5		16.57			78	3			
IS150-125-400	120	33.33	53	1 450	27.90	45	Y225M-4	62	2	150	125	187
	200	55.56	50		36.30			75	2.80			
	240	66.67	46		40.60			74	3.50			
IS150-125-400A	114	31.64	47.8	1450	24.31	37	Y225S-4	61	2	150	125	187
	190	52.82	45.2		31.45			74	2.80			
	228	63.36	41.5		35.29			73	3.50			
IS150-125-400B	105.6	29.31	41	1 450	19.64	30	YU200L-4	60	2	150	125	187
	176	48.93	38.7		25.42			73	2.80			
	211.2	58.67	35.6		28.44			72	3.50			
IS200-150-250	240	66.67	21.5	1 450	19.80	37	Y225S-4	71	3.50	200	150	150
	400	111.11	20		26.60			82	4.30			
	400	127.78	17.5		27.40			80	5			
IS200-150-250A	228	63.37	19.4	1 450	17.20	30	Y200L-4	70	3.50	200	150	150
	380	105.55	18.1		23.10			81	4.30			
	437	121.41	15.8		23.80			79	5			
IS200-150-250B	211.2	58.67	16.6	1 450	13.80	22	Y180L-4	69	3.50	200	150	150
	352	97.77	15.5		18.58			80	4.30			
	404.8	112.48	13.6		19.20			78	5			
IS200-150-315	240	66.67	37	1 450	34.60	55	Y250M-4	70	3	200	150	168
	400	111.11	32		42.50			82	3.50			
	400	127.78	28.5		44.60			80	5			
IS200-150-315A	228	63.37	33.4	1450	30.10			69	3	200	150	168
	380	105.55	28.9		36.89	45	Y225M-4	81	3.50			
	437	121.41	25.7		38.72			79	5			

(三) 特性曲线

D280-43 型水泵的单级特性曲线如图 2-20 所示。

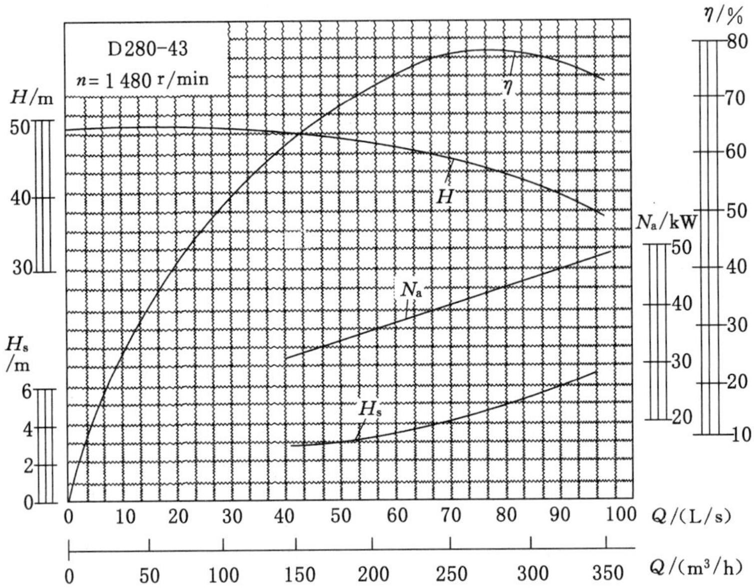

图 2-20 D280-43 型水泵的单级特性曲线

该水泵的特性曲线包括扬程特性曲线 H、轴功率特性曲线 N_a、效率特性曲线 η 和允许吸上真空度 H_s。特性曲线反映了水泵在额定转速下，扬程 H、轴功率 N_a、效率 η 以及允许吸上真空度 H_s 随流量 Q 变化的规律。

该水泵的特性曲线是由生产厂家通过对水泵性能测试而绘制的。通常，现场也需要进行性能测试而绘制水泵的特性曲线。水泵的特性曲线能较全面地反映水泵的特性，在水泵的选择和使用中具有重要作用。

扬程曲线(H—Q)反映了水泵的扬程 H 和流量 Q 之间的关系。从图中可以看出，当流量为零时(即排水管道的调节闸阀完全关闭)，扬程为最大，这个扬程称为初始扬程或零流量扬程，用 H_0 表示。随着流量的增大，扬程缓慢地下降。后弯叶片叶轮水泵的扬程特性曲线是随流量增加而单调下降的。

功率曲线(N_a—Q)反映了水泵的轴功率 N_a 和流量 Q 之间的关系。从图中可以看出，水泵的轴功率是随着流量的增大而逐渐增大的。当流量为零时，轴功率为最小，所以离心式水泵要在调节闸阀完全关闭的情况下启动，以减小启动功率，避免损坏电动机。

图 2-21 所示为旧型号 D 型水泵 200D-43 型单级特性曲线。因为旧型号的 D 型水泵现场使用仍然较多，在此作简单介绍。旧型号 D 型水泵和新型号 D 型水泵特性曲线不同之处在于，旧型号 D 型水泵给出的是允许吸上真空度特性曲线 H_s，而新型号给出的是必需汽蚀余量特性曲线(NPSH)$_r$。它们的其他特性曲线都相同。

允许吸上真空度曲线(H_s—Q)同样反映了水泵的抗汽蚀能力。随着水泵流量的增加，

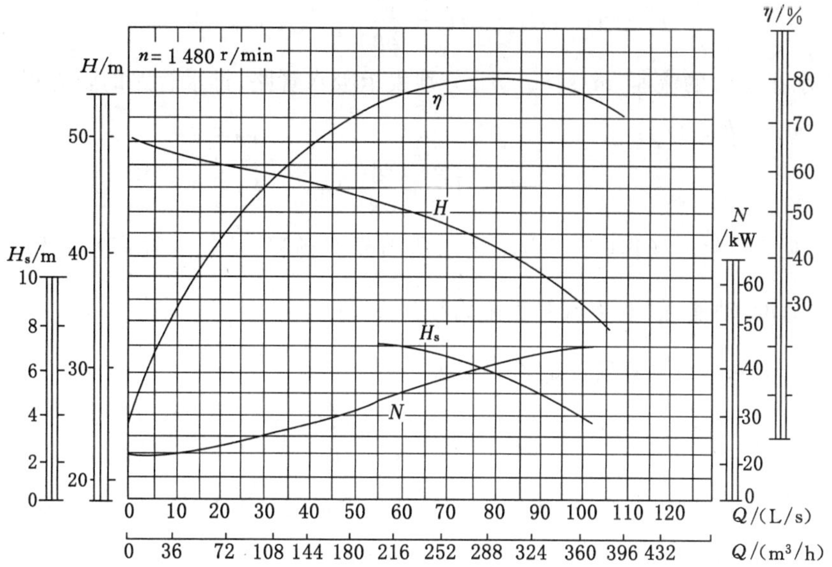

图 2-21 200D-43 型水泵单级特性曲线

允许吸上真空度降低，水泵抗汽蚀能力下降。H_s 值是合理确定水泵吸水高度的重要参数。

水泵的性能曲线，是正确合理地选用水泵的依据。其用途是：

① 根据水泵的性能曲线，可以知道水泵性能的变化规律，根据实际用途，选用最合适的水泵。

② 根据水泵的性能曲线，可以确定水泵运转工况点（水泵的扬程曲线与管路性能曲线的交点）。

③ 根据功率曲线的变化规律，可以正确地选择水泵的启动方式。

二、离心式水泵的管路特性

水泵与管路是联合工作的，水泵产生的扬程不仅用于提高水位，还要用于克服水在管路中的流动损失（包括沿程损失、局部损失和速度水头）。因此，水泵的工作状况不仅与水泵本身的性能有关，而且与管路的配置情况有关。换句话说，同一台水泵所连接的管路的阻力不同，则水泵所产生的流量和扬程也不同。

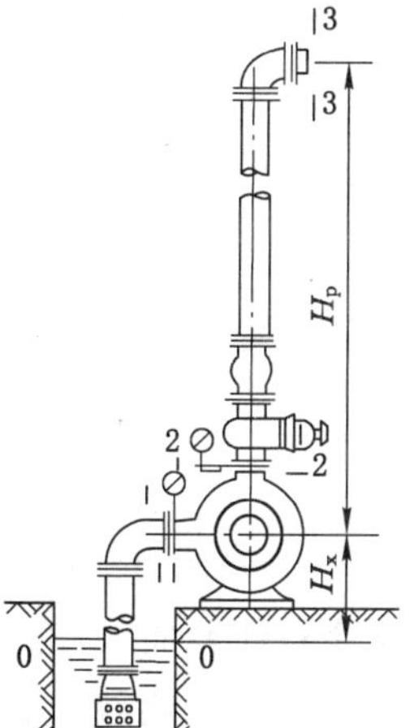

图 2-22 排水系统简图

图 2-22 所示为一台水泵和一趟管路组成的排水系统简图。

H 为水泵的扬程，0—0 断面为吸水井水面，3—3 断面为排水管出口断面，列出 0—0 断面和 3—3 断面的伯努利方程，整理后得

$$H = H_x + H_p + \frac{v_p^2}{2g} + h_{wx} + h_{wp} \tag{2-4}$$

式中，v_p 表示排水管的流速，m/s；h_{wx}、h_{wp}分别表示吸水管路、排水管路的阻力损失，m。

令 $h_w = h_{wx} + h_{wp}$，则

$$H = H_c + \frac{v_p^2}{2g} + h_w \tag{2-5}$$

可见水泵所产生的扬程（即管道输送水所需要的扬程）消耗在提高水的位置高度 H_c、产生一定的速度（动能）$\frac{v_p^2}{2g}$和克服管道阻力损失 h_w 上。

由流体力学知识可计算管路的阻力损失为

$$h_w = h_{wx} + h_{wp} = \left(\sum \xi_x + \lambda_x \frac{l_x}{d_x}\right)\frac{v_x^2}{2g} + \left(\sum \xi_p + \lambda_p \frac{l_p}{d_p}\right)\frac{v_p^2}{2g} \tag{2-6}$$

式中，$\sum \xi_x$、$\sum \xi_p$ 分别表示吸、排水管路的局部阻力损失系数之和；λ_x、λ_p 分别表示吸、排水管路的沿程阻力系数；l_x、l_p 分别表示吸、排水管路的实际长度，m；d_x、d_p 分别表示吸、排水管路的内径，m；v_x、v_p 分别表示吸、排水管路的平均流速，m/s。

将 $v_x = \frac{Q}{\frac{\pi}{4}d_x^2}$、$v_p = \frac{Q}{\frac{\pi}{4}d_p^2}$及式(2-6)代入式(2-5)，得

$$H = H_c + \frac{8}{\pi^2 g}\left(\sum \xi_x \frac{1}{d_x^4} + \lambda_x \frac{l_x}{d_x^5} + (\sum \xi_p + 1)\frac{1}{d_p^4} + \lambda_p \frac{l_p}{d_p^5}\right)Q^2 \tag{2-7}$$

令

$$R = \frac{8}{\pi^2 g}\left(\sum \xi_x \frac{1}{d_x^4} + \lambda_x \frac{l_x}{d_x^5} + (\sum \xi_p + 1)\frac{1}{d_p^4} + \lambda_p \frac{l_p}{d_p^5}\right), \mathrm{s^2/m^5} \tag{2-8}$$

式中 R 表示管路阻力系数。则

$$H = H_c + RQ^2 \tag{2-9}$$

管路阻力系数对于一定的排水管路，因管道直径、长度、粗糙度以及管道附件等都是不变的，所以 R 为一常数，称式(2-9)为排水管路特性方程。该特性方程表达了通过管路的流量 Q 与所需扬程 H 之间的关系。

根据式(2-9)便可绘制出如图 2-23 所示的排水管路性能曲线，它是一条不通过坐标原点的二次抛物线。管路阻力越大，管路特性曲线越陡；管路阻力越小，管路特性曲线越平。

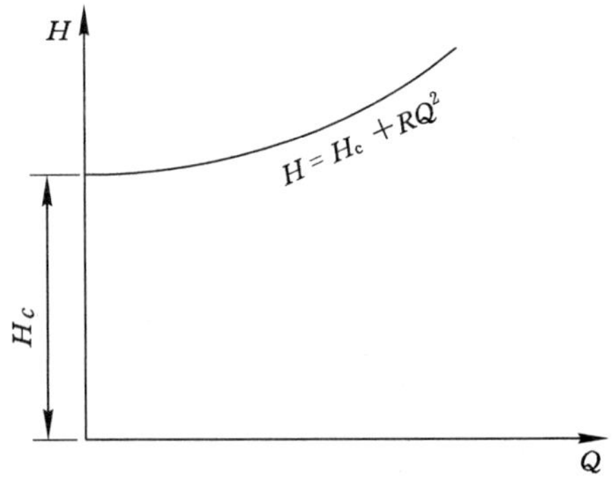

图 2-23 排水管路性能曲线

三、水泵的工况点及工作条件

（一）水泵的工况点及工况参数

当一台水泵与一趟管路连接工作时，水在管道内流动所需要的扬程就是水泵产生的扬程，管道输送的水量就是水泵的流量。D 型水泵扬程特性曲线是一条单调下降的曲线，而管路特性曲线是一条单调上升的曲线。将排水管路特性曲线与水泵的扬程特性曲线用相同比例绘制在同一坐标系上，两条曲线的交点 M 处，水泵流量与管路流量相等，水泵扬程与管路中的全部消耗相等。所以，水泵只能工作在 2 条曲线的交点，该交点叫水泵的工况点，简称工况，如图 2-24 所示。

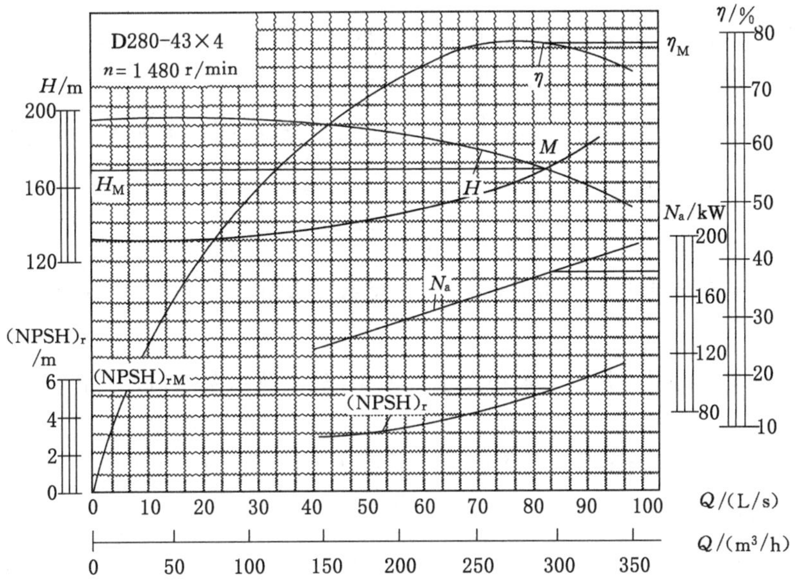

图 2-24　水泵工况点及工况参数

M 点表示水泵在流量为 Q_M 的条件下，向该管路系统提供的扬程为 H_M。水泵的工况参数是指水泵工况点对应的工作参数，包括流量 Q_M、扬程 H_M、轴功率 N_{aM}、效率 η_M 和必需汽蚀余量 $(NPSH)_{rM}$（旧型号 D 型水泵为允许吸上真空度 H_{sM}）。

（二）离心式水泵的工作条件

离心式水泵正常、安全工作条件包括不发生汽蚀条件、稳定工作条件和经济工作条件。

1. 水泵不发生汽蚀条件

如图 2-25 所示为一吸入式离心泵，吸水井水面为 0—0 断面，水泵入口处为 1—1 断面。因为吸入式水泵是依靠大气压力把水压入水泵的，所以水泵入口处的压力低于大气压力。但水泵入口处的压力不能低于当时水温下的饱和蒸汽压力，否则，水就会产生汽化，溶解在水中的气体也会逸出，形成蒸汽与逸出气体混合的小气泡。这些小气泡进入叶轮后，随着压力的增大，汽化的水蒸气凝结成水，体积急剧缩小，形成局部真空，周围的水对真空处产生很大的冲击力，并不断地作用在叶轮上，使叶轮产生疲劳，并使表面金属产生脱落；同时从水中逸出的活泼性气体借助水凝结放出的热量，对金属产生化学腐蚀作用，使叶轮很快出现蜂窝状麻点，并逐渐形成空洞，这种现象称为汽蚀。

当发生汽蚀时，水泵内会发出噪音和振动。同时，因水流中有大量气泡，破坏了水流的连续性，阻塞流道，增大流动阻力，使水泵的流量、扬程、功率和效率显著下降。随着汽蚀程度的加强，气泡大量产生，最后造成断流。因此，决不允许水泵在汽蚀条件下工作。水泵扬程下降1%，一般认为发生了汽蚀。

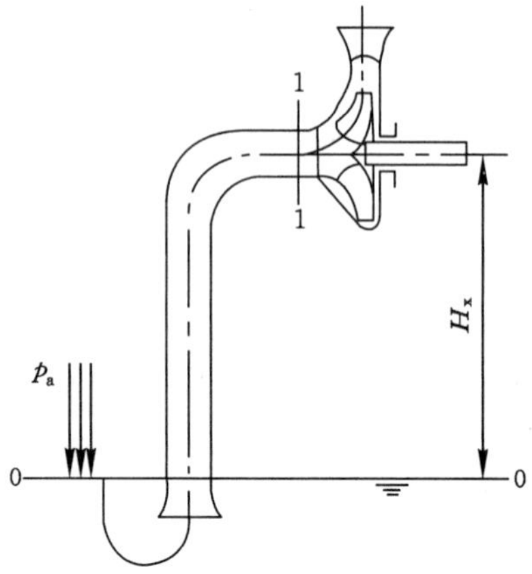

图 2-25 吸入式水泵吸水示意图

为了避免发生汽蚀，必须保证叶轮内低压区的压力不低于该水温下的汽化压力，装置汽蚀余量$(NPSH)_a$必须大于或等于必需汽蚀余量$(NPSH)_r$。装置汽蚀余量就是水泵进口处的实际汽蚀余量，用公式表示为：

$$(NPSH)_a = \frac{P_a}{\gamma} - H_x - h_x - \frac{P_n}{\gamma} \tag{2-10}$$

式中，P_a 表示水泵安装地点大气压力，N/m^2；γ 表示矿水重度，N/m^3；P_n 表示工作水温下的饱和蒸汽压力，N/m^2。

对于旧型号D型水泵，要使水泵不发生汽蚀条件，应使水泵入口产生的真空度 H_s' 小于允许吸上真空度 H_s。

所以，水泵不发生汽蚀条件为：$(NPSH)_a \geqslant (NPSH)_r$ 或 $H_s' \leqslant H_s$。

离心泵汽蚀的影响因素主要有水泵的吸水高度、吸水管的阻力、流动速度以及水泵安装地点的大气压力和工作水温等。水泵安装地点的大气压力一般不变，阻力、流速、温度变化也不大，所以，水泵不发生汽蚀的主要影响因素是吸水高度。正确地确定水泵最大吸水高度，对水泵的安装和保证其正常安全工作具有重要意义。下面介绍水泵吸水高度 H_x 的计算方法。

由式(2-10)有：

$$H_x = \frac{P_a}{\gamma} - (NPSH)_a - h_x - \frac{P_n}{\gamma} \tag{2-11}$$

而$(NPSH)_a \geqslant (NPSH)_r$，实际中，为保证水泵安全工作，还应留有一定的安全量 Δh，一般 $\Delta h = 0.5$ m，所以水泵的最大吸水高度 H_{xmax} 为：

$$H_{xmax} = \frac{P_a}{\gamma} - (NPSH)_r - h_x - \frac{P_n}{\gamma} - \Delta h \tag{2-12}$$

因为，必需汽蚀余量$(NPSH)_r$是厂家用清水作为工作介质，在温度为 20 ℃和大气压力为 101 325 Pa 时进行测定的，所以，泵工作介质温度、安装地点压力与厂家测定的条件不同时，计算最大吸水高度(安装高度)H_{xmax}时，应对$(NPSH)_r$进行修正，修正公式如下：

$$[(NPSH)_r] = (NPSH)_r + \left(10.33 - \frac{P_a}{9.81 \times 10^3}\right) - \left(0.24 - \frac{P_n}{9.81 \times 10^3}\right) \tag{2-13}$$

式中，$[(NPSH)_r]$表示必需汽蚀余量$(NPSH)_r$的修正值；P_a表示水泵安装地点大气压力，kN/m^2，可根据海拔高度按表2-3查取；0.24表示用水柱表示的20 ℃时水的汽化压力，m；P_n表示工作水温下的饱和蒸汽压力，kN/m^2，可按表2-4查取。

表 2-3　　不同海拔高度下的大气压力

海拔高度	−600	0	100	200	300	400	500	600	700	800	900	1 000	1 500
大气压 $P_a/(kN/m^2)$	111	101	100	99	98	96	95	94	93	92	91	90	84

表 2-4　　不同水温度下的饱和蒸汽压力

水温/℃	0	5	10	15	20	30	40	50	60	70	80
饱和蒸汽压 $P_n/(kN/m^2)$	0.58	0.88	1.18	1.67	2.35	4.21	7.35	12.25	19.82	31.10	47.28

当采用允许吸上真空度时，水泵的最大吸水高度（安装高度）H_{xmax}的计算方法如下：

$$H_{xmax} = H_s - \left(h_x + \frac{v_x^2}{2g}\right) \tag{2-14}$$

式中，v_x表示水泵入口处的流速，m/s。

如果温度、安装地点压力与厂家测试条件不同，计算吸水高度时，应对上式中的允许吸上真空度H_s进行修正，修正公式如下：

$$[H_s] = H_s - \left(10.33 - \frac{P_a}{9.81 \times 10^3}\right) + \left(0.24 - \frac{P_n}{9.81 \times 10^3}\right) \tag{2-15}$$

式中$[H_s]$表示允许吸上真空度H_s的修正值。

2. 经济工作条件

为了保证水泵运转的经济性，应使水泵在一定的效率下运转，即要求水泵的工况效率η_M不得低于最高效率的85%～90%，并以此划定的水泵工作区域称为工业利用区，如图2-26所示。也就是说，水泵的设计工况点和工作工况点都应在该区域内。

水泵的经济工作的条件是：

$$\eta_M \geqslant (0.85 \sim 0.9)\eta_{max} \tag{2-16}$$

水泵的工业利用区可分为ae段，额定工况点e和eb段三部分。可以证明，水泵在eb段工作时系统效率最高，因而称eb段为水泵工业利用区的合理使用段。故水泵运行时，应尽量使工况点落在eb段上。

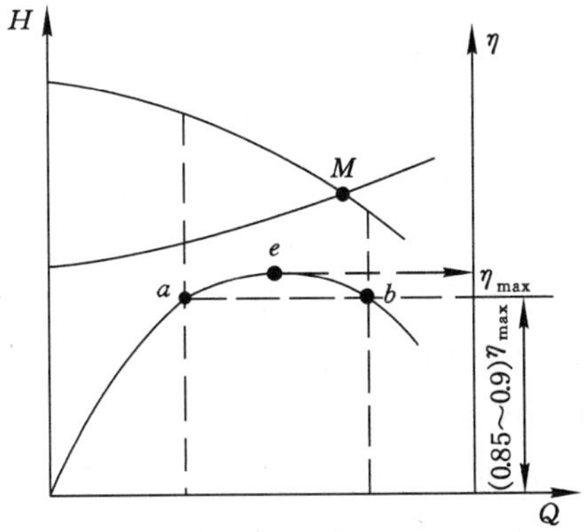

图 2-26　水泵的经济工作条件与工业利用区

3. 稳定工作条件

工作水泵除满足经济要求外，还要满足运转稳定性的要求。所谓运转稳定性，就是水泵在管路中工作时，只有一个确定的工况点，也就是只有一个确定的流量和一个确定的扬程。但是用异步电动机拖动的水泵，由于电网电压的下降，电动机和水泵的转速都将下降，根据比例定律，水泵的扬程性能曲线也将下移。当水泵的初始扬程（流量等于零时的扬程）H_0低于实际扬程 H_c时，可能出现两种情况：一是两曲线无交点，即没有工况点，如图 2-27(a)所示，此时泵的扬程小于管道所需扬程，水泵的流量为零，水泵效率亦为零，电动机输送给水泵的能量全部转换为热能，使水和水泵强烈发热，故不允许水泵长时间在零流量下运转；二是两曲线有两个交点，如图 2-27(b)所示，水泵的工况点随时变化，流量忽大忽小，水泵的工作是不稳定的。

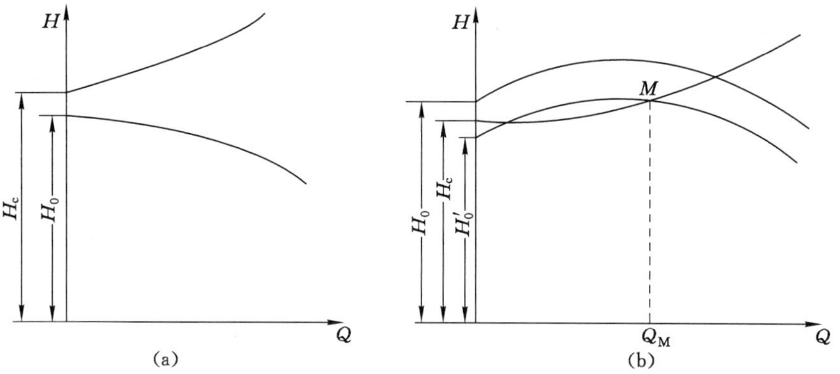

图 2-27 水泵的工作条件

为防止上述情况发生，必须使得 $H_0>H_c$，考虑到电网电压下降可能使水泵转数下降2%～5%，因而扬程下降 5%～10%，应使电压降低 5%后的零扬程大于实际扬程。因此水泵稳定工作的条件是：

$$H_c \leqslant 0.9H_0 \tag{2-17}$$

四、水泵的联合工作

当单台水泵在管路上工作的流量或扬程不能满足排水需要时，可以采用两台或多台水泵联合工作的方法解决。联合工作的方法有串联和并联两种。在进行串并联运转时，最好采用同类型同规格的水泵。

1. 离心式水泵的串联工作

水泵串联工作就是一台水泵的出口向另一台水泵的入口排水的工作方式，其目的是为了增加扬程。当井筒较深，现有水泵的扬程不能满足排水高度要求时，可采用 2 台或多台水泵串联工作。图 2-28 为两台相同型号水泵Ⅰ、Ⅱ直接串联的情况，串联工作时，两台泵的流量相等，并等于管道中的流量，两台泵扬程之和为管道所需

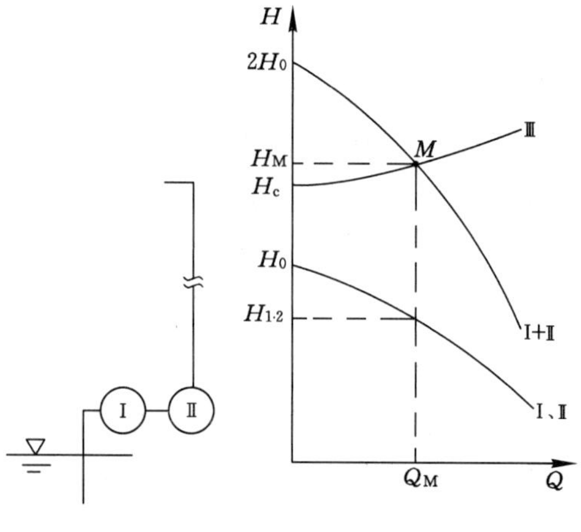

图 2-28 同型号两台水泵串联扬程特性曲线

要的扬程，因此串联特性曲线，就是把它们的单独特性曲线Ⅰ和Ⅱ在相同流量下扬程相加而得。图中的Ⅰ＋Ⅱ，它与管道特性曲线Ⅲ的交点 M 即是串联工作的工况点，此时，水泵的合成流量为 Q_M，合成扬程为 H_M。

由图可知，两台相同水泵串联工作的特点是：每台水泵的流量等于合成流量，合成扬程 H_M 等于每台水泵的扬程的 2 倍，即：

$$Q_M = Q_1 = Q_2 \tag{2-18}$$

$$H_M = 2H_1 = 2H_2 \tag{2-19}$$

由于串联工作受水泵强度、排水系统及水泵之间的相互影响等，实际中很少采用。

2. 离心式水泵的并联工作

当涌水量太大时，由于一台水泵担负不了排水任务，而现有管路又少于水泵的工作台数时，须采用水泵的并联运转。水泵并联运转的目的是增加流量。图 2-29 是两台相同型号水泵并联运转扬程特性曲线示意图。水泵Ⅰ和Ⅱ的扬程特性曲线用Ⅰ、Ⅱ表示。在同一扬程下，把曲线Ⅰ和Ⅱ的横坐标相加，即得并联运转时的合成特性曲线Ⅰ＋Ⅱ。

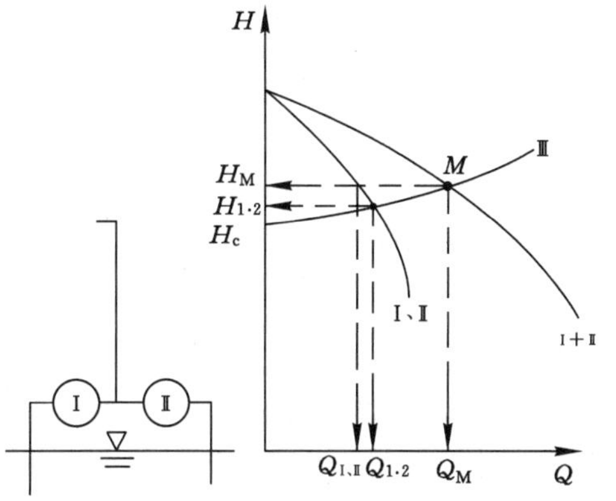

图 2-29　同型号两台水泵并联扬程特性曲线

管路特性曲线Ⅲ与两台水泵并联运转时的合成特性曲线Ⅰ＋Ⅱ的交点 M，即为水泵并联运转时的工况点。并联后水泵的总流量为 Q_M，扬程为 H_M。

由图可知，两台同型号水泵并联工作，每台水泵的流量相等，并等于总流量的 1/2；每台水泵产生的扬程相等，并等于总扬程。

$$Q_Ⅰ = Q_Ⅱ = Q_M/2 \tag{2-20}$$

$$H_Ⅰ = H_Ⅱ = H_M \tag{2-21}$$

由上式知，并联后水泵的总流量增加，因而达到了水泵并联运转的目的，在矿井排水中常用这种方法增大排水量。

五、离心式水泵的调节

在矿井排水工作中，往往需要根据现场的实际情况对水泵的工况点进行调节。调节的目的有两个：一是使水泵在运转过程中，其工况点能在高效区范围内；二是使水泵的流量和扬程能够满足实际工作的需要。由于水泵的工况点是由水泵的性能曲线和管路特性曲线的交点确定的，因此调节水泵的工况点的途径主要有：一是通过改变水泵本身的特性曲线进行调节；二是通过改变管路特性曲线进行调节。

（一）改变水泵特性曲线的调节方法

改变水泵特性曲线调节法主要有改变转速调节法、减少叶轮数目调节法及切割叶轮叶片长度调节法等。

1. 改变转速调节法

改变转速调节法的原理是比例定律。比例定律描述的是水泵的流量、扬程和功率随着水泵转速的改变而改变，即水泵特性曲线随水泵转速的变化而变化。如图 2-30 所示，提高转速可使工况点由 M 变到 M_1；降低转速可使工况点由 M 变到 M_2。这种方法没有额外的能量消耗，经济合理。

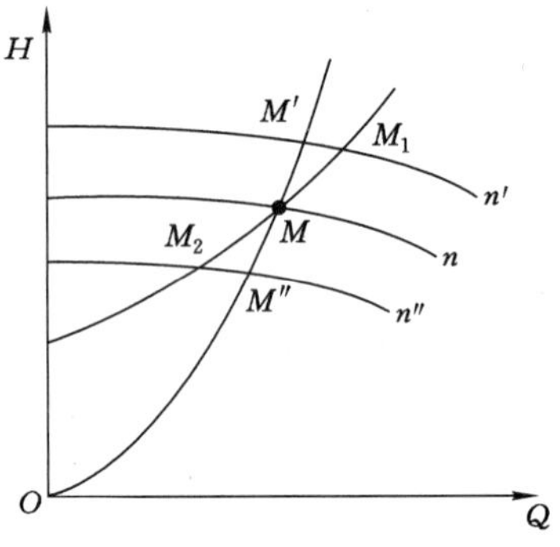

图 2-30 改变水泵转速调节法

采用改变转速调节法，一是可以更换为所需转速和功率的电动机，二是采用调速电动机进行调速，如变频电动机。一般来说，采用改变转速调节法是一种最佳的调节方法，效率几乎不变。但在实际应用中，调速受到的影响因素很多，调速不是无限的，而是有一定的调速范围，如采用降低转速把工况点调节到额定工况左侧时，是不经济的。另外应注意，转速增大时，电动机功率要满足要求并应有一定余量；流量增大时，吸水高度降低，应注意防止发生汽蚀。虽然改变转速调节可减少附加损失，但变速装置及变速电动机价格较高，故中小型水泵一般很少采用。

2. 减少叶轮数目调节法

对于多级泵，当扬程过大时，可以采用减少叶轮数目的方法调节扬程。当减少叶轮数目时，水泵特性曲线则相应下降，工况点即随之变动。如果水泵排水所需的总扬程为 H，每一级叶轮产生的扬程为 H_i，则水泵所需的叶轮数目为 $i=H/H_i$。根据所需叶轮数目拆除多余的叶轮。拆除多余叶轮时，注意应从出水端进行拆除。若从吸水端进行拆除，将会增大吸水阻力，使水泵效率下降，并可能产生汽蚀。

在减少叶轮数目的同时，最好把相应的中段也去掉，把泵轴也缩短，这样做效果最好。如条件限制，也可只减少叶轮而不拆除中段和缩短泵轴，在拆除叶轮的位置换上一个与叶轮宽度相等的轴套。实际中，应根据具体情况进行选择。

3. 切割叶轮叶片长度调节法

若某台水泵工作时的流量和扬程大于实际需要值，为减少电耗，可将叶轮叶片的长度适当削短。当叶轮叶片长度被削短后，水泵的扬程曲线就要发生变化，同时其他性能曲线也要发生改变，流量和扬程也随之降低，水泵特性曲线的变化符合切割定律。切割定律表达的是在同一转速下水泵流量、扬程与叶片外径之间的关系。实践证明，当叶片长度削短 10%时，水泵效率要降低 1%；若过分地削短叶轮叶片长度，则水泵效率急剧下降。所以，一般可削短叶片长度的 8%～10%。

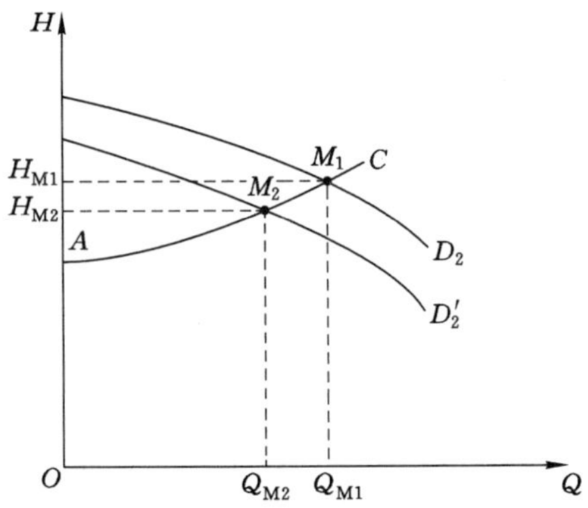

图 2-31 切割叶轮叶片长度调节法

如图 2-31 所示，叶轮切割后，其特性曲线由 D_2 下移至 D_2'，因此，在管路特性曲线不变的情况下，工况点将左移，从而提高了管路效率。

这种调节方法的特点是经济效果好，但调节手续复杂。通常单级水泵除标准叶轮外，还备有两三种不同直径的叶轮供用户使用。应注意的是，切割定律为近似规律，当切割量不大时，水泵的效率几乎不变；当切割量超过一定程度后就不适用了。

（二）改变管路特性曲线的调节方法

改变管路特性曲线调节法主要有闸门节流法和管路并联调节法。

1. 闸门节流法

闸门节流法的实质是在不改变水泵性能曲线的情况下，利用调节闸阀的开闭来改变管路阻力的大小，从而改变管路性能曲线，以达到改变水泵工况点的目的。如图 2-32 所示，当闸阀关小时，管路阻力增大，管路性能曲线变陡，由 1 变为 2，工况点由 M 变为 M'，管路中的扬程有所增加，但流量有所下降；反之当闸阀开大时，管路阻力减小，管路性能曲线变平，由 1 变为 3，其工况点由 M 变为 M''，管路中的扬程有所降低，但流量却有所上升，因而达到了调整流量的目的。

这种方法操作简单，得到广泛应用，但其缺点是不经济。由于调节闸阀所产生的阻力增加了扬程损失，多消耗了动力，因此，利用闸阀进行工况点的调节，主要是为了工作需要，并不是从经济效果来考虑的。例如，若配用的电动机功率偏小，而在更换电动机之前又必须排水，为了不使电动机过载，可以采用这种调节方法作为临时措施。

2. 管路并联调节法

在矿山排水中，必须有工作管路和备用管路。采用工作管路和备用管路并联工作，以降低管路的阻力，增大水泵流量，这种方法叫管路并联调节法。在正常涌水期，也可将备用管路投入运行，即工作管路与备用管路并联工作，这样就增大了管子的过流断面，降低了管路阻力，从而改变水泵的工况点。如图 2-33 所示，若某一趟排水管的特性曲线为 1，另一趟排水管的特性曲线为 2，把两管路的特性曲线在相同扬程下，流量相加即横坐标相加，便得管路并联之后的合成特性曲线 3。水泵工况点也就由 M_1 点或 M_2 点变为 M 点，水泵的流量由原来的 Q_1 或 Q_2 增大为 Q_3；与此同时，因合成特性曲线 3 的阻力损失减小，在水泵实际扬程不变的情况下，管路排水效率提高，从而使克服管路阻力的无益功耗减少。故此调节方

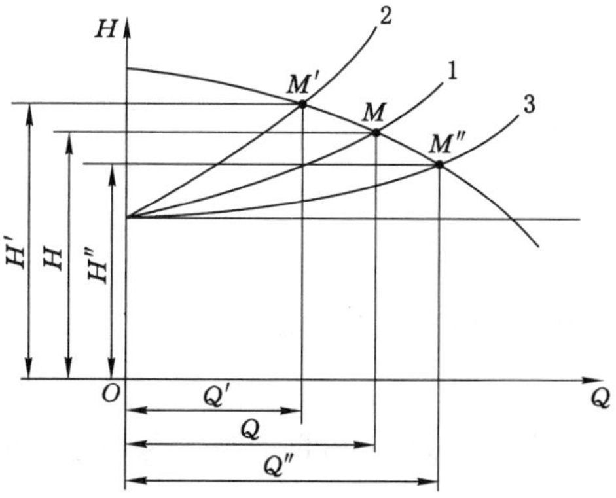

图 2-32　闸门节流调节法

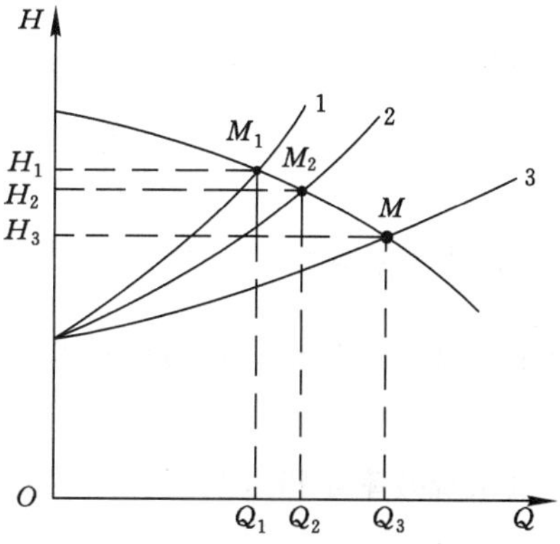

图 2-33　管路并联调节法

法是一种有效的节能措施。

采用管路并联调节时，必须注意如下两个问题：一是防止电动机过负荷；二是防止产生汽蚀。因管路并联后，水泵的工况点右移，使流量增大，轴功率也必将增大，若原配电动机的功率备用量不大，就有可能造成电动机过负荷；同时，随着工况点的右移，水泵允许的吸上真空度将减小，当减小到某一值时，水泵就有可能发生汽蚀。故管路并联的趟数不可太多。

第四节 排水设备的经济运行

矿山排水设备电耗在矿山生产中占有很大的比重，一般为15%～30%，对涌水量较大的矿井可达50%。据国外一家水泵生产厂家统计，水泵在整个服务年限内，人工费占7%，维修费占8%，而电费占85%。因此，提高排水设备的效率，保证排水设备的经济运行，对降低电耗，节约能源，保证国民经济可持续发展，具有重要意义。

一、排水设备经济运行的评价

排水设备的经济性一般用吨水百米电耗进行评价。

所谓吨水百米电耗是指排水设备将1 t水提高100 m所消耗的电能，用W_{t-100}表示，单位为kW·h/(t·100)。

若水泵的工况参数为流量Q_M、扬程H_M、效率η_M；传动效率为η_c，电动机效率为η_d，电网效率为η_w；实际扬程为H_c，矿水重度为γ；矿井年正常和最大涌水天数分别为Z_H和Z_{max}，正常涌水和最大涌水期间水泵同时工作的台数和工作时间分别为n_1、n_1+n_2和T_H、T_{max}，则年排水电耗W为

$$W = 1.05 \times \frac{\gamma Q_M H_M}{1\,000 \times 3\,600 \eta_M \eta_c \eta_d \eta_w}[n_1 Z_H T_H + (n_1 + n_2) Z_{max} T_{max}] \tag{2-22}$$

矿井年排水量V为

$$V = \frac{\gamma Q_M}{1\,000}[n_1 Z_H T_H + (n_1 + n_2) Z_{max} T_{max}], \text{t/a} \tag{2-23}$$

从而有吨水百米电耗为

$$W_{t-100} = \frac{W}{VH_c} \times 100 = 1.05 \times \frac{H_M}{3.67 \eta_M \eta_c \eta_d \eta_w H_c} \tag{2-24}$$

二、排水系统效率

排水管路效率是指实际扬程和水泵工况点扬程的比值，用η_g表示。

$$\eta_g = H_c / H_M \tag{2-25}$$

排水系统效率是指水泵工况点效率、管路效率、电动机效率、电网效率和传动效率的乘积，用η_p表示。

$$\eta_p = \eta_M \eta_g \eta_c \eta_d \eta_w \tag{2-26}$$

三、吨水百米电耗影响因素

从上式可以看出，吨水百米电耗取决于水泵工况点效率 η_M、管路效率 η_g、传动效率 η_c、电动机效率 η_d 及电网效率 η_w。一般来讲，电网的效率 η_w 主要取决于输电线路和输电设备，电动机效率 η_d 主要取决于功率因数，传动效率 η_c 取决于传动方式和方法，这几种效率变化不大。因此，要降低吨水百米电耗，主要应考虑水泵工况点效率 η_M 和管路效率 η_g。

水泵工况点是水泵特性曲线和管路特性曲线的交点。在额定流量下，水泵工况点效率最高。当大于或小于额定流量时，水泵工况点效率都会下降。管路效率取决于实际扬程 H_c 和工况点扬程 H_M，实际扬程 H_c 是不变的，而随着流量增大，水泵工况点扬程 H_M 减小，管路效率 η_g 提高。在水泵最高效率点左侧，随工况点 M 向最高效率点移动，水泵效率 η_M 提高，管路效率 η_g 提高，吨水百米电耗 W_{t-100} 降低；在水泵最高效率点右侧，随工况点 M 右移，水泵效率 η_M 下降，而管路效率 η_g 提高，但总地来讲，排水系统的效率 η_p 是提高的，吨水百米电耗 W_{t-100} 也是降低的。

因此，要降低吨水百米电耗 W_{t-100}，提高排水设备的经济性，应设法提高水泵的效率和管路的效率。

四、提高排水设备经济运行的措施

（一）提高水泵的运行效率

（1）选用高效水泵。选择水泵时，选用新型、高效水泵，如选用 D 型水泵。用新型水泵替换原有的老产品，以提高水泵的效率。

（2）合理调节水泵工况点。如果水泵扬程过大，就会使管路效率降低，排水系统效率降低，可以采用降低水泵转速、减少叶轮数目或削短叶轮叶片长度等方法降低水泵扬程特性曲线，去除多余扬程，提高排水系统的效率等。

（3）提高水泵检修和装配质量。水泵检修和装配质量的高低，直接影响水泵的性能。在水泵检修和装配时，应严格按照检修、装配规定和要求进行，应及时对损坏零件进行维修或更换，各配合零件的间隙一定要符合规定，各密封部分应完好，轴承部分应润滑良好等。总之，要符合检修装配要求和水泵完好标准。

（二）降低排水管路阻力损失，提高排水管路的效率

（1）定期清除管路积垢。由于矿水中泥沙的存在，会在管路内壁产生积垢，积垢后管子内径变小，管路阻力就会增大，管路效率降低。为提高系统效率，应定期清理管路积垢。清理管路积垢的方法很多，如盐酸清理法、碎石清理法、蒸汽清理法等，也可根据矿井排水的具体情况，找出新的、有效的清理方法。

（2）缩短排水管路长度。如把斜井排水改为钻孔垂直排水，虽然增加了一定的钻孔费用，但可以大大缩短管路的长度，不仅可以节约一定的管材费，而且使管路的阻力损失减小，节约电耗。据资料统计，钻孔排水比斜井排水可节约电耗 12%～36.5%。

（3）采用多管并联排水。采用多管并联排水，相当于增大了管路的直径，降低了管路的阻力损失，提高了管路的效率，降低了排水电耗。即在保证电动机不过载和水泵不发生汽蚀

的情况下，可将备用管路投入运行，以达到节电的目的。

(4) 选择管路时应适当加大排水管径。管路内径不同，阻力损失不同，管径越大，阻力损失越小。因此，在选择管路时，应选择较大内径的管子，把工况点设计在额定工况点或工业利用区右侧，以减小排水管路阻力损失，提高管路效率。

(三) 降低吸水管路阻力，改善吸水管路特性

(1) 采用无底阀排水，可以减小吸水管路的阻力，从而节约因在吸水时克服底阀阻力而消耗的电能。即取消吸水管末端的底阀，增加喷射泵或真空泵；在水泵启动时，先利用喷射泵把水泵内和水管内的空气吸走，使水泵自动充水，然后启动水泵排水。但每个泵房至少要留一台有底阀的水泵。

(2) 合理确定吸水高度，正确安装吸水管路。尽量减少管路附件，同时在吸水管靠近水泵入口处安装一段长度不少于3倍直径的直管，使水流在泵入口处的速度均匀，如需要安装异径管，选用长度等于或大于大小头直径差的7倍且为偏心的直角异径管，保证吸水管路正常工作。

(3) 选择较大直径的吸水管。采用较大直径的吸水管，可以降低流速，减小吸水管路阻力损失，增大吸水高度，节约电耗。

(四) 实行科学化管理

(1) 简化排水系统。对于排水系统比较复杂的老矿井，可以把排水系统整体考虑，重新优化设计，尽可能采用简单的排水系统，降低管路费用和排水耗电量。

(2) 制定吸水井的清理制度，做到定期、及时清理保证水泵系统良好的吸水条件。否则泥、沙、煤等杂物易埋塞滤网或被吸入水泵，增加吸水阻力，加速叶轮磨损，降低排水效率。

(3) 合理确定开、停泵的时间。应根据矿井涌水量的大小和全矿用电负荷的变化情况，分别确定出高峰和低谷时开启水泵的台数，以及吸水井中的最高、最低水位，以使在用电高峰之前将水排到最低水位，高峰负荷时，停泵或少开泵，并保持高水位排水，这样既可以平衡全矿的用电负荷，又可以节约用电。

(4) 定期测定水泵性能，以获得水泵的实际运转性能。这对鉴定排水系统的布置和设备容量的配置是否合理，对鉴定检修质量、总结检修工作、改进检修方法，对掌握排水设备的性能变化，以使及时调节工况点，使之高效率地运转等都具有重要的意义。因此，水泵的性能测定是矿山排水设备技术管理中的一项重要工作。

第五节　离心式水泵的使用、维护与故障处理

一、离心式水泵的使用

(一) 启动前的检查

(1) 启动前，检查全部螺栓、管路连接是否完好、紧固。

(2) 检查全部仪表、仪器及阀门是否正常。

(3) 检查润滑油(脂)是否正常。

(4) 检查电动机的接线、转向是否正确。

(5) 检查转动泵的转子是否灵活。

(二) 水泵启动

1. 灌水

(1) 排水泵有底阀时，应先打开灌水阀和放气阀，向泵体内灌水，直至泵体内空气全部排出(放气阀的排气孔见水)，然后关闭以上各阀。

(2) 若采用无底阀排水泵时，应先开动真空泵或射流泵，将泵体、吸水管抽到一定真空度(真空表稳定在相应的读数上)，再停止真空泵或射流泵。

采用正压排水时，应先打开进水管的阀门，然后打开放气阀，直到放气阀的排气孔见水，关闭放气阀。

2. 启动电动机

(1) 启动高压电器设备前，必须戴好绝缘手套，穿好绝缘靴。

(2) 鼠笼型电动机直接启动时，合上电源开关，待电流达到正常时，打开水泵出水口阀门。

(3) 绕线型电动机启动时，应先将电动机滑环手把打到"启动"位置上，启动器手把在"停止"位置，合上电源开关，待启动电流逐渐回落时，逐级切除启动电阻，使转子短路，并将电动机滑环手把打到"运行"位置，电动机达到正常转速，最后将启动器手把扳回"停止"位置。

(4) 鼠笼电动机用补偿器启动时，先将手把打到"启动"位置，待电动机达到一定转速，电流返回时，由启动柜自动(或手动)切除全部电抗，电动机进入正常运行。

3. 操作闸门

待电动机达到正常状态时，慢慢将水泵排水管上的闸阀全部打开，同时注意观察真空表、压力表、电压表、电流表的指示是否正常。若一切正常表明启动完毕；若根据声音及仪表指示判断水泵没上水，水泵应停止电动机运行，重新启动。为了避免水泵发热，在关闭闸阀时，水泵运转不能超过 3 min。

如水泵在未灌注引水或灌注引水不够的情况下启动，即使水泵达到了额定转速，也会因腔内存有空气而无法产生将水吸入水泵内的真空度；其次，在无水情况下，填料箱中的填料与轴摩擦，有可能发生定子与转子间的热胶合。因此，必须在泵腔和吸水管中充满水的情况下启动水泵。

关闭闸阀启动水泵的原因，是由于离心式水泵的轴功率曲线在零流量时有最小值，这样可达到减小启动电流的目的。但水泵不能长时间在零流量情况下运转，否则会强烈发热。

4. 水泵运行

(1) 水泵只能允许在规定的参数范围内运行，特别是流量不能超出工业利用区右侧，否则会使电动机过载，也易发生汽蚀。

(2) 经常注意观察电压、电流是否正常。当电流、电压的变化超出±5%时，应停车检查原因，并进行处理。

(3) 检查轴承温度是否正常,润滑是否良好。轴承温度一般不超过 75 ℃或按厂家规定。

(4) 经常观察压力表、真空表的指示是否正常,以确定水泵的扬程是否满足要求;水泵是否有汽蚀现象。

(5) 注意声音及震动情况,检查螺栓及连接部分是否有松动,是否有汽蚀噪声。

(6) 检查水泵的填料密封情况,检查填料箱的温度是否正常,填料压紧程度是否合适。

(7) 检查回水管是否畅通,水量是否正常,检查吸水井水位变化情况,底阀或滤水器应在水面以下 0.5 m。

(8) 准确填写运行记录,并定期总结。

(三) 停泵

1. 水泵的正常停机

(1) 慢慢关闭闸阀,使水泵进入空转状态。

(2) 关闭压力表和真空表止压阀。

(3) 切断电动机的电源,电动机停止运行。

2. 水泵运行中的故障停机

水泵运行中出现下列情况之一时,应紧急停机:

(1) 水泵和电机发生异常振动或有故障性异响。

(2) 水泵不上水。

(3) 泵体漏水或闸阀、法兰喷水。

(4) 启动时间过长,电流不返回。

(5) 电动机冒烟、冒火。

(6) 电源断电。

(7) 电流值明显超限。

(8) 其他紧急事故。

紧急停机按以下程序进行:

(1) 拉开负荷开关,停止电动机运行。

(2) 若电源断电停机时,拉开电源刀闸。

(3) 关闭水泵出水闸门。

(4) 上报主管部门,并做好记录。

3. 水泵应经常检修

工作泵和备用泵应交替运行;对于不经常运行的水泵(或水泵升井大修)的电动机,应每隔 10 天空转 2~3 h,以防潮湿;长期停泵应将水泵内的水放掉,以防锈蚀或冻裂。

二、离心式水泵的维护

为保证排水设备的安全经济运行,排水设备必须经常进行维护、检修。维护和检修项目以及每次维修的间隔时间,取决于水泵的工作条件和水泵的运行状况。

对水泵的维护工作,根据实践经验,应做到“五勤、五查、三精、三听、三看”。

五勤：勤看、勤听、勤摸、勤修、勤联系。

五查：查各部螺栓销子；查油量、油质；查各轴承温度；查安全设备和电气设备；查闸阀、逆止阀、回水管和填料。

三精：精力集中；精通业务；精益求精。

三听：听取上班交接情况；听取别人反映；听机器运转声音。

三看：看水位高低，看仪表读数；看油圈转动情况。

定期检查水泵的性能（如流量、扬程、振动等）并做好记录，按记录数据去分析水泵是否正常工作，是否需要维修，或确定要维修的部位。在一般情况下，坚持精确的测试、记录并定期分析总结，每隔几个月就可以得到是否要维护的可靠资料。

主排水泵的维护检修分为小修、中修和大修。中修一般为 6 个月，大修一般为 12 个月。一般来讲，雨雪季节煤矿井下的涌水量最大，水泵的中修、大修最好在雨雪季节前进行，包括备用水泵的检修。

除中修、大修外，以下的维护是经常的：检查水泵底座、泵、电动机是否紧固；检查仪表、引线的状况；检查管路是否泄漏、松动或有无其他形式的损坏，如需维修应立即进行；检查填料及压紧情况，压盖太紧会影响填料使用寿命；轴承的润滑油一般要求每工作 1 000～1 500 h 应更换 1 次，或按厂家规定进行更换。

水泵的维修应根据矿井的具体情况，总结经验，得到更换零部件、中修、大修的可靠间隔时间。如有些矿井泥沙含量较大，叶轮、平衡盘等磨损较大，更换叶轮和平衡盘的时间就会短，清理回水管的时间也短。管路的维护、检修时间间隔也不同，如果积垢严重、矿水酸性较强，维护、检修时间间隔应短。所以，要根据矿井的实际情况，制订出维修制度，并严格按照维修制度进行维护、检修，确保排水设备高效稳定工作，保证生产安全、正常进行。

三、离心式水泵的拆卸与装配

（一）水泵的拆卸

1. 拆卸前的准备工作及拆卸注意事项

拆卸与装配前，应准备好地点、拆卸与装配工具、清洗材料（如煤油、汽油、棉布、棉纱、刮刀等）、支撑中段的木楔以及保护、装配用保护油、润滑脂等。如在现场进行拆装，首先要拆去妨碍拆卸的附属管路，并放掉泵壳内的水，拆开联轴器，移去电动机等。拆卸时，一定要注意保护零件，应分类放置，不能乱丢、乱放，以免零件损坏和丢失。

2. 拆卸顺序（以 D 型水泵为例）

（1）轴承体的拆卸：先拆除联轴器，再卸下泵轴两侧的轴承端盖，拧下花螺帽，卸下轴承体的连接螺栓，取下轴承体，然后将滚动轴承、挡水圈、短轴套和“O”型耐油橡胶密封圈取下。

（2）填料压盖的拆卸：拧下压盖与泵体间的连接螺栓，并沿轴向推出压盖，然后取出填料。

（3）尾盖的拆卸：拧下尾盖与排水段之间的连接螺栓，即可卸下尾盖，然后把平衡盘和平衡座等拆下。

（4）拉紧螺栓的拆卸：拧下拉紧螺栓两端的螺母，即可抽出。

(5) 排水段的拆卸:用手锤轻敲排水段的凸缘,使之松脱后即可拆下。

(6) 叶轮的拆卸:自泵轴上取下叶轮时,应用手拆卸。如卸不下来,切不可猛敲硬打,可用木槌沿叶轮四周轻敲,使其松动,然后用撬棒斜插入叶轮流道内,并应尽量靠近轮叶,再用手锤轻轻敲打撬棒,以取出叶轮。

(7) 中段的拆卸:用撬棒沿中段两脚撬动即可卸下。中段卸下后,取下小口环,然后按顺序继续拆卸,直至进水段。

在拆卸过程中应注意,几个中段拆下后,轴就处于悬臂状态。为了防止弯曲,应加设临时支撑。此外,拆下的叶轮、键、中段等零部件,都应编号放置,以免弄错。

在拆卸水泵时,有时会遇到水垢多、叶轮和轴等相互连接的零件锈蚀严重、不易拆开的困难。这时,应先刮掉水垢、铁锈等物,然后用煤油适当润滑接触部位,再用木槌、铝锤或铜锤轻轻敲打取下。若仍有困难,可借助拆卸器拆卸。但必须注意,决不可用大锤乱打乱敲。

3. 拆卸零件清洗

(1) 刮去叶轮内外表面及密封环等处所积存的水垢和铁锈,再用水清洗,并检查叶轮内部有无杂物堵塞,叶片有无损伤,有无麻面或蜂窝孔。

(2) 清洗泵体各结合面上积存的油垢及铁锈。

(3) 清洗水封管并检查管内是否畅通。

(4) 刮去轴承内油垢,用汽油清洗滚柱轴承,并检查轴承的磨损情况。

(5) 如果水泵不是立即进行装配,应在清洗后的零件结合面上涂上保护油。

(二) 水泵的装配

水泵的装配质量对性能的影响特别显著。各个叶轮的出口中心必须对准导水圈的进口中心,稍有偏差,水泵的性能便受到影响。此外,水泵的转动部分与固定部分之间的密封间隙,也有严格规定。若间隙过小,会引起零件磨损或水泵振动,以至水泵使用寿命缩短;间隙过大,则导致漏水增加,降低水泵效率。所以在装配时,必须按要求对所有不符合规定的偏差进行调整。D型水泵的装配顺序为:

(1) 将大口环紧装在进水段和中间段上,并把小口环装在所有中间段上。

(2) 将平衡座装在排水段上。

(3) 将装好进水段轴套和键的轴穿过进水段,并顺键推入叶轮,在中间段上铺一层青壳纸,装上中间段和另一键,再顺键推入另一叶轮,重复以上步骤,将所有叶轮和中间段装完。

(4) 将出水段装到中间段上,然后用拉紧螺栓将进水段、中间段、出水段紧固在一起,并均匀、牢固地拧紧。

(5) 装上平衡盘和泵轴两侧的轴套及“O”型密封圈,并将尾盖用螺栓固定于排水段上。

(6) 顺次在两端填料箱内放入填料和水封环,并装上填料压盖和挡水圈。

(7) 把轴承体装于水泵前后段上,然后装上滚动轴承。在轴承内加入黄油,并装上两端侧盖,拧上侧盖螺母。装好后,转动一下泵轴,检查转子部分是否灵活。如转动灵活,表明装配良好;若很紧,表明装配差,应检查调整。在此同时还应检查泵轴窜量。

(8) 在泵轴两端的填料箱内放入水封环外侧的填料,拧上填料压盖,并注意水封环中心孔与水封管对正。

(9) 装上水封管、回水管、联轴器和所有四方螺塞。最后再转动泵轴，观察填料的松紧程度。

四、离心式水泵的常见故障分析与处理方法

水泵在运行中产生故障是不可避免的，了解离心式水泵的常见故障，分析产生的原因，拟出相应的排除方法，对保证水泵的安全、正常运行具有重要意义。离心式水泵在运转中的常见故障、产生原因及处理方法见表 2-5。

表 2-5　　离心式水泵运转中的常见故障、产生原因及处理方法

故障现象	产生原因	处理方法
泵不吸水，压力表及真空表指针剧烈跳动	灌注引水不够；吸水管或仪表连接处漏气	灌足引水；检查吸水管及仪表接头，堵住漏气处
泵不吸水，真空表指示高度真空	底阀没有打开或已堵塞；吸水管路阻力太大；吸水高度过高	清理底阀；清洗或更换吸水管；降低吸水高度
压力表有压力，但仍不出水	排水管阻力太大；叶轮流道堵塞或损坏；旋转方向不对；泵转速不够	清理或缩短排水管道；清除叶轮内的污物或更换叶轮；检查电动机旋转方向；增大转速
流量和扬程下降	水泵堵塞；密封环磨损；转速不够	检查清理叶轮或清洗泵吸、排水管道；更换密封环；增加泵转速
泵消耗功率过大，电动机功率增加，填料箱发热	填料压得太紧；泵的转子与定子摩擦，叶轮与固定部分摩擦；泵流量增大；密封环损坏	调整填料压盖松紧程度；检查泵轴是否歪曲，检查摩擦零件；关小出水闸阀，减小流量；更换密封环
水泵振动，轴承过热	电动机与泵轴不同心，泵轴弯曲；轴承损坏；基础薄弱，地脚螺栓松动；发生汽蚀；轴承润滑油脂不足或过多，油品不对	调整电动机轴与泵轴的同轴度，检查泵轴；检查并更换轴承；加固基础，拧紧地脚螺栓；降低水温和吸水高度，排除汽蚀；检查并更换合适的润滑油脂
泵内声音异常，吸不上水	吸水高度过高；吸水管阻力过大；吸水管漏气；流量过大，发生汽蚀	降低安装高度；降低吸水管阻力；堵住漏气；减小流量，排除汽蚀
不启动	电动机故障；异物进入泵内，转动部分被卡死；不满足启动条件	检查电动机并排除故障；清除泵内异物；按要求顺序逐条检查

第六节　矿井排水设备的选型

一、选型设计的任务

选型设计的任务是根据矿井的具体条件，在现有产品中对水泵机组与管路进行合理的选择，保证排水设备安全、可靠、经济运行。设计必须符合《煤矿安全规程》对排水设备的有

关规定。具体包括：

（1）确定排水系统。

（2）选择排水设备。

（3）经济核算。

（4）绘制泵房设备布置图。

（5）绘制管路布置图。

二、设计的原始资料

（1）矿井开拓方式。

（2）井口标高及各开采水平标高。

（3）矿井同时开采水平数，各水平的正常和最大涌水量以及出现的时间。

（4）矿水的物理化学性质（主要有温度、重度、泥沙含量及 pH 值等）。

（5）矿井供电电压、瓦斯等级。

（6）井底车场布置图。

（7）矿井年产量及服务年限。

三、排水设备的选型

（一）水泵的选择

《煤矿安全规程》规定：必须有工作、备用和检修的水泵。工作水泵的能力，应能在 20 h 内排出矿井 24 h 的正常涌水量（包括充填水及其他用水）。备用水泵的能力应不小于工作水泵能力的 70%。工作和备用水泵的总能力，应能在 20 h 内排出矿井 24 h 的最大涌水量。检修水泵的能力应不小于工作水泵能力的 25%。水文地质条件复杂的矿井，可在主泵房内预留安装一定数量水泵的位置。

根据水泵的必需的排水量 Q 和必需的排水扬程 H，从现有产品中选择水泵，最好 1 台就能达到正常涌水时的排水要求。选择时应优先选用工作可靠、性能好、体积小、价格便宜，并与本单位技术能力相适应的产品。当矿水的 pH 值小于 5 时，应选用耐酸水泵；当矿水泥沙含量较大时，应考虑选用耐磨水泵。在选择水泵时，可能有多种型号的产品符合要求，具体选用哪种型号的产品，应通过稳定性校验和技术经济比较后确定。

（二）管路的选择

《煤矿安全规程》规定：必须有工作和备用的水管。工作水管的能力应能配合工作水泵在 20 h 内排出矿井 24 h 的正常涌水量。工作和备用水管的总能力，应能配合工作和备用水泵在 20 h 内排出矿井 24 h 的最大涌水量。

1. 管路趟数的确定

管路趟数应根据《煤矿安全规程》的有关规定、所选水泵台数确定。管路至少应有 2 趟，一般也不宜超过 4 趟。

2. 管路在泵房内的布置

管路在泵房内的布置形式应根据水泵台数和所选管路的趟数确定。

图 2-34 所示为常见矿井排水管路在泵房内布置示意图。图 2-34(a)为 3 台水泵 2 趟管路的布置方式,图 2-34(b)为 5 台水泵 3 趟管路布置方式。另外,也有 5 台泵 4 趟管路的布置方式等。但是,不论采用哪种布置方式,都应使任意 1 台水泵能用任何 1 趟管路排水。

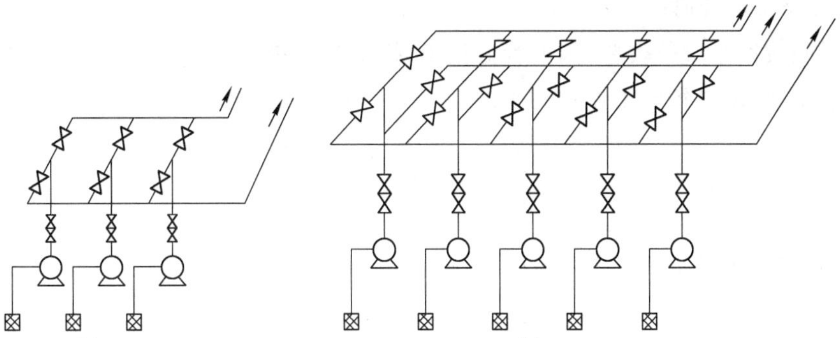

(a)　　(b)

图 2-34　排水管路在泵房内布置示意图

(a) 三台水泵二趟管路;(b) 五台水泵三趟管路

3. 管径计算及管材选择

(1) 管径计算

管径对排水的影响是,管路直径越大,损失越小,但用于管路的投资费用越高;管路直径越小,损失越大,但用于管路的投资费用越低。一般来讲,选择的管路直径应使工况运行在额定工况较好。但是,考虑管路运行后的积垢使管径缩小等问题,管径最好选大些,设计在工业利用区右侧较合理,但应注意电动机过载和吸水高度问题。管径一般按经济流速进行选择。

(2) 管材选择

管材选择的主要依据是管路的承压大小。管路承压大小与井深成正比。一般情况下,当井深小于 200 m 时多采用焊接钢管;井深超过 200 m 时多采用无缝钢管。

当排水高度小于 200 m 时,可选用管壁较薄的一种,管壁承压强度不需要校验;当排水高度大于 200 m 时,可选用较厚的管壁,管壁承压强度应进行校验。

(三) 计算管路特性方程

根据式(2-9)计算管路特性方程时,应按最长一趟管路进行计算。计算时,首先确定排水管长度和吸水管长度,以及这趟管路上所有局部管件的种类和数量,准确计算出管路阻力系数 R。排水管的实际长度包括:泵房内的长度,一般取 20～30 m;管子道中的长度,一般取 20～30 m;井筒内的长度,按实际取;井口出水管的长度,一般取 15～20 m。吸水管的长度一般取 8 m 左右。

(四) 确定水泵工况点

把 2 条管路的特性方程所表示的曲线按同一比例作在所选水泵的特性曲线上,即可得到与水泵扬程特性曲线的 2 个交点,即初期工况点 M_1 和末期工况点 M_2。查出 M_1 和 M_2 的工况参数。

（五）计算最大吸水高度

为水仓的设计、水泵的安装以及为防止发生汽蚀，应正确确定水泵的最大吸水高度，根据式(2-12)计算。

（六）校验排水时间

排水时间按旧管进行校验，因旧管流量小，排水时间较新管长。

正常涌水时，水泵每天工作的时间：

$$T_2 = \frac{24q}{n_1 Q_{M_2}} \leqslant 20 \tag{2-27}$$

式中，Q_{M_2} 表示工况点 M_2 对应的流量。

最大涌水时，水泵每天工作的时间：

$$T_{2max} = \frac{24q_{max}}{(n_1 + n_2)Q_{M_2}} \leqslant 20 \tag{2-28}$$

（七）电动机容量的验算

如果电动机是配套电动机，工况点又在工业利用区内，不需要验算电动机容量。当工况点超过工业利用区右侧，或者用户要自配电动机、更换电动机等，电动机容量 N_d 按下式计算。

$$N_d = K\frac{N_{aM_1}}{\eta_c} \tag{2-29}$$

式中，N_d 表示电动机容量，kW；N_{aM_1} 表示工况点 M_1 对应的轴功率，kW；η_c 表示传动效率，皮带取 0.95，弹性联轴器取 0.98，直联取 1；K 表示备用系数。

（八）电耗计算

年电耗按式(2-22)计算。吨水百米电耗按式(2-24)计算。

思考与练习题

1. 矿井排水设备的任务是什么？
2. 矿井排水设备的主要组成部分有哪些？试述各组成部分的用途。
3. 排水设备管路附件闸板阀、逆止阀和底阀的作用是什么？
4. 叙述离心式水泵的工作原理。
5. 简述 D 型水泵的组成和结构特点。
6. 简述 IS 型水泵的结构及特点。
7. D155-30×6 和 IS80-50-250 的含义是什么？
8. 轴向力是如何产生的？试述平衡盘平衡轴向推力的工作原理。
9. 水泵的工况点是如何产生的？水泵正常工作的条件是什么？
10. 水泵产生汽蚀现象的原因是什么？如何防止汽蚀现象的产生？
11. 试述水泵外壳、填料箱及轴承发热的原因和处理方法。
12. 水泵在运转中振动大的原因是什么？怎样处理？

第三章　矿井通风设备

第一节　概　　述

一、矿井通风设备的任务

(一) 矿井通风设备的任务

煤矿地下开采过程中,煤层中所含的有毒气体(如 CH_4、CO_2、CO、H_2S、NO_2等)会涌出到巷道中,同时伴随产生大量易燃、易爆的煤尘。由于地热和机电设备散发的热量,井下空气温度和湿度也随之增高。这些有毒的气体、过高的温度以及容易引起爆炸的煤尘和瓦斯,不但严重影响井下工作人员的身体健康,而且对矿井安全生产也造成了很大威胁。为了保证井下工作人员的健康和矿井安全生产,必须使用通风设备将有害气体排出去,并且吸入新鲜空气。我国《煤矿安全规程》对井下有害气体的浓度、矿井需要的风量、井巷中最高风速和采掘工作面等地点的最高温度都做出了严格规定。

《煤矿安全规程》规定,井下空气成分必须符合下列要求:

(1) 采掘工作面的进风流中,氧气浓度不低于 20%,二氧化碳浓度不超过 0.5%。

(2) 有害气体的浓度不超过表 3-1 规定。

表 3-1　矿井有害气体最高允许浓度

名　　称	最高允许浓度/%
一氧化碳(CO)	0.002 4
氧化氮(换算成二氧化氮 NO_2)	0.000 25
二氧化硫(SO_2)	0.000 5
硫化氢(H_2S)	0.000 66
氨(NH_3)	0.004

瓦斯、二氧化碳和氢气的允许浓度按《煤矿安全规程》的有关规定执行。矿井中所有气体的浓度均按体积的百分比计算。

矿井通风设备的任务就是向井下输送足量的新鲜空气,将涌入到工作面和巷道中的有毒有害气体的浓度稀释到没有危害的程度并排送到地面,调节井下所需风量、温度和湿度,改善井下工作环境,保证煤矿生产安全。

（二）对通风设备的要求

《煤矿安全规程》第一百五十八条规定：矿井必须采用机械通风。

主要通风机的安装和使用应符合下列要求：

（1）主要通风机必须安装在地面；装有通风机的井口必须封闭严密，其外部漏风率在无提升设备时不得超过5%，有提升设备时不得超过15%。

（2）必须保证主要通风机连续运转。

（3）必须安装2套同等能力的主要通风机装置，其中1套作备用，备用通风机必须能在10 min内开动。在建井期间可安装1套通风机和1部备用电动机。生产矿井现有的2套不同能力的主要通风机，在满足生产要求时，可继续使用。

（4）严禁采用局部通风机或通风机群作为主要通风机使用。

（5）装有主要通风机的出风井口应安装防爆门，防爆门每6个月检查维修1次。

（6）至少每月检查1次主要通风机。改变通风机转数或叶片角度时，必须经矿技术负责人批准。

（7）新安装的主要通风机投入使用前，必须进行1次通风机性能测定和试运转工作，以后每5年至少进行1次性能测定。

《煤矿安全规程》第一百五十九条规定：生产矿井主要通风机必须装有反风设施，并能在10 min内改变巷道中的风流方向；当风流方向改变后，主要通风机的供给风量不应小于正常供风量的40%。

《煤矿安全规程》第一百六十条规定：严禁主要通风机房兼作他用。主要通风房内必须安装水柱计、电流表、电压表、轴承温度计等仪表，还必须有直通矿调度室的电话，并有反风操作系统图、司机岗位责任制和操作规程。主要通风机的运转应由专职司机负责，司机应每小时将通风机运转情况记入运转记录簿内；发现异常，立即报告。

为保证矿井的安全生产，通风机必须安全、可靠地运行。在选择通风机时，应根据矿井的实际情况选择性能可靠、工作稳定的通风设备，以保证能向矿井输送足够的风量和风压。通风设备是矿井设备中耗电较大的设备，不仅要选择高效通风机，而且在运行中要对通风机进行合理的调节，使之在高效工况下运行，要求运转效率不应低于最高效率的0.85～0.9倍。

为保证通风机安全、可靠地运行，除严格执行《煤矿安全规程》对通风设备的要求外，还应建立健全设备维护保养制度。建立健全日常维护与定期维修制度，明确其内容，严格按制度执行，并做好维护与检修记录。

二、矿井通风系统与通风方式

矿井通风设备包括通风机、电气设备、通风网络及辅助装置。矿井通风分为自然通风和机械通风两种方法。自然通风是利用矿井内外温度不同及出风井与进风井的高差所造成的压力差，使空气流动。自然通风的风压比较小，并受季节和气候的影响较大，不能保证矿井需要的风压和风量。因此，《煤矿安全规程》规定，矿井生产必须采用机械通风。

机械通风可分为抽出式和压入式两种。抽出式通风是将通风机进风口与出风井相连，把新鲜空气抽入井下，将井下污风抽出地面，如图3-1所示。

装在地面的通风机 9 运行时，在其入口处产生一定的负压，由于外部大气压力的作用，迫使新鲜空气进入风井 1，流经井底车场 2、石门 3、运输平巷 4，到达采煤工作面 5，与工作面的有害气体及煤尘混合变成污浊气体后，沿回风巷 6、出风井 7、风硐 8，最后由通风机 9 排出地面。通风机连续不断地运转，新鲜空气不断流入矿井，污浊空气又不断地排出，在井巷中形成连续的风流，从而达到通风目的。

图 3-2 所示为压入式通风方式，是将地面的新鲜空气由通风机压入井工巷道和工作面，再由风井排出。目前，煤矿通常采用抽出式通风方式。

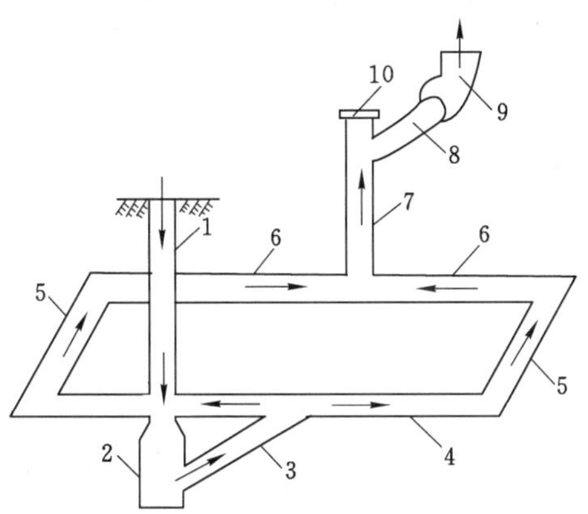

图 3-1 矿井抽出式机械通风方式示意图

1——风井；2——井底车场；3——石门；
4——运输平巷；5——采煤工作面；6——回风巷；
7——出风井；8——风硐；9——通风机；10——风门

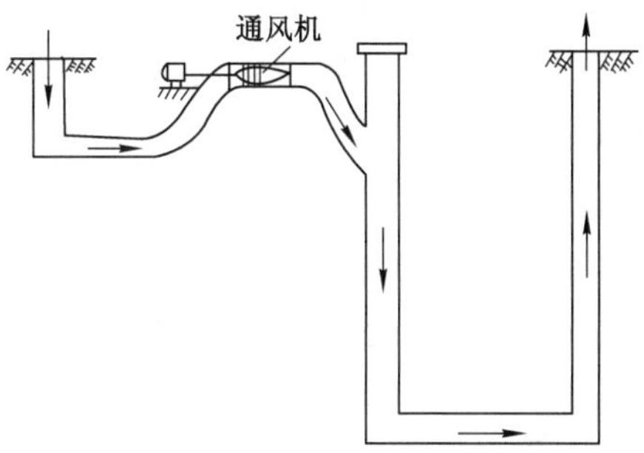

图 3-2 矿井压入式机械通风方式示意图

连接在一起的所有通风巷道及通风机构成了矿井通风系统。矿井通风系统按矿井通风机布置方式的不同，可分为中央并列式、对角式和中央边界式 3 种通风系统。图 3-3(a)为中央并列式通风系统，其特点是进风井和出风井均在通风系统中部，一般布置在同一工业广场内。图 3-3(b)为对角式通风系统，利用中央主要井筒作为进风井，在井田两翼各开一个出风井进行抽出式通风。图 3-3(c)为中央边界式通风系统，利用中央主要井筒作为进风井，在井田边界开一个出风井进行抽出式通风。

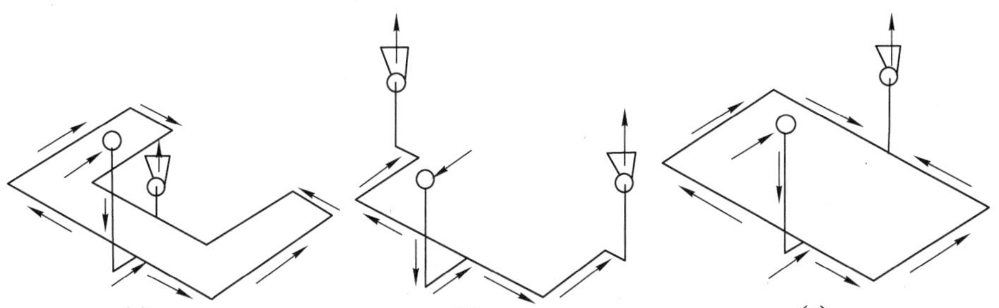

(a) (b) (c)

图 3-3 矿井通风系统示意图

(a) 中央并列式；(b) 对角式；(c) 中央边界式

三、矿井通风机的分类

按通风机服务范围可分为主要通风机和局部通风机。主要通风机是负责全矿井或某一区域通风任务的通风机，局部通风机是负责掘进工作面或加强采煤工作面通风用的通风机。

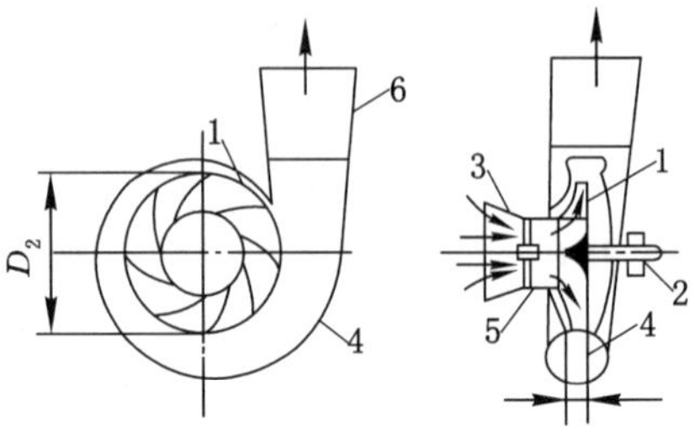

图 3-4　离心式通风机结构示意图

1——叶轮；2——轴；3——进风口；4——机壳；5——前导器；6——锥形扩散器

按空气在通风机叶轮内部的流动方向分为离心式和轴流式通风机。气体沿轴向进入叶轮，并沿径向流出的通风机称为离心式通风机，如图 3-4 所示。气体沿轴向进入叶轮，仍沿轴向流出的通风机称为轴流式通风机，如图 3-5 所示。

按叶轮数目可分为单级通风机和双级通风机。单级通风机内只有 1 个叶轮，如图 3-6(a)所示，双级通风机内有 2 个叶轮，如图 3-6(b)所示。

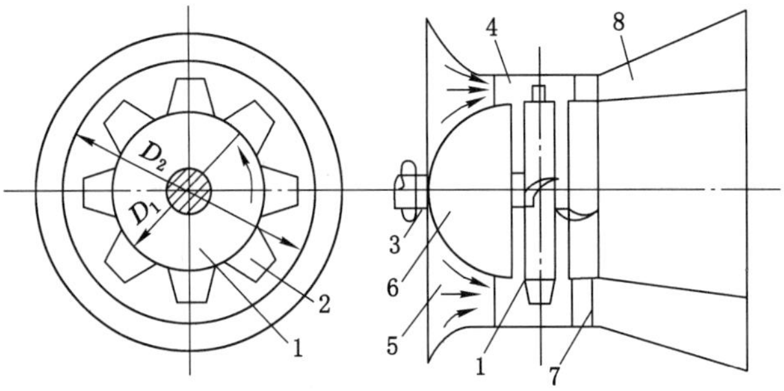

图 3-5　轴流式通风机结构示意图

1——轮毂；2——叶片；3——轴；4——外壳；5——集流器；6——流线体；7——整流器；8——扩散器

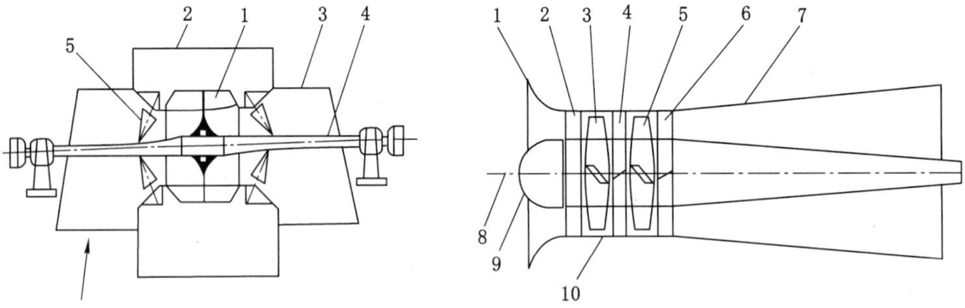

(a)　　　(b)

图 3-6　轴流式通风机结构示意图

(a) 单级、双侧进风通风机示意图；(b) 双级轴流式通风机示意图

(a)：1——叶轮；2——外壳；3——进风箱；4——主轴；5——轴向导流器

(b)：1——集流器；2——前导叶；3——第一级叶轮；4——中导叶；5——第二级叶轮；6——后导叶；7——扩散器；8——主轴；9——疏流罩；10——外壳

按通风机产生的风压分为低压通风机、中压通风机和高压通风机。低压通风机指全压小于 1 kPa 的通风机；中压通风机指全压为 1～3 kPa 的通风机；高压通风机指全压为 3～5 kPa 的通风机。

第二节 通风机的结构

一、通风机的工作原理及特性参数

（一）通风机工作原理

离心式通风机由叶轮 1、轴 2、进风口 3、螺线形机壳 4、前导器 5 及锥形扩散器 6 等组成，见上节图 3-4。叶轮固定在轴上，轴支承在轴承上，组成通风机的转子。当电动机带动转子旋转，叶轮流道中的空气在叶片作用下，随叶轮一起转动。空气在离心力的作用下，由叶轮中心沿径向流向叶轮外缘，经螺线形机壳和锥形扩散器排至大气。同时，在叶轮进口和中心形成真空（负压），外部空气在大气压力作用下，经进风口进入叶轮，形成连续流动。

轴流式通风机主要由叶轮（由轮毂 1 和叶片 2 组成）、轴 3、外壳 4、进风口（由集流器 5 和流线体 6 组成）、整流器 7 和扩散器 8 等组成，见上节图 3-5。轴流式通风机的叶片为机翼形扭曲叶片，并以一定的角度安装在轮毂上。当电动机带动轴和叶轮旋转时，叶片正面（排出侧）的空气在叶片的推动下，能量升高，通过整流器整流，并经扩散器被排至大气。同时，叶轮背面（入口侧）形成真空（负压），外部空气在大气压力作用下，经进风口进入叶轮，形成连续风流。

（二）通风机的特性参数

1. 风量

风量是指单位时间内通风机排出气体的体积，一般用 Q 表示，单位为 m^3/s 或 m^3/h。

2. 风压

风压表征介质通过通风机所获得的能量大小，单位为 Pa。通风机风压又可分为全压（H）、静压（H_{st}）和动压（H_d），分别指单位体积气体从通风机获得的全部能量、势能和动能，三者的关系为

$$H = H_{st} + H_d \tag{3-1}$$

3. 功率

通风机的功率分为轴功率和有效功率。轴功率是指电动机传递给通风机轴的功率，即通风机的输入功率，用 N 表示，单位 kW。有效功率是指单位时间内气体从通风机获得的能量，即通风机的输出功率，用 N_x 表示，单位 kW。

$$N_x = \frac{QH}{1\ 000} \tag{3-2}$$

4. 效率

效率是指有效功率 N_x 和轴功率 N 的比值，用 η 表示。

$$\eta = \frac{N_x}{N} \times 100\% = \frac{QH}{1\,000N} \times 100\% \tag{3-3}$$

5. 转速

转速是指通风机叶轮每分钟的转数，用 n 表示，单位 r/min。

二、离心式通风机的结构

离心式通风机根据叶轮旋转方向的不同可以做成右旋、左旋两种。从原动机看通风机，叶轮按顺时针方向旋转称为右旋；按逆时针方向旋转称为左旋（应注意叶轮只能顺着蜗壳螺旋线的展开方向旋转）。根据离心式通风机进气方式的不同有单侧进风（单吸）和双侧进风（双吸）两种。在同等条件下，双吸通风机产生的流量约为单吸通风机的两倍，因此大流量通风机常采用双吸式。根据不同使用要求，规定了离心式通风机出风口方向的八个基本位置，如图 3-7 所示。

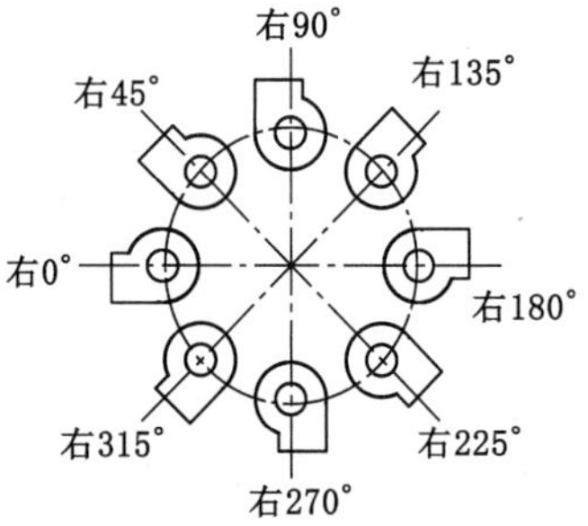

图 3-7　出风口位置示意图

根据通风机的转速、进气方式、尺寸大小等因素，离心式通风机的传动方式有多种。目前，我国主要通风机生产厂家把离心式风机的传动方式规定为图 3-8 所示的几种形式。

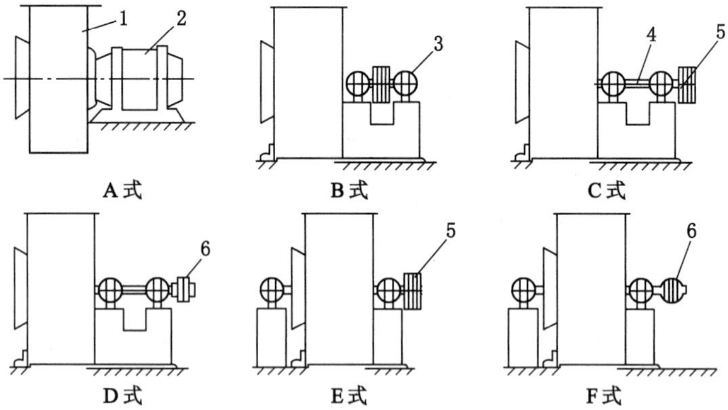

图 3-8　通风机的传动结构形式

1——风机；2——电机；3——轴承；4——传动轴；5——胶带轮；6——联轴器

如果离心式通风机的转速与电动机的转速相同，对大功率通风机可采用联轴器与电机直接连接，而小功率通风机则可以将叶轮直接安装在电动机轴上，使结构简单紧凑。如果通风机的转速和电动机转速不同，则可以采用皮带轮变速传动。

将叶轮安装在主轴的一端为悬臂式结构，其特点是拆卸方便。将叶轮安装在两个轴承之间叫双支承结构，其特点是运转较平稳，适用于双吸或大型单吸离心式通风机。

矿用离心式通风机主要有 4-72-11 型、G4-73-11 型和 K4-73-01 型，前两者多用于中、小型矿井，后者常用于大型矿井。以下主要介绍这 3 种型号的通风机。

（一）4-72-11 型通风机

1. 结构特点

图 3-9 为 4-72-11 型通风机的结构图，主要由叶轮、机壳、进风口和传动部分等组成。

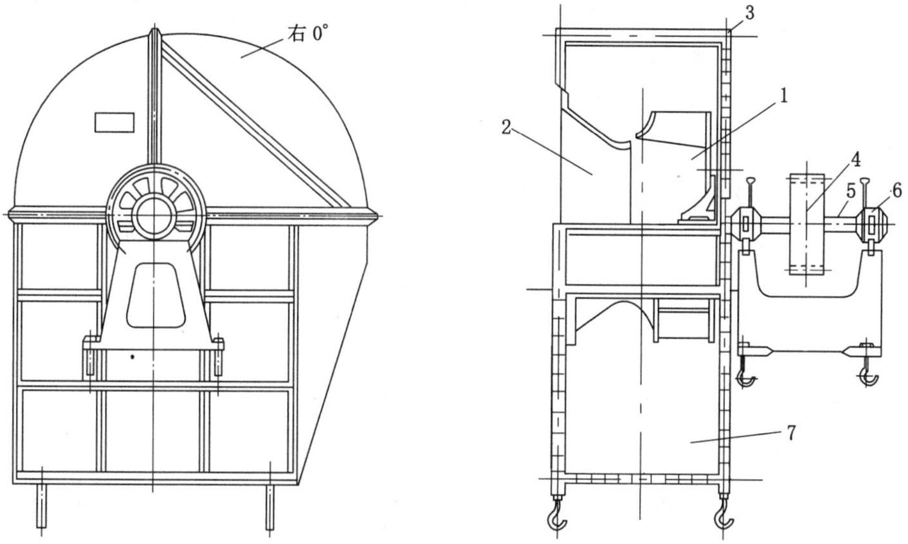

图 3-9　4-72-11 型通风机结构图

1——叶轮；2——进风口；3——机壳；4——出风口；5——轴；6——皮带轮；7——轴承

(1) 叶轮：4-72-11 型通风机的叶轮由 10 个中空后弯机翼型叶片、双曲线型前盘和平板型后盘组成，其空气动力性能良好，运转平稳，噪音低。叶轮用优质锰钢制成，并经静平衡和动平衡校正，运转平稳、高效，全压效率可达 91%。

(2) 机壳：为收集从叶轮甩出的气体，并使此气流中的一部分动压转变成静压，设置蜗壳形机壳。这种通风机效率高，最高效率可达 91%以上。这种通风机的机壳有两种型式：一种是三开式，即机壳上下部分可分开，上半部分又可分为左右两部分，各部分之间用螺栓连接，便于拆卸与维修，No. 16 和 No. 20 的机壳为三开式；另一种为整体结构，即机壳焊接成整体结构，不能拆开，除 No. 16 和 No. 20 外的其他机号（No. 2. 8～No12 等 9 种）的通风机为整体结构。

(3) 进风口：装在通风机侧面的进风口是整体的，为减小气流进入叶轮的阻力，采用锥弧形进风口。进风口与叶轮联结部分为套接配合，气密性较好，这也是 72 型通风机效率较高的又一结构特点。

(4) 传动部分：4-72-11 型通风机的传动方式有 A、B、C、D 四种方式。旋向有“左旋”和

“右旋”两种形式。从电机皮带轮一端正看，叶轮按顺时针方向旋转的叫“右旋通风机”，以“右”表示。叶轮按逆时针方向旋转的叫“左旋通风机”，以“左”表示。

(5) 出风口：No. 16 和 No. 20 的出风口位置有 3 种，即右 0°、右 90°、右 180°和左 0°、左 90°、左 180°。这两种通风机的出风口位置是固定的，不能改变，订货时应予以注明。其余机号的出风口位置可任意调整，安装于任意需要的位置。

2. 型号意义

以 4-72-11 机号中 No. 20B 右 90°来说明其型号的意义：

4——通风机最高效率点全压系数为 0.4；72——通风机的比转数为 72；1——叶轮为单侧进风；1——设计序号；No——机号前冠用符号；20——叶轮直径为 2 000 mm；B——传动方式为 B 式；右——右旋；90°——出风口方向。

(二) G4-73-11 型离心式通风机

1. 结构特点

G4-73-11 型通风机主要是为锅炉通风设计的，单侧进风，也可用于中、小型矿井的通风。图 3-10 为 G4-73-11 型离心式通风机结构图，它主要由叶轮、机壳、进风口、前导器和传动部分组成。

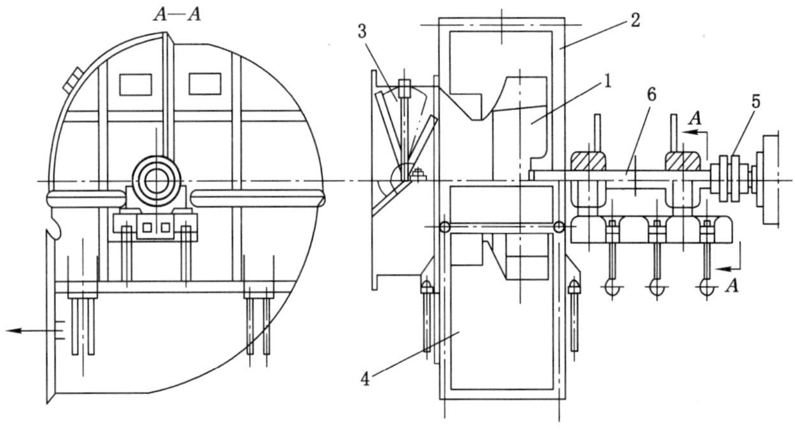

图 3-10 G4-73-11 型离心式通风机的结构

1——叶轮；2——机壳；3——进风口导流器；4——出风口；5——联轴器；6——传动轴

(1) 叶轮：叶轮由 12 个后弯机翼型叶片、弧锥形前盘和平板形后盘组成，并经静、动平衡校正(静、动平衡校正由厂家在静、动平衡校正机上进行)，运转平稳，噪音低，全压效率高，可达 93%。

(2) 机壳：机壳用普通钢板焊接而成，并制成三种不同形式，No. 8～No. 12 机壳为整体焊接形式，No. 14～No. 16 机壳为两开式，No. 18～No. 28 机壳为三开式。

(3) 进风口与前导器：G4-73-11 型通风机进风口为锥弧形，与 4-72-11 型相同，用螺栓固定在通风机入口侧。G4-73-11 型通风机前导器装在进风口前面，前导器上的叶片可在 0°(全开)到 90°(全闭)范围内进行调整，以改变通风机进风的方向，调节通风机的风压和风量。

(4) 传动部分:G4-73-11 型通风机的传动部分由轴、轴承、联轴器等组成。传动方式为 D 式(弹性联轴器)传动,传动效率较高。

2. 型号意义

以 G4-73-11 机号中 No. 25D 为例说明其型号的意义:

G——锅炉适用通风机;4——通风机最高效率点全压系数为 0.4;73——通风机的比转数为 73;1——叶轮为单侧进风;1——设计序号;No——机号前冠用符号;25——叶轮直径为 2 500 mm。

(三) K4-73-01 型通风机

1. 结构特点

图 3-11 为 K4-73-01 型离心式通风机结构图,这是为大型矿井通风设计生产的大风量通风机,双侧进风,拥有 No. 25、No. 28、No. 32 和 No. 38 四个机号。该通风机主要部件叶轮由前盘、中盘和中盘两侧各 12 个后弯机翼型叶片组成,并焊接成整体。传动轴为实心短轴,两端用滚动轴承支承,轴两端均可与电动机连接。机壳上部用钢板焊接而成,下部由混凝土制成。进风口为收敛式流线型,并制成三开式,便于拆装。该通风机具有强度高、运转平稳、高效等特点。

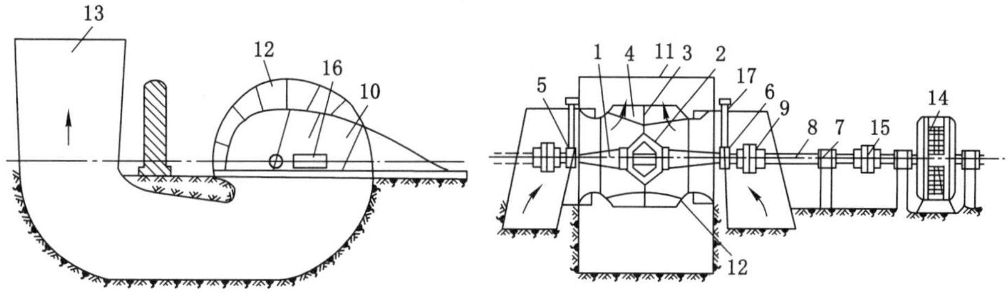

图 3-11　K4-73-01 型离心式通风机结构图

1——主轴;2——轮毂;3——叶片中盘;4——叶片;5,6,7——轴承;8——传动轴;9——定心联轴器;10——进风箱壳;11——机壳;12——曲线形前盘;13——扩散器;14——电动机;15——联轴器;16——检查孔;17——测温导管

2. 型号意义

以 K4-73-01 机号中 No. 32 为例说明其型号意义:

K——矿山适用通风机;4——通风机最高效率点全压系数为 0.4;73——通风机的比转数为 73;0——叶轮为双侧进风;1——设计序号;No. ——机号前冠用符号;32——叶轮直径为 3 200 mm。

三、轴流式通风机的结构

目前矿山常用轴流通风机有 2K60 型和 GAF 型等,下面介绍这两种机型。

(一) 2K60 型轴流式通风机

1. 结构特点

图 3-12 为 2K60 型轴流式通风机的结构图。

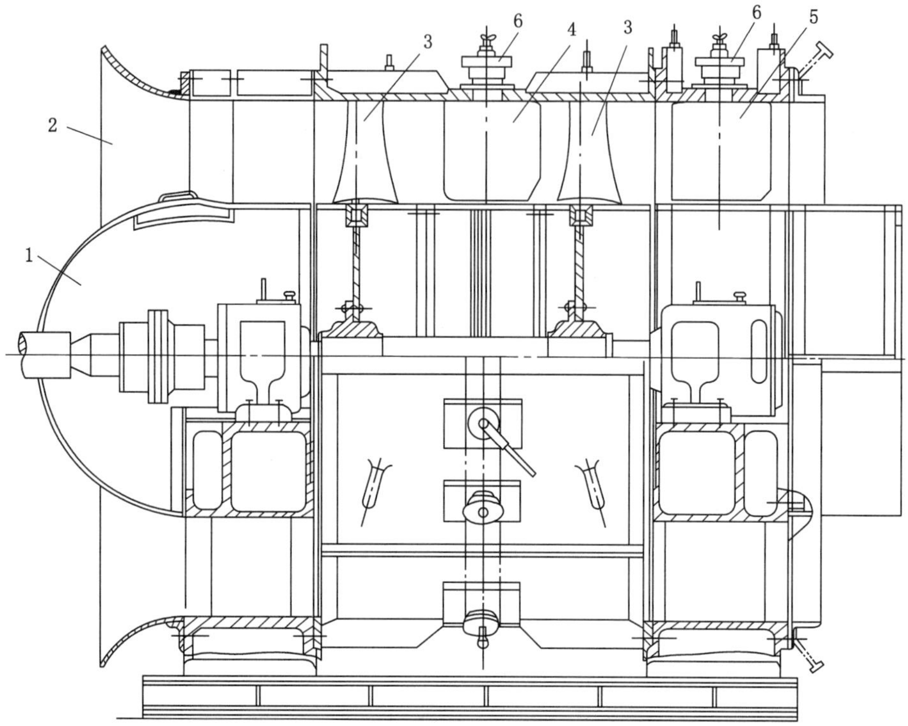

图 3-12 2K60 型轴流式通风机结构图

1——集流器；2——流线体；3——叶轮；4——中导叶；5——后导叶；6——绳轮

2K60 型通风机有 No. 18、No. 24、No. 28 三个机号，最高静效率可达 84%。2K60 型轴流式通风机可在不同叶片安装数目和不同叶片安装角度下运行，它主要由进风口（集流器 1 和流线体 2）、叶轮 3、中导叶 4、后导叶 5、传动部分（轴、轴承、支架和联轴器）和扩散器等组成。

(1) 进风口：由集风器和流线体组成，其作用是把空气沿轴向均匀地导入叶轮，以减小气流的冲击损失，提高通风机效率。

(2) 叶轮：2K 型通风机有两个叶轮，叶轮有轮毂和叶片组成，风压和风量较大。每个叶轮上有 14 片机翼型扭曲叶片，机翼型扭曲叶片可以减小气流在叶轮内的径向流动和环流，损失较小，效率较高。叶片安装角可在 15°～45°范围内进行调整，叶片数目也可以调整，两个叶轮可安装 14 片叶片或 7 片叶片，也可安装成一级叶轮 14 片叶片和二级叶轮 7 片叶片，调节范围较大。

(3) 中、后导叶（也叫整流器）：中导叶安装在一、二级叶轮之间，有 14 片机翼型扭曲状叶片；后导叶安装在二级叶轮后，有 7 片机翼型扭曲状叶片。中导叶的作用是改变从第一级叶轮流出气流的方向，提高第二级叶轮产生的压力。后导叶的作用是将从第二级叶轮流出的气流调整为轴向流动，以减小损失、提高效率。中、后导叶固定安装在主体风筒上，导叶角度可利用电动机构或手动操作装置进行调节，以便于反转反风。

（4）传动部分：由轴、轴承、支架和联轴器等组成，轴承采用滚动轴承，并装有测温装置。接二次仪表可做遥测记录和超温报警，传动轴两端用齿轮联轴器分别与通风机和电机连接。

（5）扩散器：由锥型筒芯和筒壳组成，呈环形，装在通风机出口侧。扩散器过流断面是逐渐扩大，气流在扩散器中的流速逐渐降低，可使一部分动压转变为静压，提高了通风机的效率。设计合理的扩散器可使效率提高 10%左右，所以，通风机一般要加装扩散器，以提高通风机的效率。

另外，该通风机为满足反风需要还装有手动制动闸和导叶调整装置。需要停止电机反转反风时，制动闸可使叶轮迅速停止转动，以缩短电机反转反风操作时间。反风时，需要改变导叶角度，导叶角度可用电动机构或手动操作进行调节，以满足反风要求。该通风机的反风量满足《煤矿安全规程》对反风量不小于正常供风量 40%的要求。

2. 型号意义

以 2K60-4-No28 为例子说明型号的意义：

2——两级叶轮；K——矿用通风机；60——轮毂直径与叶轮直径比的 0.6×100 倍；4——设计序号；No——机号前冠用符号；28——叶轮直径 2 800 mm。

（二）GAF 型轴流式通风机

1. 结构特点

图 3-13 为某型号的 GAF 型轴流式通风机结构示意图。GAF 型轴流式通风机是引进西德 TLT 公司技术的产品。该机规格品种繁多，基本型号分为四个系列 896 种规格。生产厂家根据用户提供的矿井通风参数进行优化设计，使通风机运行工况在矿井整个生产过程中始终处在高效区，因此通风机叶轮外径、轮毂直径并不完全是整数，也无固定的轮毂比和定型机号，这是 GAF 型轴流式通风机的一大特点。GAF 型轴流式通风机的性能范围是：

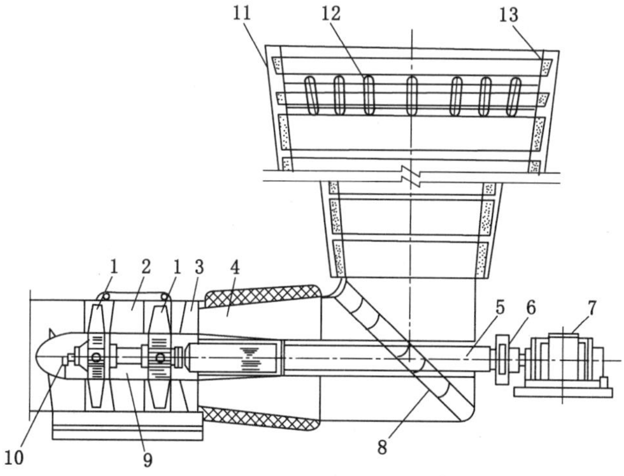

图 3-13　GAF 型轴流式通风机结构图

1——叶轮；2——中导叶；3——后导叶；4——扩散器；5——传动轴；6——刹车机构；7——电机；8——整流叶栅；9——轴承箱；10——动叶调节装置控制头；11——立式扩散器；12——消音器；13——消音板

全压 300～8 000 Pa；流量 30～1 800 m^3/s；全压效率 0.83～0.9。该机除具有广泛的调节范围外，最突出的特点是配有液压动叶可调装置，实现在不停机的情况下调整叶片安装角度，以适应工况变化的要求。

该通风机进口前有一段直线段风道，并带有压力测试均衡管，通过疏流罩风流进入叶轮。通风机叶片（也称动叶）是用铝合金压铸而成的扭曲机翼形叶片，数目为 6～24 片，轮毂为焊接结构，有较厚的受力支撑环，直径较小，以减少叶轮的转动惯量。动叶与转子段机壳也是铝合金制造的。在机壳内侧对应叶片的部位镶嵌铜板，以防发生火花。通风机动叶安装角利用蜗杆机构和齿轮机构在停车状态下集中同步无级调节，调节范围大，以适应工况变化的要求。通风机操作方便，可在 10 min 内实现反风。

叶轮为悬臂式结构，采用滚动轴承，轴承箱为整体结构，装在机壳内部中心支撑法兰盘上，用机油循环润滑，另设有润滑站，备有工作油泵及备用油泵。轴承采用热电偶做感温组件，并配有二次仪表，可遥测温度，超温时可以报警。

通风机轴和电动机轴之间，用一根较长的空心中间轴传递扭矩，两端均用联轴器连接，电动机安设在出风一侧，因而传动轴必须穿过扩散器的下方。扩散器大都采用垂直结构，高度较大，以充分回收动压。扩散器可以用钢板制造，也可用混凝土结构。在扩散器下部弯道处有导流叶片，以降低气流在转弯处的阻力损失。消音器用穿孔镀锌钢板，两钢板之间装有消声材料，既可降低噪声，又可在露天雨淋日晒条件下延长使用寿命。

2. 型号意义

以 GAF31.5-19-1 为例说明型号意义：

G——矿井通风机；A——轴流式；F——动叶可调；31.5——叶轮直径 3 150 mm；19——轮毂直径 1 900 mm；1——级数为 1 级。

四、通风机的反风

（一）反风的意义与要求

反风是使正常风流反向流动，即人为地改变通风系统中的风流方向。当在进风井附近井筒或井底车场等处发生火灾或瓦斯、煤尘爆炸时，必须立即改变风流方向，以防有毒、有害气体进入工作面，危害井下工作人员的生命安全。《煤矿安全规程》对反风提出了严格要求，规定主要通风机必须装有反风装置，必须在 10 min 内改变巷道中的风流方向。当风流方向改变后，主要通风机的供风量不应小于正常风量的 40%。每季度应至少检查一次反风设施，每年应进行一次反风演习；矿井通风系统有较大变化时，应进行一次反风演习。矿井采用的反风方法有两种，一种是利用反风道，另一种是利用通风机反转来进行反风。

（二）离心式通风机的设备布置及反风

图 3-14 所示为两台离心式通风机及反风系统布置图，两台通风机对称布置，一台左旋，一台右旋，扩散器由屋顶穿出。若矿井为抽出式通风方式，正常通风时，井下空气沿出风井经进风道进入通风机入口，然后由通风机经扩散器排出。风流按实线箭头流动。

反风时，关闭垂直风门 12，打开水平风门 13，关闭反风门 6，封闭扩散器，使通风机出口与反风道相通。此时，大气由水平风门进入进风道和通风机，通风机排出的空气改变流动方向 90°进入反风道，然后下行压入风井，实现矿井反风。反风风流按虚线箭头方向流动。

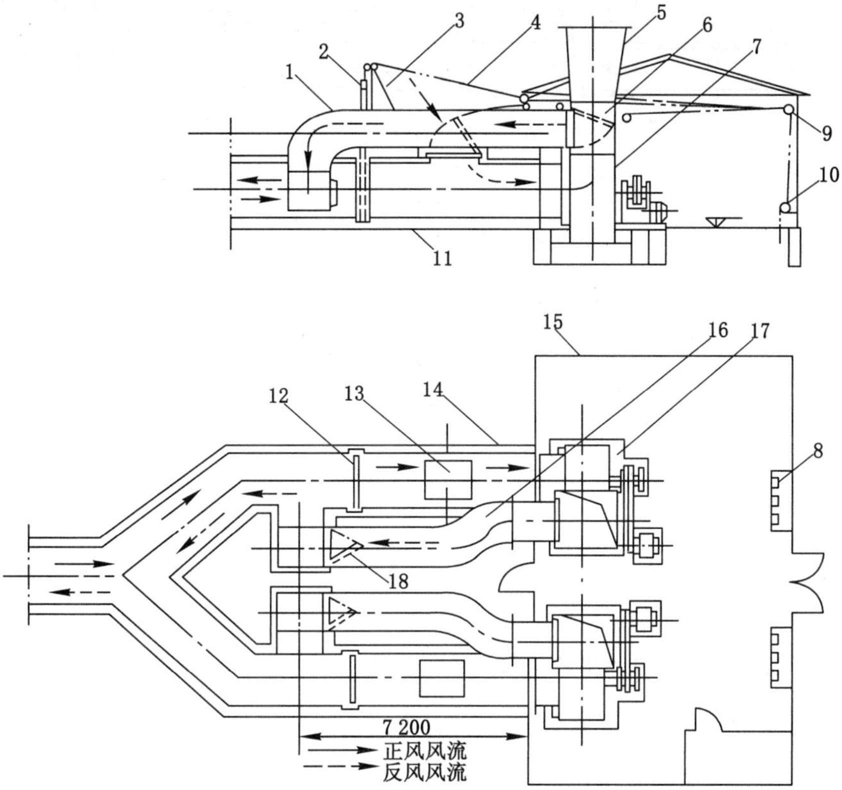

图 3-14　两台离心式通风机及反风系统布置图

1，16——反风道；2，12——垂直风门；3——闸门架；4——钢丝绳；5——扩散器；6——反风门；7，17——通风机；8，10——手摇绞车；9——滑轮组；11，14——进风道；13——水平风门；15——通风机房；18——检查门

（三）轴流式通风机的设备布置及反风

轴流式通风机一般都可以反转反风，当矿井需要反风时只要操作通风机反向旋转，就可以满足反风要求。但 $70B_2$ 型及 2BY 型通风机反转时反风量只有正常风量的 25%，不能满足要求，因此实行地道反风。地道反风占地面积大，土建工程量大，但反风量可满足要求。

图 3-15 所示为两台轴流式通风机及反风系统布置图。若矿井为抽出式通风方式，正常通风时，井下风流沿出风井经进风道进入通风机，然后由扩散器排出。风流按实线箭头方向流动。

反风时，将反风门 3、4 置于图中双点划线位置，打开水平风门 8，大气由水平风门 8 流入进风道，通过通风机，由扩散器下部的反风道 5 压入井下，实现矿井反风。反风风流按虚线箭头方向流动。

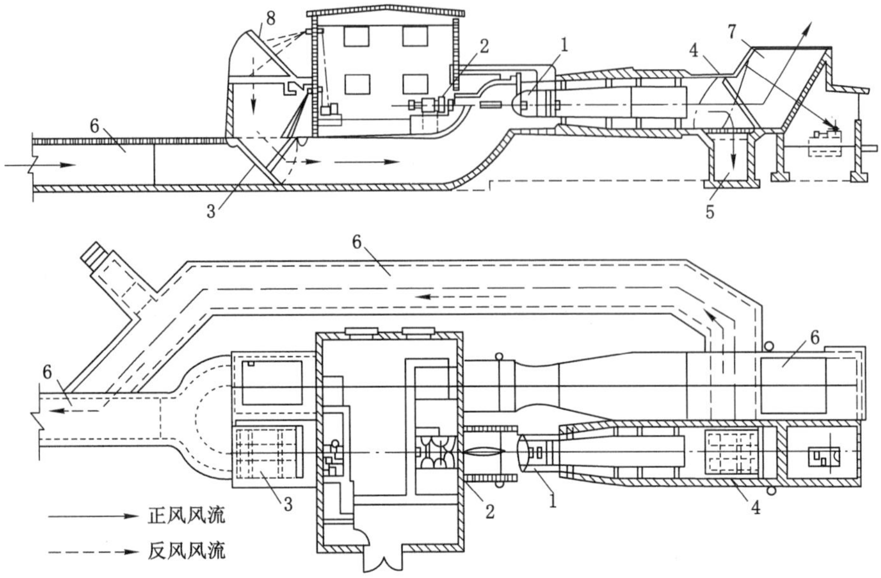

图 3-15 两台轴流式通风机及反风系统布置图

1——通风机；2——电动机；3，4——反风门；5——反风道；6——进风道；7——扩散器；8——水平风门

五、轴流式与离心式通风机的比较

轴流式通风机与离心式通风机在矿井通风中均广泛使用，它们各有不同的特点，现从以下六个方面作一简单比较。

（一）结构

轴流式结构紧凑，体积较小，重量较轻，可采用高转速电动机直接拖动，传动方式简单，但结构复杂，维修困难。离心式通风机结构简单，维修方便，但结构尺寸较大，安装占地面积大，转速低，传动方式较轴流式复杂。目前，新型的离心式通风机由于采用机翼型叶片，提高了转速，使体积与轴流式接近。

（二）性能

一般来说，轴流式通风机的风压低，流量大，反风方法多。离心式通风机则相反，风压相对较高，风量相对较低。轴流式通风机一般采用个体特性曲线，风压曲线随风量增大风压下降较快，特性曲线为呈马鞍形，在联合运行时可能会出现不稳定的工况点，联合工作稳定性较差。离心式通风机采用类型特性曲线，风压特性曲线随风量增大风压下降下对缓慢，即较平稳，运行中一般不会出现不稳定区域。轴流式通风机的噪声较离心式通风机大，所以应采取消声措施，离心式通风机的最高效率比轴流式通风机要高一些，但离心式通风机的平均效率不如轴流式高。

（三）启动与运转

离心式通风机启动时，风门必须关闭，以减小启动负荷。轴流式通风机启动时，风门可半开或全开。在运转过程中，当风量突然增大时，轴流式通风机的功率增加不大，不易过载，而离心式通风机则相反。

（四）工况调节方法

轴流式通风机可通过改变叶轮叶片或静导叶片的安装角度，改变叶轮的级数、叶片片数、前导器等多种方法调节通风机工况，特别是叶轮叶片安装角的调节，既经济，又方便、可靠。离心式一般采用闸门调节、尾翼调节、前导器调节或改变通风机转速等调节通风机工况，其总的调节性能不如轴流式通风机。

（五）适用范围

离心式通风机适用于风量小、风压大、转速较低的情况，轴流式通风机则适用于风量大、风压小的矿井通风。通常，当风压在 3～3.2 kPa 时，应尽量选用轴流式通风机。另外，由于轴流式通风机的特性曲线有效部分陡斜，适用于矿井阻力变化大而风量变化不大的矿井。离心式通风机的特性曲线较平缓，适用风量变化大而矿井阻力变化不大的矿井。

（六）反风

轴流式通风机反风方法很多，现主要采用反转反风法，操作简单、方便。离心式通风机需采用反风道反风，要建反风道，反风操作复杂。

一般情况下，大、中型矿井的通风应采用轴流式通风机；中、小型矿井应采用叶片前弯式叶轮的离心式通风机，因为这种通风机的风压大，但效率低；对于特大型矿井，应选用大型叶片后弯式叶轮的离心式通风机，主要因为这种通风机的效率高。

第三节　通风机的运行

一、通风机的特性曲线

通风机的性能通常采用曲线形式给出。对于轴流式通风机性能曲线，目前国内的做法有两种：一种是给定叶轮直径和工作转速，给出不同安装角度时标准空气下的通风机装置的静压随流量变化的曲线，并同时在压力曲线上绘出等静压效率曲线，通风机的轴功率则通过计算得到。另一种方法是不仅绘出静压曲线和等效率曲线，还绘制出轴功率曲线。通风机的特性曲线有类型特性曲线与个体特性曲线。特性曲线直观地反映了通风机的特性、选型和使用方法。离心式通风机选型常用类型特性曲线，轴流式通风机选型常用个体特性曲线。

（一）类型系数

满足相似条件，即满足几何相似、运动相似和动力相似的通风机称为同类型或同系列通风机。相似的通风机具有共同的特性，反映其共同特性的曲线称为类型特性曲线。同类型通风机在相似工况下其风量系数 $\overline{Q}$、风压系数 $\overline{H}$、功率系数 $\overline{N}$ 相等，称为类型系数。一个风量系数 $\overline{Q}$ 对应一个风压系数 $\overline{H}$ 和功率系数 $\overline{N}$。以风量系数 $\overline{Q}$ 为横坐标，风压系数 $\overline{H}$ 和功率系数 $\overline{N}$ 为纵坐标，就可作出类型特性曲线。

1. 风压系数

同类型通风机在相似工况下，有：

$$\overline{H}=\frac{H}{\rho u_2^2} \tag{3-4}$$

式中，$\overline{H}$ 为通风机的风压系数；H 为通风机的风压，N/m^2；ρ 为空气的密度，kg/m^3；u_2 为叶轮外圆周速度，m/s。

2. 风量系数

$$\overline{Q}=\frac{Q}{\frac{\pi}{4}D_z^2 u_2} \tag{3-5}$$

式中，$\overline{Q}$ 为风量系数；Q 为通风机的风量，m^2/s；D_z 为叶轮直径，m。

3. 功率系数

$$\overline{N}=\frac{N}{\frac{\pi}{4}\rho D_z^2 u_2^3} \tag{3-6}$$

式中，$\overline{N}$ 为功率系数；N 为通风机的功率，kW。

对于同类型通风机，相似工况下 $\overline{Q}$、$\overline{H}$、$\overline{N}$ 和 η(效率)都是相等的。因此，以 $\overline{Q}$ 为横坐标，分别以 $\overline{H}$、$\overline{N}$ 和 η 为纵坐标绘制出通风机的共同特性，即为通风机的类型特性曲线。

（二）类型特性曲线

类型特性曲线是在该类型(或系列)的某一通风机(或模型通风机)的个体特性曲线上选取一些点，用上述公式计算出对应点的风量系数、风压系数与功率系数(效率不变)，以风量系数为横坐标，以风压系数和功率系数为纵坐标(效率曲线相同)作出该类通风机的类型特性曲线。

1. 离心式通风机的类型特性曲线

图 3-16 为 4-72-11 型通风机的类型特性曲线，包括风压类型特性曲线、轴功率类型特性曲线和效率曲线。图中实线是以 No. 5 为模型换算的 No. 5、No. 5. 5、No. 6、No. 8 四种机号

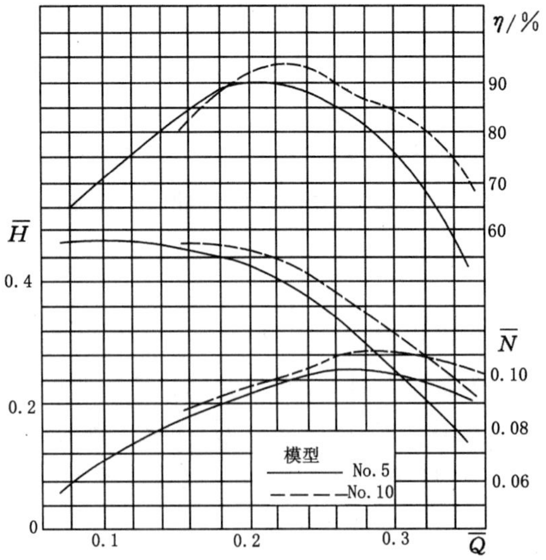

图 3-16 4-72-11 型通风机的类型特性曲线

的类型特性曲线。虚线是以 No. 10 为模型换算的 No. 10、No. 12、No. 16、No. 20 四种机号的类型特性曲线。

类型曲线的坐标分别为：风量系数$\overline{q_v}$、风压系数$\overline{p_t}$、轴功率系数$\overline{P_t}$、效率 η，类型曲线也称为无因次曲线。

图 3-17 为 G4-73 型通风机的类型特性曲线，同样包括了风压特性曲线、轴功率特性曲线和效率曲线。与 4-72 型不同的是，G4-73 型通风机加装有前导器，图中给出了前导器在不同开启角度下的类型特性曲线。

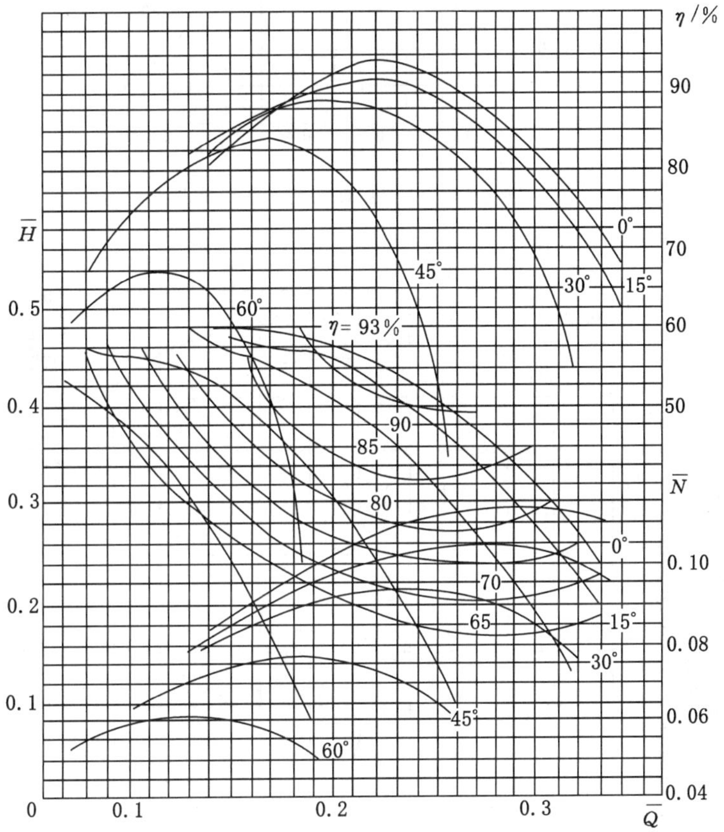

图 3-17　G4-73-11 型通风机(前导器)类型特性曲线

图 3-18 为 K4-73-01 型通风机的类型特性曲线，给出了该类型通风机 4 个机号 No. 25、No. 28、No. 32、No. 38 的风压类型曲线、轴功率类型曲线和效率曲线。

2. 轴流式通风机的特性曲线

图 3-19、图 3-20 和图 3-21 为 2K60 型通风机在不同叶片数目和不同叶片安装角度下的个体特性曲线，同时也给出了类型曲线。

图中：P_{st}表示静压；$\overline{P_{st}}$表示静压系数；Q 表示风量；$\overline{Q}$表示风量系数；N_{sh}表示静压轴功率；$\overline{N_{sh}}$表示静压轴功率系数。

特性曲线中的轴功率曲线及效率曲线均已包括了通风机的机械传动损失，在计算电动机功率和效率时，不需再考虑传动效率。

图 3-19 为 2K60 型通风机在一级叶轮和二级叶轮叶片安装数目都为 14、叶片安装角度分别为 15°、20°、25°、30°、35°、40°、45°时的特性曲线。

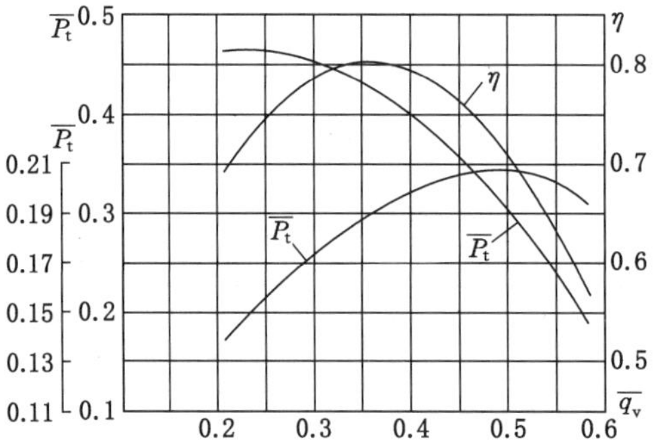

图 3-18　K4-73-01 型通风机类型特性曲线

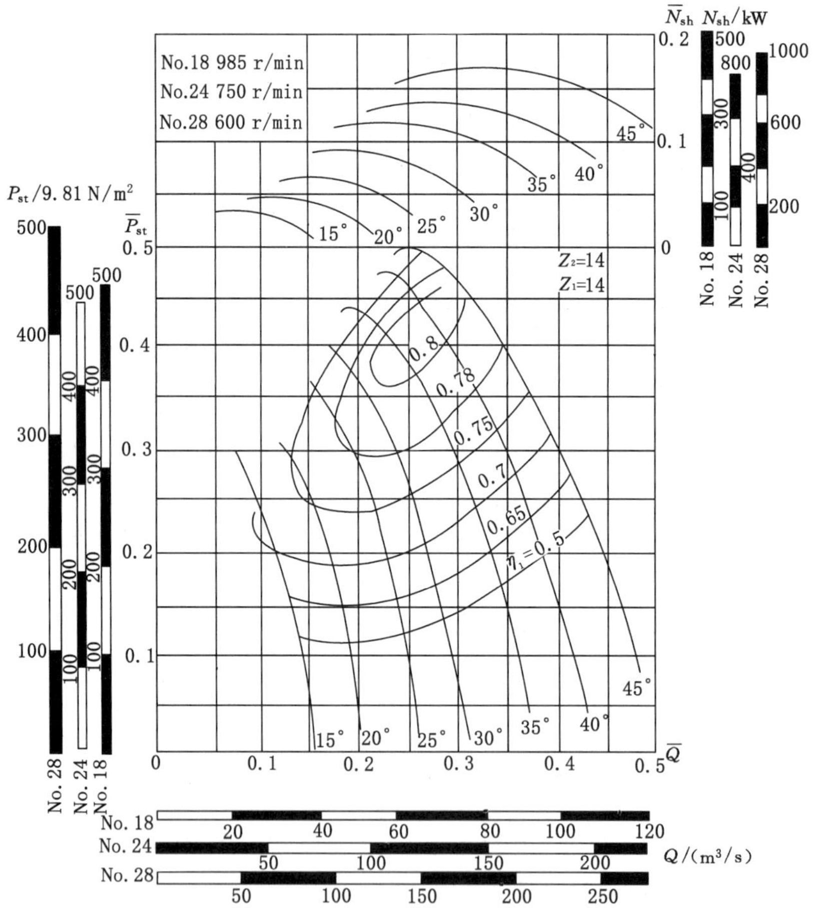

图 3-19　2K60 型通风机($z_1=z_2=14$)特性曲线

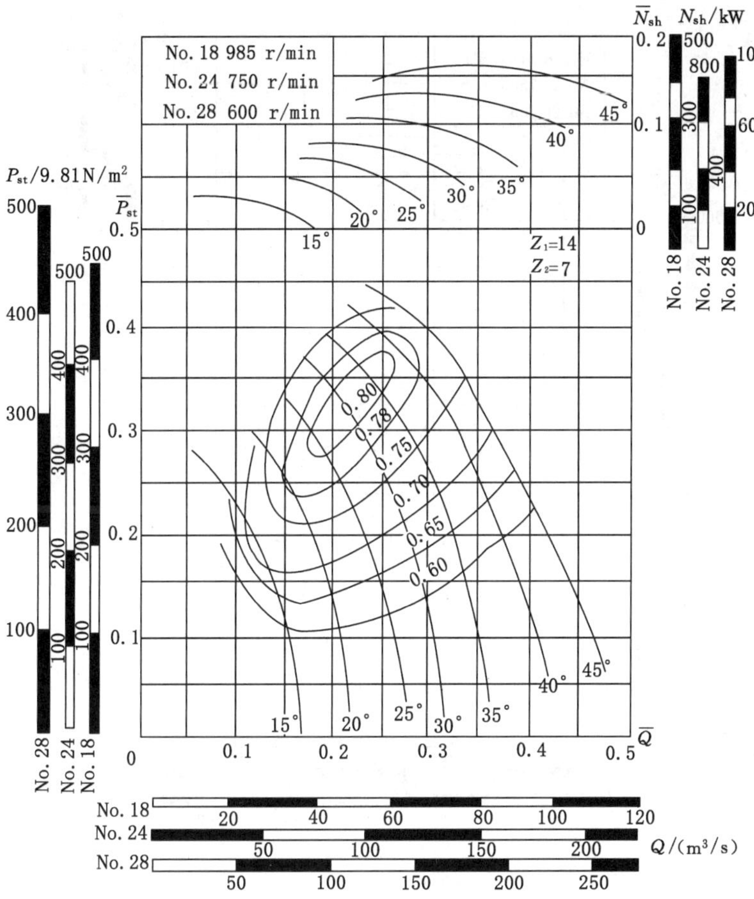

图 3-20 2K60 型通风机($z_1=14$,$z_2=7$)特性曲线

该特性曲线包括 No. 18 转速为 985 r/min、No. 24 转速为 750 r/min 和 No. 28 转速为 600 r/min 三个机号的个体静压特性曲线、轴功率特性曲线和等静压效率曲线,同时也给出了类型曲线。

图 3-20 为 2K60 型通风机在一级叶轮叶片安装数目为 14 和二级叶轮叶片安装数目为 7,叶片在安装角度分别为 15°、20°、25°、30°、35°、40°、45°时的特性曲线。该特性曲线包括 No. 18 转速为 985 r/min、No. 24 转速为 750 r/min 和 No. 28 转速为 600 r/min 三个机号的个体静压特性曲线、轴功率特性曲线和等静压效率曲线,同时也给出了类型曲线。

图 3-21 为 2K60 型通风机在一级和二级叶轮叶片安装数目都为 7 时、叶片安装角度分别为 5°、20°、25°、30°、35°、40°、45°时的特性曲线。

该特性曲线包括 No. 18 转速为 985 r/min、No. 24 转速为 750 r/min 和 No. 28 转速为 600 r/min 三个机号的个体静压特性曲线、轴功率特性曲线和等静压效率曲线,同时也给出了类型特性曲线。

GAF 型轴流式通风机的性能曲线在使用单位提供参数后,由厂家优化设计后提供性能曲线,图 3-22 为 GAF 型轴流式通风机的特性曲线。

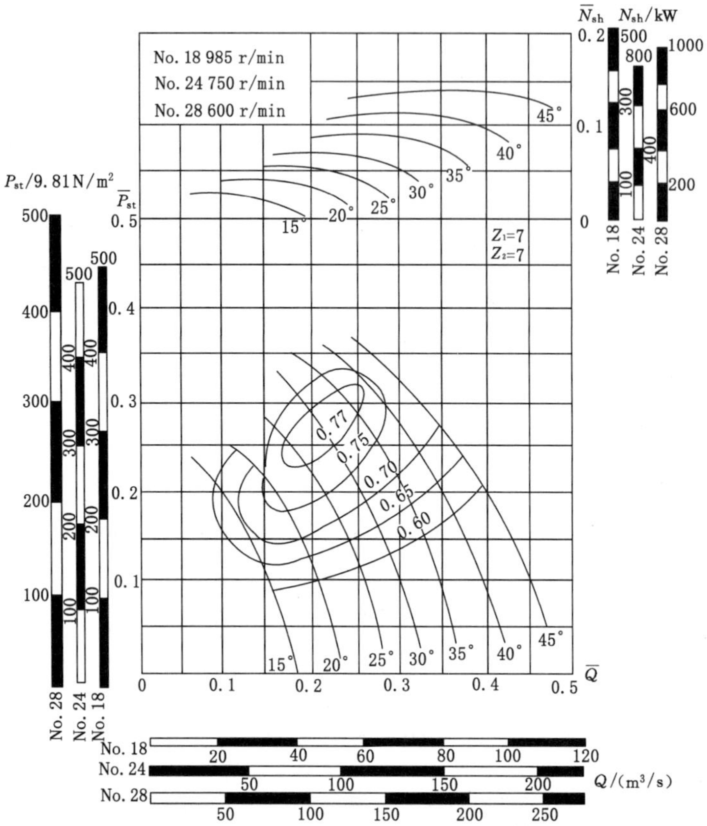

图 3-21 2K60 型通风机($z_1=7$,$z_2=7$)特性曲线

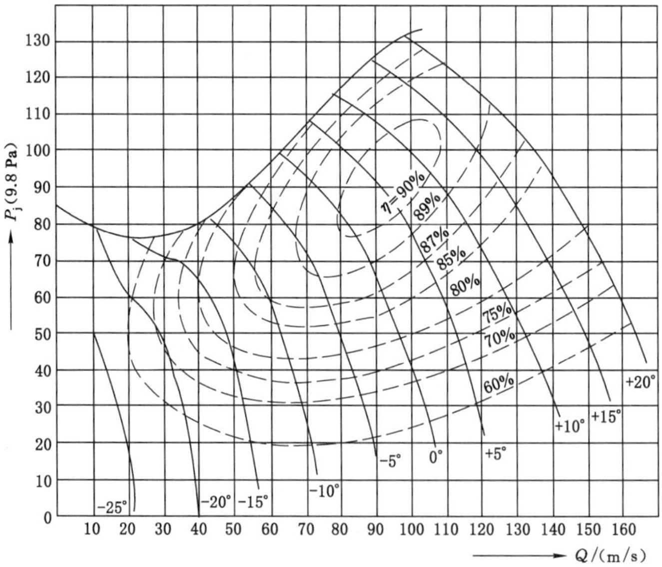

图 3-22 GAF 两级轴流式通风机特性曲线

二、通风网络的特性曲线

(一) 通风机在网络中的工作分析

通风机是和通风网络联合工作的，通风机的工作状况（工况），不仅仅取决于通风机本身，同时也取决于通风网络状况，即通风网络的长度、断面的大小及网络的配置等。下面对抽出式矿井通风机在网络中的工作进行分析。

图 3-23 为通风机在网络中工作的简化示意图。在通风网络上取进风井断面Ⅰ—Ⅰ、通风机入口截面Ⅱ—Ⅱ和出口断面Ⅲ—Ⅲ三个断面。Ⅰ—Ⅰ断面的压力为大气压 p_a，风速 $v_1 \approx 0$；Ⅱ—Ⅱ断面的压力为 p_2，风速为 v_2；Ⅲ—Ⅲ断面压力也为大气压 p_a，风速为 v_3。下面利用伯努利方程进行分析。

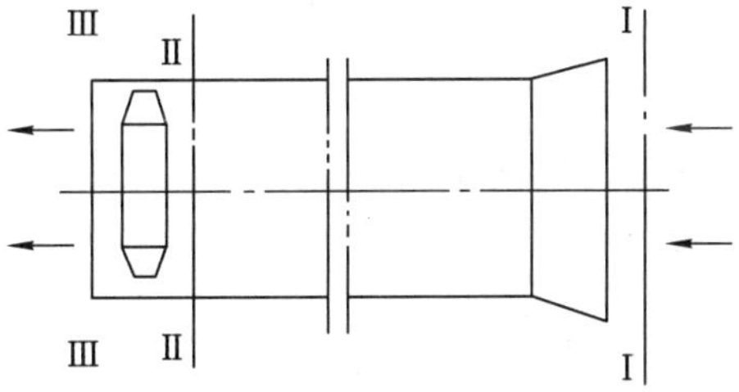

图 3-23　通风机在网络中工作示意图

列出Ⅰ—Ⅰ和Ⅱ—Ⅱ截面的伯努利方程，并化简得：

$$p_a = p_2 + \frac{\rho}{2}v_2^2 + h \tag{3-7}$$

式中　h——通风网络阻力损失，Pa；

ρ——空气密度，kg/m³。

列出Ⅱ—Ⅱ和Ⅲ—Ⅲ截面的伯努利方程，并化简得：

$$H + p_2 + \frac{\rho}{2}v_2^2 = p_a + \frac{\rho}{2}v_3^2 \tag{3-8}$$

式中，H 为通风机产生的风压，Pa。

将上两式联立，并化简得：

$$H = h + \frac{\rho}{2}v_3^2 \tag{3-9}$$

由式(3-9)可知，通风机产生的全压 H，一部分用于克服通风网络的阻力 h，称为静压，用 H_{st} 表示；一部分以速度能的形式 $\frac{\rho}{2}v_3^2$ 损耗在大气中，称为动压，用 H_d 表示。

在通风过程中，通风机产生的全压全部消耗在通风网络中，通风网络的全部损失 $\left(h+\frac{\rho}{2}v_3^2\right)$ 等于通风机产生的全压 H。因此：

$$H = H_j + H_d \tag{3-10}$$

(二) 通风网络的特性方程

通风网络的特性方程包括网络静阻力特性方程和全阻力特性方程。

1. 通风网络的静阻力特性方程

通风网络的损失包括沿程阻力损失和局部阻力损失，设网络的风量为 Q、通风过流断面积为 A、通风巷道的长度为 L、当量直径为 d、沿程阻力系数为 λ、局部阻力系数之和为 $\sum\xi$，根据阻力损失计算公式，通风网络的阻力损失 h 为：

$$h=\left(\lambda\frac{L}{d_i}+\sum\xi\right)\frac{\rho}{2A^2}Q^2 \tag{3-11}$$

令

$$R_j=\left(\lambda\frac{L}{d_i}+\sum\xi\right)\frac{\rho}{2A^2}$$

所以

$$h=R_jQ^2 \tag{3-12}$$

式中，R_j 为通风网络阻力系数。

方程式(3-12)中，只包括通风网络阻力损失 h，不包括出口动压损失 $\frac{\rho}{2}v_3^2$，所以将其称为通风网络静阻力特性方程。

2. 通风网络的全阻力特性方程

因为通风网络的全部损失 H 包括通风网络阻力损失 h 和出口动压损失 $\frac{\rho}{2}v_3^2$，设通风机的出口面积为 A_3，所以

$$H=h+\frac{\rho}{2}v_3^2=R_jQ^2+\frac{\rho}{2A_3^2}Q^2=(R_j+\frac{\rho}{2A_3^2})Q^2 \tag{3-13}$$

令 $R=R_j+\frac{\rho}{2A_3^2}$，所以

$$H=RQ^2 \tag{3-14}$$

式中，R 为通风网络全阻力系数，$(N\cdot s^2)/m^8$。

方程式(3-14)中，不仅包括了通风网络的阻力损失 h，而且包括出口动压损失 $\frac{\rho}{2}v_3^2$，所以称为通风网络全阻力特性方程。

（三）通风网络的特性曲线

1. 通风网络静阻力特性曲线

静阻力特性方程式(3-12)所表示的曲线称为通风网络静阻力特性曲线。该曲线为通过坐标原点的二次抛物线。对于轴流式通风机，厂家一般给出静压特性曲线，所以选择和使用轴流式通风机时，应使用静阻力特性方程和静阻力特性曲线。

2. 通风网络全阻力特性曲线

全阻力特性方程式(3-14)所表示的曲线称为通风网络全阻力特性曲线。该曲线也是通过坐标原点的二次抛物线。对于离心式通风机，厂家一般给出全压特性曲线，所以选择和使用离心式通风机时，应使用全阻力特性方程和全阻力特性曲线。

三、通风机工况点与工业利用区

（一）通风机工况点

通风机是和通风网络联合工作的，通风机产生的风量就是通风网络中的风量，通风机产生的风压要全部消耗在通风网络中。通风机的风压特性曲线是单调下降的，而通风网络的特性曲线是单调上升的，所以，通风机只能在两条曲线的交点处进行工作。风压特性曲线与网络特性曲线的交点称为通风机工况点。

把通风网络特性曲线与通风机风压特性曲线按同一比例绘制在同一坐标下，网络特性曲线与风压特性曲线的交点即为工况点。如图 3-24 所示，图中 $P=f(Q)$表示为全压特性曲线，$P_j=f(Q)$表示为静压特性曲线。图中 M 为轴流式通风机工况点，M'为离心式通风机工况点。

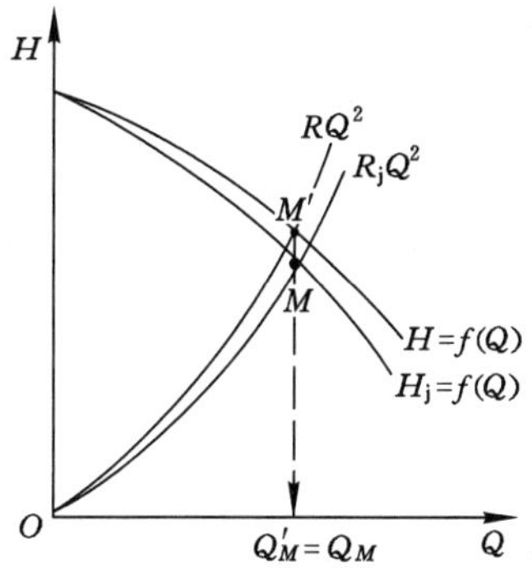

图 3-24　通风机工况点

工况点对应的参数称为工况参数。工况参数包括通风机的风量、全压（或静压）、轴功率和全压效率（或静压效率）。

实际中，工况点的做法是，把通风网络特性方程所表示的曲线绘制在厂家提供的通风机特性曲线（或测试得到的性能曲线）上，网络特性曲线与风压特性曲线的交点即为工况点，并查出对应的工况参数。应注意，轴流式通风机一般用静阻力特性曲线，离心式通风机用全阻力特性曲线。

（二）通风机的工业利用区

通风机的工业利用区是为保证通风机的稳定性和经济性而划定的工作区域。图 3-25 为轴流式通风机的工业利用区，图 3-26 为离心式通风机的工业利用区。

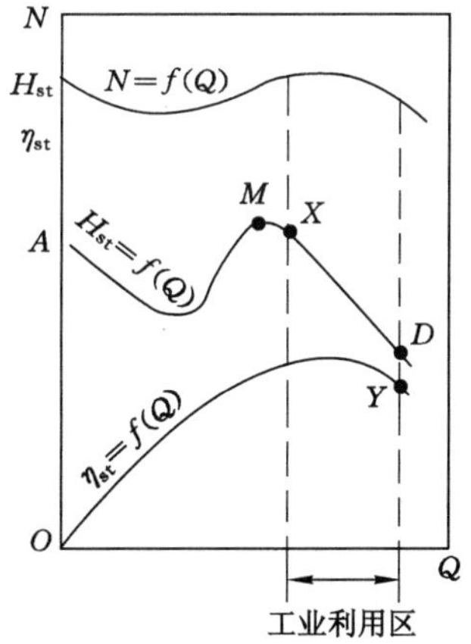

图 3-25　轴流式通风机工业利用区

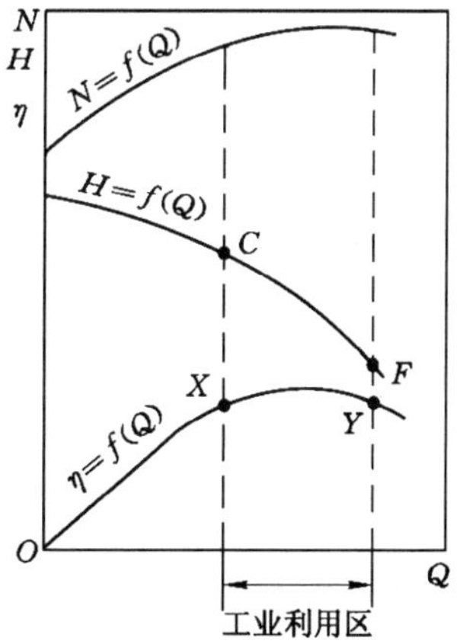

图 3-26　离心式通风机工业利用区

1. 稳定工作条件

对于轴流式通风机而言，由于其特性曲线有凸凹区域，如图 3-25 中的 AM 区域，此区域为不稳定区域，通风机运行时，风压、功率发生较大波动，从而引起通风机发生强烈振动。为了保证通风机的稳定工作、防止发生振动，应该使通风机运转的工况点落在 M 点的右边的区域。考虑到电压变化会使通风机的转速降低，因此限定轴流式通风机工业利用区工况静压不得超过最高静压的 90%。

所以，轴流式通风机的稳定工作条件是 $H_{st} \leqslant 0.9H_{Mst}$，$H_{st}$ 为网络静压，H_{Mst} 为最高静压。

对于离心式通风机，由于它的特性曲线没有不稳定段，所以不需要考虑稳定性问题。

2. 经济工作条件

通风机是矿山耗电较大的设备，为保证通风机经济性，国家标准规定，工况点的运行效率不得低于最佳工况点的 85%，改造后应达到 90%。

所以，轴流式通风机和离心式通风机的经济工作条件均为 $\eta \geqslant \eta_{max}$ 且 $\eta \geqslant 0.8\eta_{max}$。

通风机特性曲线上，既满足稳定工作条件又满足经济工作条件的区域，称为通风机的工作利用区。通风机工况点应在工业利用区内。即对于轴流式通风机而言其工况点应该落在图 3-25 中的 XD 段，对于离心式通风机而言其工况点应该落在图 3-26 中的 CF 段。

四、通风机的经济运行与工况调节

（一）通风机的经济运行

1. 合理选用高效通风机

通风机在矿井生产中耗电较大，保持通风机的经济运行，对节约电耗具有重要意义。新建矿井或改扩建矿井，在通风机的选择时，应根据矿井需要的风量、风压，合理选用高效通风机，并使通风机在整个服务年限内保持高效运行。如选用效率较高的 2K60 系列通风机，最高静效率都在 84%左右。

2. 对旧通风机进行改造或更换

有些矿井还在使用一些效率较低的旧通风机，对这些效率较低的通风机进行改造或更换为高效通风机。如 20 世纪 90 年代生产的 2K60 通风机存在一定不足，用现在研制的新型 2K60 通风机动叶片和导叶片代替原风叶，能较大地提高通风机的效率，并能从声源上降低通风机的噪音。

3. 配置合理的扩散器

扩散器能使一部分动压转变为静压，提高通风机的效率。扩散器有多种不同形式，合理的扩散器具有良好的效果，如果设计、安装不当，将失去其作用。

4. 减少漏风

漏风将使通风机的风量增大，降低通风机的有效风量，并使电耗增加。据调查，地面反风门漏风量占总风量的 5%以上。所以，应加强风门密封，或采用反转反风的轴流式通风机，以减少漏风损失。

5. 加强维护、定期测试通风机性能

根据实际情况制订合理、有效的维护、检修制度和计划，提高维护、检修质量，使通风机始终处于良好的运行状况。定期测试通风机的性能，并绘制通风机特性曲线，掌握通风机的性能和运行工况，以便采取措施，使通风机保持高效运行。

6. 合理调节工况

根据矿井通风的具体情况，合理调节通风机工况点，使通风机风压、风量既满足通风要求，又能运行在高效区。合理调节工况点，是保证通风机经济运行的重要措施之一。通风机工况调节的方法很多，下面着重讲述常用工况调节方法。

（二）通风机工况调节

一般来讲，矿井开采初期，通风网络阻力较小。随着开采深度的增加，网络阻力不断增大，所需风量有时也要增加。为满足通风要求和稳定、经济工作条件，通风机工况点需要进行调节。在实际中，往往设计风量大于需要风量，为降低电耗，也需要进行工况调节。调节的途径有两种：一是改变网络特性曲线调节法，二是改变通风机特性曲线调节法。

1. 改变网络特性曲线调节法

改变网络特性曲线调节法也叫闸门节流法。这种方法是适当关闭竖直风门，使通风网络的阻力增大，使网络特性曲线上移，工况点左移，达到减小流量、降低电耗的目的。随着开采深度增加，网络阻力增大，逐渐提起风门，使风量逐渐增大。

如图 3-27 所示，1 为开采初期通风网络特性曲线，此时网络阻力较小，风量 Q_1 大于实际需要风量 Q_2，如不进行调节将会造成风量损失。这时，适当关闭闸门，使工况点左移，风量减小为 Q_2，对应的轴功率减了（N_1-N_2），节约了电能。随着开采深度的增加，将闸门逐渐开大，使网络特性曲线右移，工况点右移，风量增大。

这种调节方法操作简便，但在风门处有附件损失，是一种不经济的调节方法。一般仅作为暂时的应急方法使用。对于轴流式通风机，轴功率随风量的减小而增大，所以，采用闸门节流法减小风量不仅不能节约电耗，反而会造成浪费。因此，一般不宜用闸门节流法调节轴流式通风机的风量。

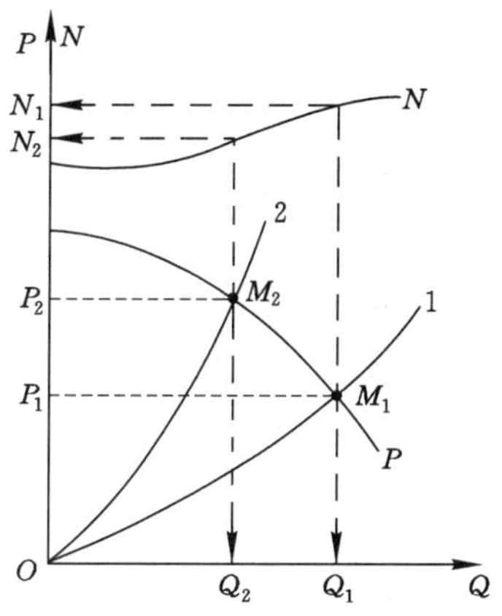

图 3-27 闸门节流法调节示意图

2. 改变通风机特性曲线调节法

（1）改变通风机叶轮转速调节法

同水泵改变转速调节的原理相同，调节原理为比例定律。式(3-15)为同一台通风机比例定律数学表达式：

$$\frac{Q'}{Q}=\frac{n'}{n};\frac{H'}{H}=\left(\frac{n'}{n}\right)^2;\frac{N'}{N}=\left(\frac{n'}{n}\right)^3 \tag{3-15}$$

式中，Q、Q'分别为调节前、后的风量，m^3/s；H、H'分别为调节前、后的风压，N/m^2；n、n'分别为调节前、后的转速，r/min。

由比例定律可知，改变通风机的转速，特性曲线将会相应地上下移动，如图 3-28 所示。矿井开采的各个时期所需风压、风量不同。根据每个时期实际风压和风量，用比例定律计算出需要调节的转速，并作出调节后的特性曲线，把通风机的转速调节为需要的转速。开采初期采用额定转速 n_{max} 时，对应的风量为 Q_1，大于初期需要风量 Q_2。这时，可根据比例定律计算出需要转速 n_{min}，然后把转速调节至 n_{min}。随开采深度增加，网络阻力逐渐增大，风量增加，转速逐渐增大。

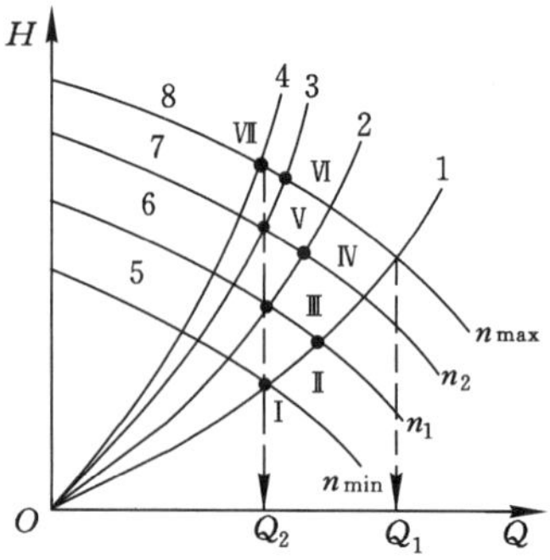

图 3-28 改变叶轮转速调节法示意图

通风机转速调节的方法有阶段调速和无级调速。对于阶段调速，可采用多速电机、更换电机、更换皮带轮等实现。对于无级调速可采用变频电机、调速液力耦合器、串级调速系统等实现。

(2) 前导器调节法

通风机产生的风压与通风机叶轮出口处的圆周速度、圆周分速度及叶轮入口处的圆周速度、圆周分速度有关。可以从理论上推导出通风机的理论风压方程式(欧拉方程)，式(3-16)为通风机理论风压方程式：

$$H_1 = \rho(u_2 c_{2u} - u_1 c_{1u}) \tag{3-16}$$

式中，H_1 为通风机理论风压，Pa；ρ 为气体密度，kg/m^3；u_2、u_1 分别为叶轮出口、入口处的圆周速度，m/s；c_{2u}、c_{1u} 分别为叶轮出口、入口处的圆周分速度，m/s。

由式(3-16)知，叶轮在转速不变的情况下，出口和入口处的圆周速度 u_2 和 u_1 是一定的，但改变叶轮入口处的圆周分速度 c_{1u}，可使通风机风压发生变化。

装在通风机入口处的前导器可以改变叶轮入口处气流的方向，从而改变入口处的圆周分速度 c_{1u}，达到增大或减小风压的目的。当前导器叶片角度为负值时，c_{1u} 为正，风压减小；当前导器叶片角度为正时，c_{1u} 为负，风压增大。风压发生变化，风量也相应发生变化，从而达到调节的目的。调节时，根据需要的风压和风量，利用特性曲线，把前导器调节到需要的角度。这种调节方法操作方便，但调节范围较窄，常适用于辅助调节。

(3) 改变轴流式通风机叶片安装角度调节法

轴流式通风机叶片安装角一般可调，在不同安装角度下，通风机的特性曲线不同，厂家一般都给出了叶片在不同安装角度下的特性曲线。把通风网络特性曲线作在通风机的特性曲线上，与不同角度的风压特性相交，根据矿井需要的风量，把叶片安装角调节到需要的角度。

如图 3-29 所示，初期网络特性曲线为 1，叶片安装角度调节到 26°，工况点为 M_1，随开采深度的增加，网络阻力增大，网络特性曲线上移动，可采用 29°，工况点为 M_2。随矿井开采深度的增加，逐步进行调节。角度调节一般应大一些，以免随开采深度的增加，网络阻力稍有增加而产生风量不足的现象。

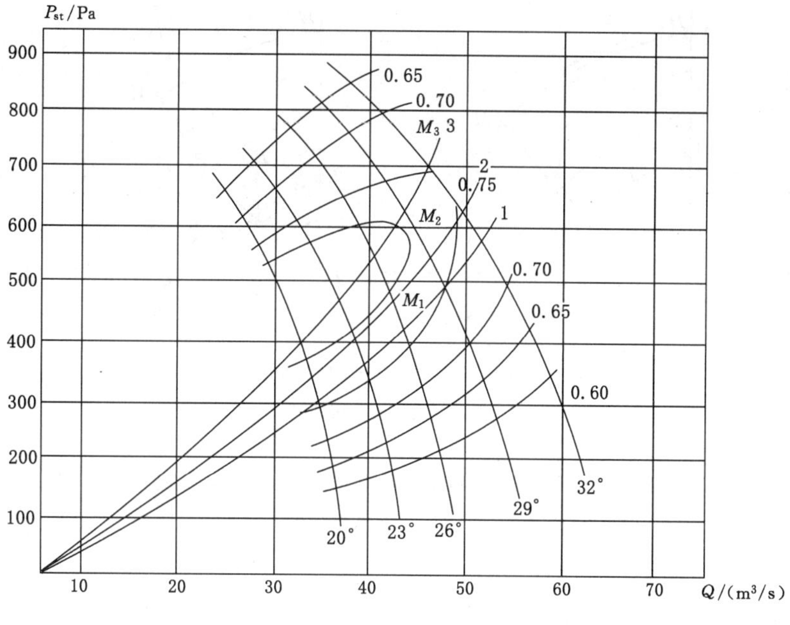

图 3-29 改变轴流式通风机叶片安装角度调节法

(4) 改变轴流式通风机级数和叶片数目调节法

如果矿井通风采用两级轴流式通风机，在开采初期，风压又大于实际需要，可以把最后一级叶轮叶片全部拆下，以降低风压，达到降低能耗的目的。

轴流式通风机也可拆除部分叶片进行调节。在叶片数目为偶数时，可把叶轮叶片均匀对称地拆下几片，以降低风压和能耗。如 2K60 型轴流式通风机，叶片数目可以装成两级均为 14 片、一级 14 片二级 7 片和两级均为 7 片。矿井开采初期风压、风量较小，可以两级都装成 7 片，中期可以装成一级 14 片二级 7 片，末期可装成两级均为 14 片。

通风机是矿井耗电量最多的设备，为保证矿井通风安全和通风机的经济运行，通风机应进行调节。调节时，上述调节方法不是单一的，可以采用几种方法进行综合调节。调节后应对风量进行测试，风量应满足矿井通风要求。

五、通风机的启动和停机

通风机在启动和停机过程中，由于叶轮转速的急剧变化，通风机的工况发生了变化，因此，在通风机启动和停机过程中要考虑如何避免出现不稳定的工况点，并且使通风机启动功率尽可能小。下面来分析启动和停机过程中通风机工况点的变化规律。

通风机在启动或停机的过程中，其特性曲线按比例定律逐渐地放大或缩小，同时由于网络风量的变化，使网络特性曲线也发生变化，如图 3-30 所示。根据启动和停机过程中网络风门的关、开状况不同，有两种工况点的变化过程。

(一) 关闭风门的启动和停机

如图 3-30(a)所示，启动时，风门关闭，通风机流量为零，通风机的风压随着转速的增大而逐渐增大，达到额定转速 n_c 时，通风机工况点为 A。然后逐渐打开风门，网络阻力逐渐减

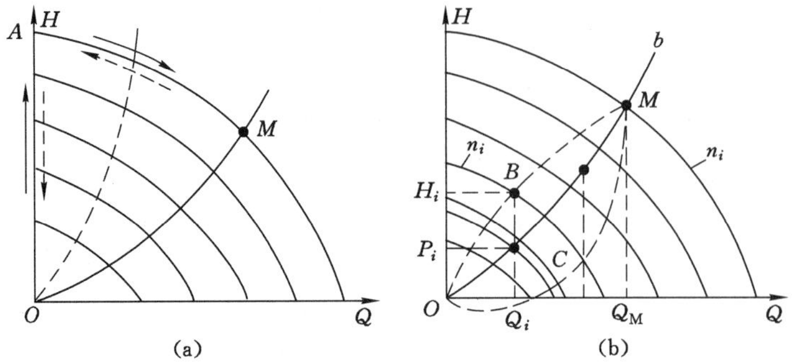

图 3-30 通风机的启动和停机

(a) 关闭风门；(b) 开启风门

小，工况点沿转速 n_c 的压力特性曲线向流量增大方向移动，直到达到所要求的工况点 M，风门不再开大。停机时，先关闭风门，工况点由 M 移到 A，然后切断通风机电源，通风机转速逐渐下降，工况点由 A 下移到 O 点。

（二）开启风门的启动和停机

如图 3-30(b)所示，启动时，风门开启，因此通风机一转动就产生流量。但通风机的风压要大于网络所需的压力，以加速空气的流动，使网络的风量不断增加。例如，当转速为 n_i 时，通风机流量为 Q_i，风压为 H_i，网络压力为 P_i。达到额定转速时，工况点便稳定在 M 点。在这过程中，通风机的工况点沿 OBM 虚线移动。停机时，通风机转速下降，通风机的风压小于网络的压力，使空气的流速下降，流量减少。最终通风机的转速、流量、风量为零，到达 O 点。在此过程中，通风机的工况点沿虚线 MCO 移动。

通过上述通风机启动和停机工况点变化过程的分析可知，对于风压特性曲线单调下降的离心式通风机，由于不存在不稳定的工作点，并且零流量时功率最小，启动和停机时应关闭风门，以保证启动时通风机功率最小；对于风压特性曲线呈驼峰或马鞍形的轴流式通风机，由于存在不稳定的工况点，所以通风机启动和停机时应使风门全开或半开，以保证通风机的工况点始终处于稳定的区域。

六、通风机的联合工作

当一台通风机不能满足矿井通风要求时，可以将多台通风机同时在网络上工作，增加系统的风量或提高风压，满足矿井的通风要求。这种多台通风机在一个网络上同时工作，称为通风机的联合工作。联合工作的基本方式为串联、并联和串并联结合。

（一）串联工作

两台通风机串联工作时，各通风机的风量相等，等于网路中的风量，风压之和等于通风网路阻力。所以串联工作的目的是提高风压，当然，风量也比单台通风工作时有所增加。

图 3-31 所示为两台通风机 Ⅰ 和 Ⅱ 串联工作的情况，它们的风压特性曲线分别为 Ⅰ 和 Ⅱ。依照串联工作特点，按“风量相等，风压相加”的方法将曲线 Ⅰ 和 Ⅱ 合成为曲线 Ⅰ＋Ⅱ，它表示串联工作的“等效单机”风压特性曲线。网路特性曲线 b 与曲线 Ⅰ＋Ⅱ 的交点 M 就

是等效通风机的工况点。过 M 点作 Q 轴的垂线分别交曲线Ⅰ和Ⅱ于 M_1 和 M_2 点，则 M_1 和 M_2 就分别是通风机Ⅰ和Ⅱ的工况点。

显然，串联后的合成风压为 $H_{Ⅰ+Ⅱ}=H_Ⅰ+H_Ⅱ$，合成风量为 $Q_{Ⅰ+Ⅱ}=Q_Ⅰ=Q_Ⅱ=Q_M$。

由图可知，K 点处通风机Ⅰ的压力为零，也就是说此通风机已不能给空气增加能量。当 $Q>Q_K$ 时，$H_Ⅰ<0$。这说明通风机Ⅰ变成了靠空气来推动的通风机，这是不允许的。所以 K 点是串联工作极限点，通风机串联只允许在 K 点左侧工作。

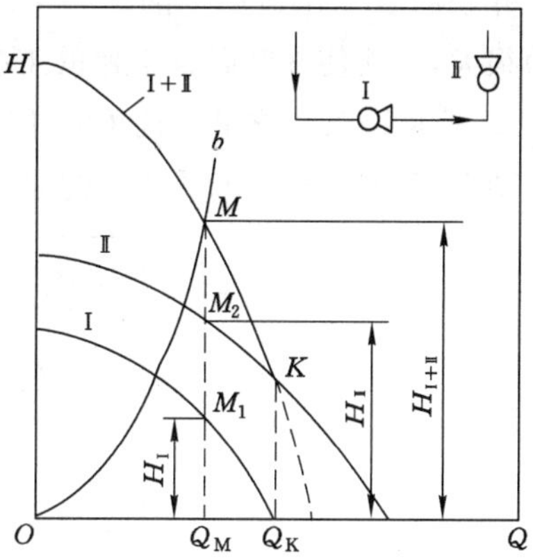

图 3-31　两台通风机串联工作

（二）并联工作

通风机并联工作的目的是增加通风网络的风量。其特点是，各通风机的风量之和等于通风网络的风量；各通风机的风压相等，并且等于网络压力。根据通风系统的不同，通风机有以下两种并联工作。

1. 两台通风机并联于中央式通风系统工作

图 3-32 为中央通风系统中的通风机并联工作情况，通风机各自的风压特性曲线分别为Ⅰ、Ⅱ。根据并联工作的特点，将两曲线在相同风压下的风量相加，即得并联工作的联合风压特性曲线Ⅰ+Ⅱ。曲线Ⅰ+Ⅱ可以理解为并联工作的“等效单机”风压特性曲线。网络特性曲线 b 与曲线Ⅰ+Ⅱ的交点 M 就是并联工作联合工况点或等效单机的工况点，过点 M 作流量 Q 轴的平行线分别交曲线Ⅰ和Ⅱ于点 M_1 和 M_2，则 M_1 和 M_2 分别是通风机Ⅰ和Ⅱ并联工作的各自工况点。合成风压 $H_{Ⅰ+Ⅱ}=H_Ⅰ=H_Ⅱ$，合成流量 $Q_{Ⅰ+Ⅱ}=Q_Ⅰ+Q_Ⅱ$，并且合成风压较每台通风机单独工作在同一网络上时的风压有所增加。

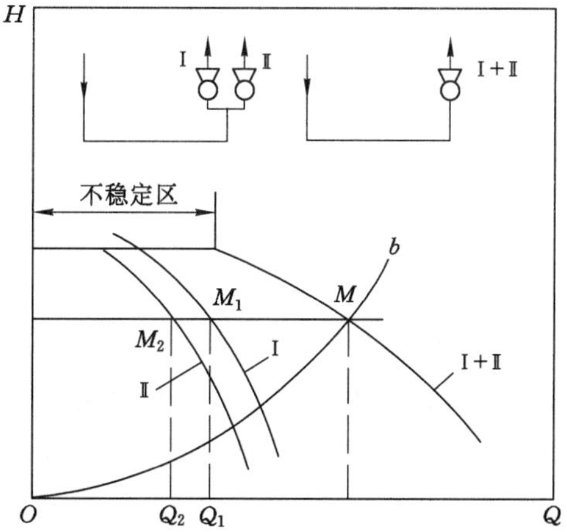

图 3-32　中央通风系统通风机并联工作工况图

并联联合工作适用于网络特性曲线较平缓的通风系统，即阻力较小的通风网络，如果阻力很大，可能使并联联合工作的工况点落在不稳定的工作区。

2. 对角通风系统中的通风机并联工作

图 3-33 为对角通风系统中的通风机并联工作（两翼并联工作）情况。

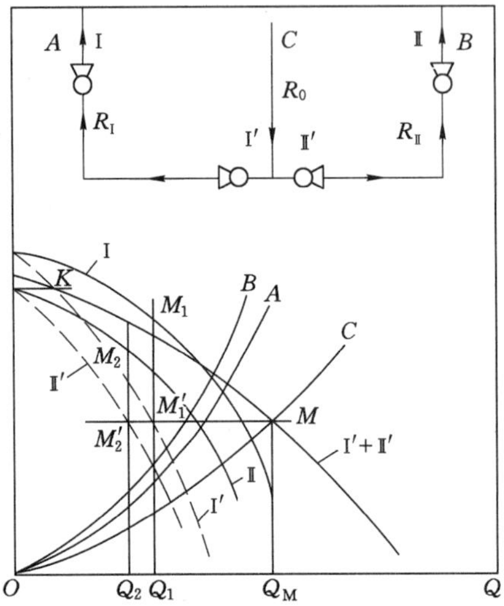

图 3-33 对角通风系统通风机并联工作工况图

通风机各自的风压特性曲线分别为Ⅰ、Ⅱ，它们除分别有各自的网络 OA 和 OB 外，还共有一条网络 OC。其特点是通过共同段网络的风量等于两通风机的风量之和，通过各分支网络的风量分别等于各自通风机的风量；通风机的风压等于各自分支网络压力与共同段网络压力之和。

求各自通风机的工况点的方法是，设想将通风机Ⅰ和Ⅱ变位到 O 点得到变位通风机Ⅰ′和Ⅱ′，按并联工作求出变位通风机Ⅰ′和Ⅱ′的工况点后，再反求原通风机Ⅰ和Ⅱ的工况点。具体步骤是：

（1）求变位通风机的风压特性曲线Ⅰ′和Ⅱ′

将通风机Ⅰ变位到 O 点后，变位通风机Ⅰ′的压力应为 $H_Ⅰ-R_ⅠQ_Ⅰ^2$（$H_Ⅰ$ 为通风机Ⅰ的风压，$R_ⅠQ_Ⅰ^2$ 为网络 OA 段的负压）。所以先作出网络 OA 段的网络特性曲线 OA，再按“流量相等，压力相减”的办法作出变位通风机Ⅰ′的压力特性曲线Ⅰ′，如图 3-33 所示。同理作出变位通风机Ⅱ′的风压特性曲线Ⅱ′。

（2）求出变位通风机并联工作的联合工作点

按“风压相等，流量相加”的方法，作出变位通风机Ⅰ′和Ⅱ′的并联“等效单机”风压特性曲线Ⅰ′＋Ⅱ′。再作公共网络 OC 段的网络特性曲线 OC 与曲线Ⅰ′＋Ⅱ′相交即可得等效单机工况点 M。

（3）求出原通风机的工况点

过点 M 作 Q 轴的平行线分别交曲线Ⅰ′和Ⅱ′于 M'_1 和 M'_2 点，再过这两点作 Q 轴的垂线，分别与曲线Ⅰ和Ⅱ相交，交点 M_1 和 M_2 就为原通风机在并联联合工作时的各自工况点。

由上述求解工况点的过程可知，并联等效单机风压特性曲线Ⅰ′+Ⅱ′，与风压较高的等效风压特性曲线Ⅰ′的交点 K 为极限点，即等效工况点 M 的流量大于 K 点的流量时，并联联合工作有效，否则无效。

第四节　通风机的使用、维护与故障处理

一、通风机的使用与维护

（一）通风机的使用

从通风机启动到正常转速需一定的时间。电动机启动所需功率超过正常运转功率，离心式通风机性能曲线说明：风量接近于零（闸门全闭）时功率较小，风量最大（闸门全开）时功率较大。为保证电动机安全启动，应将通风机进口全闭启动，待其升到正常工作转速后再将闸门逐渐打开，避免因启动负荷过大而危及电动机的安全运转。轴流式通风机则没有离心式通风机启动功率小的特点，因此不宜关闭启动。轴流式通风机须在半开或全开风道内的闸门的情况下启动，使通风机大约产生一半的正常风量，保证通风机能稳定启动运转。通风机启动时，操作高压电气设备必须戴绝缘手套，穿绝缘靴，按顺序启动合闸。开始启动，注意由慢渐快。离心式通风机达到正常速度后再打开风门。按规定，正常工作中主通风机要经常保持运转，无特殊情况或领导批示，不得停车。

锅炉或高温通风机启动之前，气体介质温度难以达到其工作温度，甚至有待通风机运转输入炉内加热。而电动机额定功率是按输送介质的正常工作温度选定的。当介质的温度低，其密度大，耗功大，这样正常功率与启动功率就相差甚多，因此，这类通风机的启动应严格对待，除全闭闸门启动外，还要考虑电动机的过载。当介质的工作温度与启动时的温度相差悬殊，而设计时未能采用多速电动机或液力联轴节时，要考虑是否直接启动。

主通风机不能间断其工作，短时的停歇也会破坏通风而可能造成事故。为了保证通风机可靠地工作，具体要求如下：

（1）在重要工作面必须装备两台独立的主通风机，按期轮换使用。一般可设置一台主通风机，但必须装设有足够功率的备用电动机，并能迅速地更换。

（2）主通风机和分区通风机的供电应有两条专用线路，其他用户不许接入。

（3）通风机房应由耐火材料修建，室内应保持清洁，光线充足，并备有事故照明设备，同时与变电所必须有电话联系。

（4）在通风机房中应当悬挂通风机设备图，以及消灭事故计划中有关司机的职责和发生事故时通风机的工况。

（5）主通风机和分区通风机停止工作或改变通风机工况必须经主管工程师允许，并与工作场所进行协调。

（6）区域变电所在超载荷时无权停止向通风机供电；必须停电时，应事先通知负责通风工作的主管人员。

（7）当通风机被迫停止运转时，若备用通风机也不能启动，则须立即打开能起自然通风作用的有关设备。

（8）通风机司机必须受过专门训练，并经考试合格后才能上岗。

（9）主通风机设备应当装设风量计（流量计）和负压计（差压计），以经常检查通风机的工况，并记入专用记录簿中。

（10）通风机设备应当每天由电钳工检查一次，每旬由机械师检查一次，每月由总工程师会同机械师检查一次。检查结果和修理应记入通风机设备工作的专用记录簿中。

在通风机每次启动前（经过修理后或轮换），司机必须按检查或修理的记载对通风机进行检验，并须用手转动工作轮。启动前将离心式通风机的闸门关闭，而轴流式则打开，并检验控制轴承温度的装置和润滑油量。

启动过程中注意机器的声响和振动。若正常则达到额定转速后慢慢地打开离心式通风机的闸门，同时由仪表观察电动机的负载和通风机的风量和压头。若振动强烈或有敲击声，应当立即停车检查和校正。

停车前先启动备用通风机，然后再停车。停止离心式通风机运行之前将闸门关闭，而后停车；而轴流式通风机则先停车然后关闭闸门或风门。

运转中通风机的工况应当与要求的相符合，若有偏差司机应调整之。司机应当按时记录各仪表所指出的数值，以及工作中的异常现象；经常注意通风机的轴承润滑和温度，并检查电气等部分工作是否正常。

（二）通风机设备的维护

为了保证通风机长期可靠的工作，必须正确地维护。

（1）司机在接班时必须了解通风机在上一班的工作情况。

（2）严格注意轴承的润滑，不允许轴承温度超过规定值。

（3）不允许机器振动；振动对机器有严重的影响，尤其是对轴承。振动原因多是由于各轴不在一条轴线上，应立即停车校正之。

（4）每天检查机器各连接部分，并及时紧固松动的联结件。

（5）定期检查和调整通风机的工况，并做详细记录。

（6）定期进行通风设备的预修，并按规定涂漆，防止部件锈蚀。

（7）每天记录通风机设备的运转状况，记录簿由总机械工程师经常检查并及时指出应改进的问题及方法。

二、通风机的常见故障分析与处理方法

（一）通风机性能方面的故障

1. 流量减少或增大

对于通风管网，一般均在通风机进口段或出口段装设闸门，调节风量。当闸门全闭，即使通风机正常运转，管路系统中的风量也接近于零。随闸门开度增大，风量也增大。闸门全开时，风量最大。同一通风机其管路越短，风量越大。当管路长到一定时风量亦接近于零。一般管路越长、越细或转弯越多，甚至杂物堵塞，其阻力就越大。通风机的静压能克服

管路阻力。使气体输送时克服阻力的能力越大，风量通过的才会越多，因此，管路阻力计算的准确程度或变化状况如何，影响到所选用通风机的压力与管路中实际需要的压力差值大小，从而引起流量的不足或增大。

如叶轮与进气口的间隙太大、管法兰不严等将引起流量不足。此外，因流量与叶轮转速成正比，当转速波动时也将引起流量的减小或增大。

2. 压力不足或过高

如前述，同一通风机若压力不足，则对管路表现出流量不足。工业上对通风机的要求大都是风量，故风压是用以克服管网阻力、保证流量的要求。

风压与叶轮转速的平方成正比，当转速波动，将引起风压的不足或增大。

此外，已知气体压力及其密度与温度密切相关，且大气条件随地点、时间而变化。当通风机使用条件与设计值有出入时，就会出现压力不足或增大。另外，气体中灰尘、杂质的含量，如固体物质增加，混合密度增大，压力则增高，反之亦然。

(二) 通风机机械方面的故障

1. 机器振动异常

(1) 转子不平衡引起振动

由前述已知转子不平衡则引起通风机振动，不平衡惯性力越大，其振动越剧烈。通风机运转后再度出现不平衡的主要原因如下：

① 通风机的工作叶片腐蚀或磨损不均。

② 通风机长期停转，因转子自重等因素使轴变形。

③ 叶片表面出现不均匀附着物，如铁锈、污垢等。

④ 翼形叶片因磨蚀而穿孔，杂质进入其内。

⑤ 运输、安装等原因造成叶轮变形，使径向跳动或端面跳动过大。

⑥ 叶轮上平衡配重脱落或检修后未校准平衡。

(2) 某些固定件引起振动

通风机基础、底座、蜗壳、管路等因刚度参数使其自振固有频率小于或等于转子转速时，均将引起共振现象，或发生在启动阶段，或发生在正常运转阶段。机器的共振危害很大，可能损坏机件而造成事故停车。

(3) 其他原因

① 管网阻力曲线与通风机性能曲线交在喘振区。

② 通风机与电动机轴间的同心度偏差过大。

③ 当采用带式传动时，两皮带轮轴不平行。

④ 通风机的合力(不平衡惯性力、皮带压轴力和通风机自重)不在基底内。

⑤ 固定在轴上的零件出现松动或变形，如叶轮歪斜与机壳或进气口碰擦。

⑥ 轴承的严重磨损或松动。

2. 轴承过热与磨损严重

在离心式通风机中大都选用滚动轴承，其正常工作温度为 60 ℃以下。如发生下列原因将引起过热或严重磨损。

(1) 通风机润滑装置的润滑油(或脂)变质或混入杂质。

(2) 轴承元件损坏,产生阻尼或卡滞现象。

(3) 轴承部件安装不良,如固定螺栓或松或紧及中心线偏超限。

(4) 通风机产生严重的异常振动。

(5) 采用水冷轴承时其水量供给不足。

(6) 润滑装置的润滑脂过多,超过轴承座空间的 1/3～1/2。

(7) 当传动型式为 D 或 F 时,通风机轴与电机轴不同心。

(8) 轴承间隙不合理。当轴颈直径 $d=50\sim100$ mm,间隙大于 0.2 mm;当 $d>100$ mm,间隙大于 0.3 mm。当轴承外圈与轴承座内孔间的间隙超过规定间隙时,若为剖分式轴承座则应修配轴承座上下结合面,然后修镗其内孔;若为整体式则应更换其底座或加大内孔,然后镶嵌内套。

(三) 通风机运转中的主要故障及其消除

通风设备在运转中,不可避免发生故障,实际中的故障是多种多样的,表 3-2 给出通风机常见故障、产生原因及排除方法。

表 3-2　　通风机的常见故障、产生原因及排除方法

故障现象	产生原因	排除方法
电动机电流过大和温升过高	1. 由于短路吸风,造成风量过大 2. 电压过低或电源单相断电 3. 联轴器连接不正,皮圈过紧或间隙不均	1. 消除短路吸风现象 2. 检查电压,变换保险丝 3. 进行调整
叶轮损坏或变形	1. 叶片表面或铆钉腐蚀、磨损 2. 铆钉和叶片松动 3. 叶轮变形或歪斜,使叶轮径向跳动或端面跳动过大	1. 如个别损坏,个别更换;如损坏过半数,更换叶轮 2. 重新铆紧或更换铆钉 3. 卸下叶轮,对叶轮进行矫正
轴承箱振动剧烈	1. 通风机轴与电动机轴不同心,联轴器装歪 2. 基础的刚度不够或不牢固 3. 机壳或进口风与叶轮摩擦 4. 叶轮铆钉松动或轮盘变形 5. 叶轮、联轴器或皮带轮与轴松动 6. 机壳与支架、轴承箱与支架、轴承盖与座等连接螺栓松动 7. 皮带轮安装不正,两皮带轮轴不平行 8. 转子不平衡	1. 调整或重新安装 2. 进行修补或加固 3. 修理叶轮或进风口 4. 修理 5. 修理机轴、叶轮、联轴器或皮带轮,或重新配键,重新装配 6. 紧固螺栓 7. 进行调整,重新找正 8. 重新找平衡
轴承温升过高	1. 轴承箱振动剧烈 2. 润滑油质量不良或充填过多 3. 轴承箱盖与座连接螺栓过紧或过松 4. 机轴与滚动轴安装歪斜,前后两轴承不同心 5. 滚动轴承损坏	1. 查明原因,进行处理 2. 更换或去掉一些,滚动轴承的注油量为容油量的 2/3 3. 调整螺栓的松紧度 4. 重新安装或调整找正 5. 更换轴承

续表 3-2

故障现象	产生原因	排除方法
发生不规则的振动，且集中于某一部分，噪声与转速相符，在启动或停机时可以听到金属摩擦声	通风机内部有摩擦： 1. 叶轮歪斜与机壳内壁相碰；或机壳刚度不够，产生左右摇晃 2. 叶轮歪斜，与进风口相碰	1. 修理叶轮和止推轴承，对机壳进行补强 2. 修理叶轮与进风口

思考与练习题

1. 矿井通风机的作用是什么?

2. 简述离心式和轴流式通风机的工作原理。

3. 通风机的性能参数有哪些?

4. 什么是工况点? 其有何意义。

5. 通风机的风压分静压、动压、全压，它们三者有何不同?

6. 如何确保通风机工作的稳定性和经济性?

7. 说明 4-72-11、G4-73-11、K4-73-01、GAF、BDK65 型通风机的型号意义。

8. 通风机有哪些工况点调节方法? 各适用于什么条件?

9. 反风的目的是什么? 常用的反风方法有哪些?

10. 为什么离心式通风机要在闸门关闭的情况下启动，而轴流式通风机应在闸门全开或半开的情况下启动?

11. 通风机在日常维护中应注意哪些问题?

第四章　矿井空气压缩设备

第一节　概　　述

一、矿井空气压缩机的组成

空气压缩设备是指压缩和输送气体的整套设备，主要包括空气压缩机、输气管路和附属设备（滤风器、风包、冷却装置等）。如图 4-1 所示，空气由进气管 1 吸入，经空气过滤器 2 进入低压缸 4，进行第一级压缩；此时气体体积缩小，压力增高，然后进入中间冷却器 5 使气体的温度下降；此后再进入高压缸 6 进行第二级压缩；当达到额定压力时，压缩空气经后冷却器 7、逆止阀 8 和管路送入风包 9 中；最后通过压气管路 10 送到井下各用气地点，驱动凿岩机、风镐等风动工具工作。

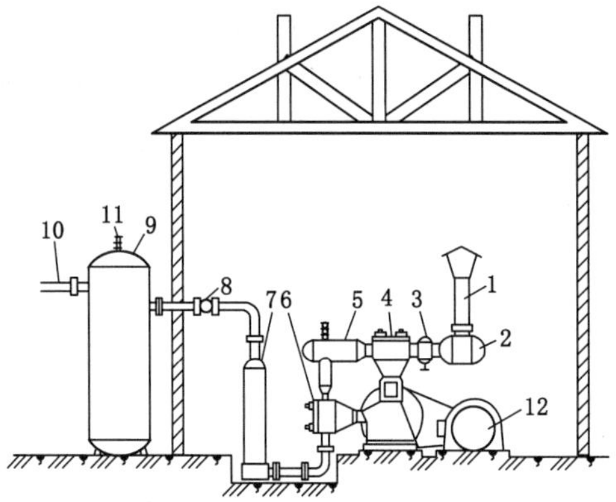

图 4-1　矿井压气系统示意图

1——进气管；2——空气过滤器；3——调节阀；4——低压缸；5——中间冷却器；6——高压缸；7——后冷却器；8——逆止阀；9——风包；10——压气管路；11——安全阀；12——电动机

二、空气压缩机的类型及特点

工业上广泛应用的空气压缩机按作用原理不同，可分为容积型和速度型两大类。

（一）容积型压缩机

容积型压缩机的原理是利用可移动的容器壁减小气体所占据的封闭工作空间的容积，使气体压力升高。容积型压缩机在结构上又可分为往复式和回转式两种。往复式压缩机主要有活塞式，利用活塞在气缸中作往复运动，通过吸、排气阀的控制，实现吸气、压缩、排气的周期变化如图

4-2 所示。回转式压缩机主要有滑片式压缩机和螺杆式压缩机，如图 4-3 和图 4-4 所示。

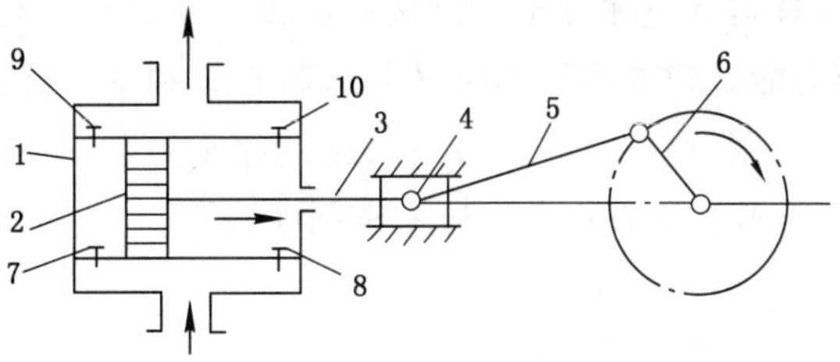

图 4-2　活塞式空气压缩机工作原理简图

1——气缸；2——活塞；3——活塞杆；4——十字头；5——连杆；6——曲轴；
7，8——吸气阀；9，10——排气阀

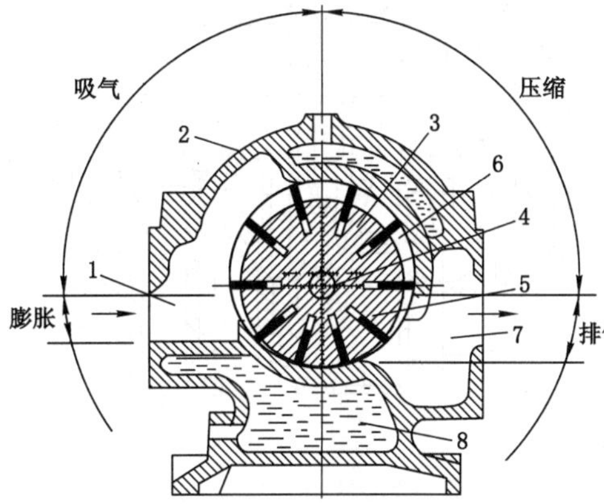

图 4-3　滑片式空气压缩机工作原理简图

1——吸气管；2——外壳；3——转子；4——转子轴；5——滑片；6——空气压缩室；7——排气管；8——水套

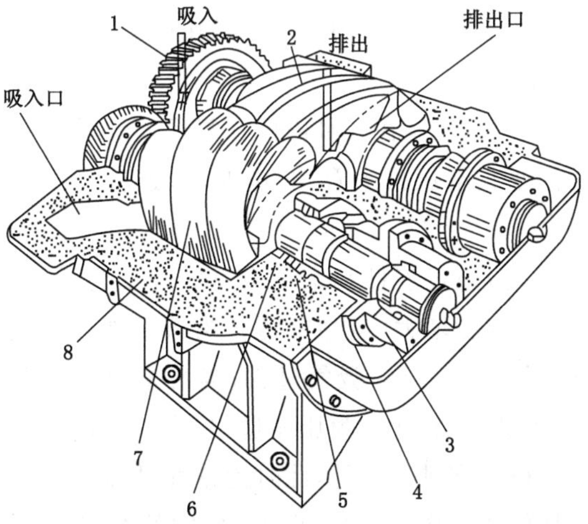

图 4-4　螺杆式空气压缩机结构示意图

1——同步齿轮；2——阴转子；3——推力轴承；4——轴承；5——挡油环；6——轴封；7——阳转子；8——气缸

（二）速度型压缩机

速度型压缩机的原理是使气体分子在机械高速转动中得到很高的速度，然后让其减速运动，使动能转化为压力能。速度型压缩机又分为离心式和轴流式两种。其都是靠高速旋转的叶片对气体的动力作用，使气体获得较高的速度和压力，然后在蜗壳或导叶中扩压，得到高压气体。如图 4-5 所示为离心式空气压缩机剖面简图。

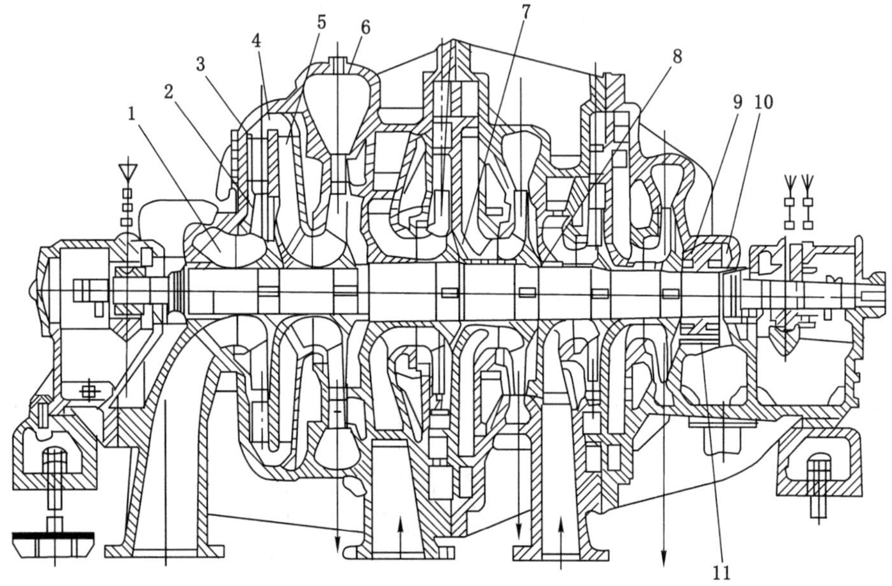

图 4-5 离心式空气压缩机剖面图

1——吸气室；2——工作轮；3——扩压器；4——弯道；5——回流器；6——蜗壳；7——前轴封；8——后轴封；9——轴封；10——气封；11——平衡盘

目前，在一般空气压缩机站中，最广泛采用的是活塞式。在大型空气压缩机站中，较多采用了离心式和轴流式空气压缩机。矿山生产中常用的空压机以活塞式为主。

（三）活塞式压缩机的工作原理

活塞式压缩机属于容积型，依靠在气缸内做往复运动的活塞来实现空气的压缩。

图 4-6(a)是单作用活塞式空压机示意图，由曲轴、连杆、十字头、活塞杆、气缸、活塞和吸、排气阀等组成。

当电机带动曲轴旋转时，通过连杆和十字头将转动变为活塞在缸内的往复直线运动。活塞向右运动时，气缸左腔容积增大，压力降低。当低于外界大气压时，吸气阀被打开，空气在大气压力作用下进入气缸，此时为吸气过程；当活塞返回向左运动时，吸气阀关闭，气缸内容积减少，气体在缸内被压缩，此时为压缩过程；当气缸内气体压力升高至某一额定值时，排气阀打开，压缩空气被活塞排出缸外，此时为排气过程。

双作用活塞式空气压缩机如图 4-6(b)所示。气缸的右端与左端工作相似，但其工作过程相反。即左端为吸气过程，则右端为压缩和排气过程；右端为吸气过程，则左端为压缩和排气过程，每一端均各自独立完成的工作循环。

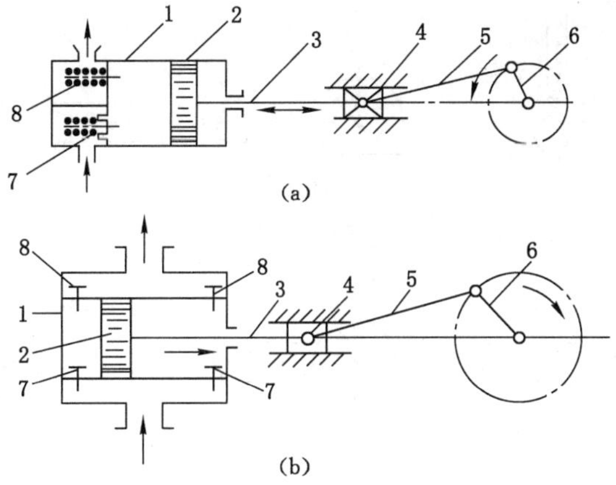

图 4-6　活塞式空气压缩机原理图

(a) 单作用;(b) 双作用

1——气缸;2——活塞;3——活塞杆;4——十字头;5——连杆;6——曲轴;7——吸气阀;8——排气阀

三、活塞式空压机的分类

1. 按气缸中心线位置分类(图 4-7)

立式压缩机:气缸中心线铅垂布置;

卧式压缩机:气缸中心线水平布置;

角度式压缩机:气缸中心线与水平线成一定角度布置,按气缸排列所呈形状又分为 L 型、V 型、W 型、S 型等。

2. 按活塞在气缸中的作用分类

单作用式(单动式):气缸内只有活塞一侧进行压缩循环;

双作用式(双动式):气缸内活塞两侧同时进行压缩循环。

3. 按气体达到终了压力压缩级数分类

单级压缩机:气体经一级压缩到达终了压力;

两级压缩机:气体经两级压缩到达终了压力;

多级压缩机:气体经两级以上压缩到达终了压力。

4. 按气缸的冷却方式分类

水冷式压缩机:用水对空压机各部分进行冷却,多用于大型空压机上;

风冷式压缩机:用大气对空压机自然冷却,多用于小型空压机上。

5. 按排气压力大小分类

低压压缩机:排气压力在 1.0 MPa 以内;

中压压缩机:排气压力在 1～10 MPa;

高压压缩机:排气压力在 10～100 MPa;

超高压压缩机:排气压力在 100 MPa 以上。

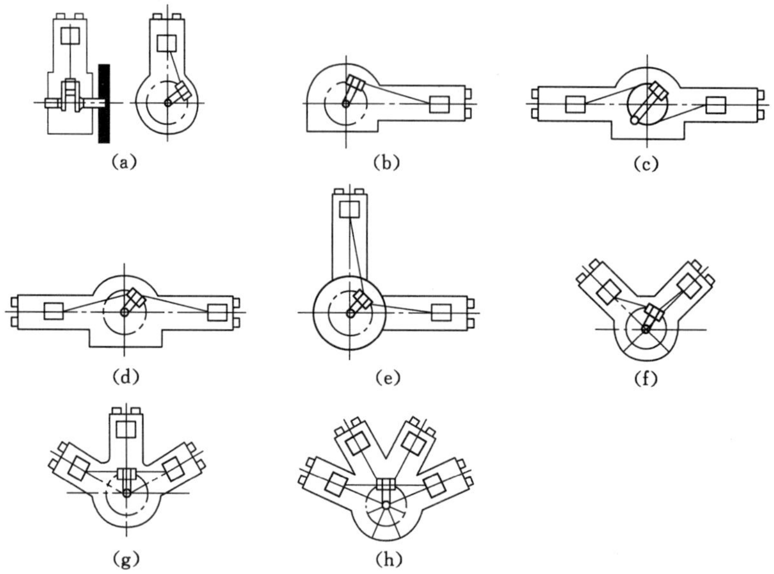

图 4-7 活塞式压缩机气缸中心线不同位置的各种配置

(a) 立式；(b) 卧式；(c) 对称平衡式；(d) 对置式；(e) L 型；(f) V 型；(g) W 型；(h) S 型

6. 按排气量大小分类

微型：排气量在 1.0 m^3/min 以内；

小型：排气量在 1.0～10 m^3/min；

中型：排气量在 10～100 m^3/min；

大型：排气量在 100 m^3/min 以上。

第二节 活塞式空压机的工作循环

一、活塞式空压机的性能参数

（一）排气量

在单位时间内测得空压机排出的气体体积数换算到空压机吸气状态下的体积数称为空压机的排气量，用 V 表示，单位 m^3/min。

（二）排气压力

空压机出口的压力称为空压机的排气压力，用相对压力度量(理论计算时采用绝对压力)，以 P 表示，单位 Pa。

（三）吸、排气温度

空压机吸入气体与排出气体的温度，用 T_1 和 T_2 表示，单位 K。

（四）比功率

当吸入的空气为标准状态时，其轴功率与排气量之比称为空压机的比功率，用 N_b 表示，

单位 $kW/(m^3 \cdot min)$

（五）功率

1. 理论功率

空压机按理论工作循环压缩气体所消耗的功率，用 N_L表示，单位 kW。

$$N_L = \frac{L_V Q}{1\,000 \times 60} \tag{4-1}$$

式中 L_V——一级气缸按一定的压缩过程压缩 1 m^3 空气所消耗的循环功，J/m^3。

2. 指示功率

指示功率指空压机实际循环消耗的功率，用 N_j表示，单位为 kW。

$$N_j = \frac{N_L}{\eta_j} \tag{4-2}$$

式中 η_j——指示效率。

当 N_L为等温压缩时的功率，η_j为 0.72～0.8；当 N_L为绝热压缩时的功率，η_j为 0.9～0.94。

3. 轴功率

轴功率指电动机输入空压机主轴的实际功率，用符号 N 表示，单位为 kW。

$$N = \frac{H_j}{\eta} \tag{4-3}$$

式中 η——空压机的效率。

小型空压机取 η=0.85～0.9，大中型空压机取 η=0.9～0.95。

（六）效率

空压机总效率是指理论功率与轴功率之比，用符号 η 表示，空压机的总效率是用来衡量空压机本身经济性的指标。

二、一级活塞式空压机工作循环

活塞式空压机在完成每一个工作循环的过程中，气缸内气体的变化过程相对复杂。为了便于问题研究，简化次要因素的影响，从理论上提出几个假定条件：

(1) 气缸没有余隙容积。气缸在排气终了时，即活塞移动到端点位置时，气缸内没有残留的气体；

(2) 吸、排气通道及气阀没有阻力，即吸气和排气过程没有压力损失；

(3) 气缸与各壁面间不存在温差，进入气缸的空气与各壁面间没有热量交换，压缩过程中的压缩指数不变；

(4) 气缸绝对密封，没有气体泄漏。

在假定条件下活塞式空压机完成的工作循环，称为理论工作循环。

（一）理论工作循环

按上述假定，活塞式空压机在工作时，其理论工作循环如图 4-8 所示，曲轴转一周，活塞在气缸中往复一次，完成吸气、压缩和排气三个基本过程。

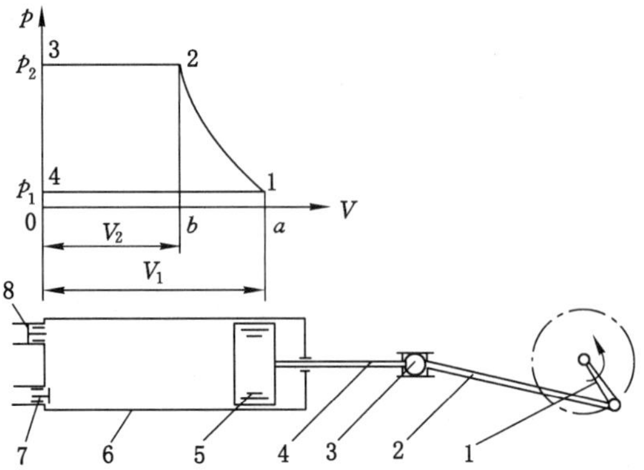

图 4-8 活塞式空压机理论工作循环示意图

1——曲柄;2——连杆;3——十字头;4——活塞杆;5——活塞;6——气缸;7——进气阀;8——排气阀

1. 吸气过程

活塞自气缸的左端向右移动时,吸气阀开启,吸气管中的气体以 p_1 的压力进入气缸,依据假设条件,吸气压力不变。在图 4-8 示意图上用一水平直线 4—1 表示吸气过程中压力与容积的变化规律。如果活塞的面积为 A,移动的距离为 L,吸入气体做功 W_x 为:

$$W_x = p_1 AL = p_1 V_1 \tag{4-4}$$

式中 V_1——吸气终止时气体的容积。

2. 压缩过程

当活塞返回行程时,吸气阀关闭,气缸呈封闭状态,空压机进入压缩过程。随着活塞向左移动,气缸的容积不断减小,气体压力逐渐升高,此时属于热力学过程。其压缩规律归纳为以下三种情况,如图 4-9 所示。

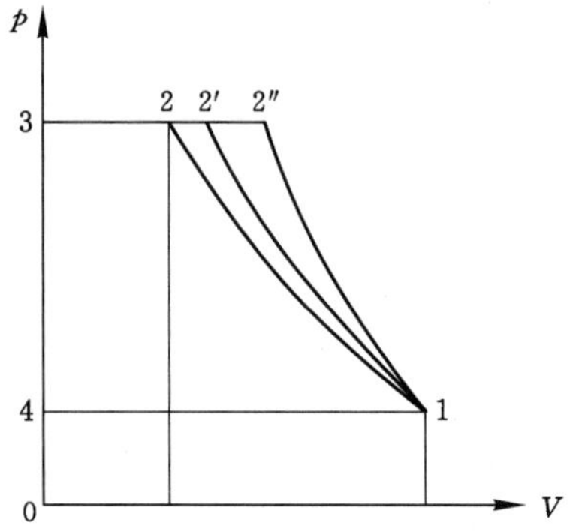

图 4-9 不同压缩过程循环功示意图

(1) 按等温规律压缩

其过程特点是:温度 T=常数,气体的温度自始至终保持不变,在压缩过程中所产生的热量全部释放到气缸的外部。其等温过程的压缩功 W 用等温压缩曲线 1—2 下的面积表示,求解这部分面积,有:

$$W_y = -\int_{V_1}^{V_2} p\mathrm{d}V$$

式中 V_1——吸气终了时的气体体积;

V_2——排气开始时的气体体积。

也可按下式计算:

$$W_y = 2.303 p_1 V_1 \lg \frac{p_2}{p_1} \tag{4-5}$$

式中 p_1——吸气时的绝对压力；

p_2——排气时的绝对压力。

（2）按绝热规律压缩

其特点是：压缩过程中产生的热量全部用以气体温度的升高，与外界无热量交换。其绝热过程压缩功 W 用绝热压缩曲线 1—2″下的面积表示。由于

$$pV^k = 常数$$

式中 p——气体的绝对压力，Pa；

V——气体的比容，单位质量气体所占有的容积，m^3/kg；

k——绝热指数，1.4。

也可用下式计算：

$$W_y = \frac{1}{k-1}(p_2V_2 - p_1V_1) \tag{4-6}$$

（3）按多变压缩规律

其特点是：压缩过程中产生的热量，一部分释放到气缸外部，另一部分使气体的温度升高。其多变过程的压缩功 W 可用多变压缩线 1—2′下的面积表示。由于

$$pV^n = 常数$$

式中 n——多变指数，在冷却条件较好时，$1<n<k$。

也可用下式计算：

$$W_y = \frac{1}{n-1}(p_2V_2 - p_1V_1) \tag{4-7}$$

3. 排气过程

当压缩过程终止，气体压力达到排气压力 p_2 时，压缩过程结束，排气阀打开，空压机进入排气过程。依据假设条件，排气时排气压力不变，在示功图 4-9 上用水平直线 2—3 表示排气压力与容积的变化规律。也可用下式计算排气功 W_p：

$$W_p = p_2V_2 \tag{4-8}$$

式中 V_2——压缩终止时气体的容积。

4. 理论循环功

活塞回到气缸左端，排气结束。依据假设条件，气缸没有余隙和残余气体。曲轴旋转一周，活塞在气缸内往复一次，经过三个过程完成理论循环。一个理论循环的功为三个过程的功之和。通常规定活塞对气体做功为正，气体对活塞做功为负，所以一个理论循环的功为：

$$W = -W_x + W_y + W_p \tag{4-9}$$

理论循环功相当于吸气、压缩、排气三过程线所包围的面积。

空压机按不同规律进行压缩，所消耗的功及压缩气体的状态也不相同。若按等温压缩，理论循环功最小（1234 所围的面积）。若按绝热压缩，理论循环功最大，排气温度最高，压缩后气体密度最小。按多变压缩则介于两者之间。因此，从理论上讲等温压缩最有利。所以，加强对空压机的冷却十分必要。

(二) 实际工作循环

空压机实际工作中的示功图(p—V 图)是利用专门的示功仪(机械式和压电式)测绘得出。图 4-10 是用示功仪测出的空压机实际工作循环示功图。该图反映出空压机在实际工作循环中空气压力和容积的变化情况。

1. 实际压缩过程

当活塞由内止点向外止点移动时,空气被压缩,容积逐渐缩小,压力不断升高,此时空气状态沿 1′—2′曲线变化。这是因为受在气缸内压缩时温度升高而产生热交换的影响,当压力升至排气压力 p_2时,由于阀本身具有一定的惯性阻力和弹簧力,排气阀还不能被顶开,活塞继续压缩到 2′点,当气缸内压力达到 p_2'时,排气阀被顶开。

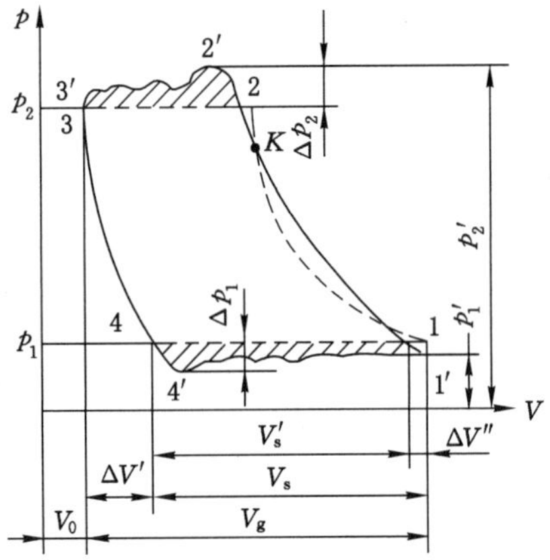

图 4-10 活塞式空压机实际工作循环示功图

2. 实际吸、排气过程

在吸气过程中,外界大气需要克服滤风器、进气管道及吸气阀的阻力后才能进入气缸内,使吸气过程的压力低于理论吸气压力,吸气阀才能开启。而在排气过程中,压气需克服排气阀和排气管道的阻力后才能进入风包,所以排气压力高于理论排气压力,排气阀才能开启。

气阀的阀片和弹簧的惯性作用,使得实际吸、排气线的起点出现尖峰,随惯性力的消失,尖峰压力也消失。此外吸、排气的周期性,使吸、排气过程中阻力发生脉动变化,因而实际吸、排气线呈波浪状。

3. 实际膨胀过程

当排气终了、活塞返回时,排气阀立即关闭。此时缸内残留的空气压力比吸气腔中的空气压力高,故吸气阀暂无法打开。这部分高压空气随着活塞运动而膨胀,直至压力降到低于吸气腔的压力时,此时吸气阀打开,进行吸气过程。

三、二级活塞式空压机工作循环

通常采用两级压缩,其原因有以下两点:

1. 压缩比受余隙容积的限制

如图 4-10 所示,由于余隙容积的存在,随着排气压力的提高,吸气量将不断减少。当排气压力增大到某一值时,吸气过程就完全被残留在余隙容积中的压气的膨胀过程所代替,使吸气量为零。因此为保证有一定的排气量,压缩比不能过大,即终压力不宜过高,否则空压机的工作效率就会过低。

2. 压缩比受气缸润滑油温的限制

为保证活塞在气缸内的快速往复运动和减少机械磨损,就必须向缸内注油,但随着压缩比的增加,压缩终了时的空气温度也将增加。若增高到润滑油闪点温度(一般为 215～

240 ℃)时,便有发生爆炸的危险。依此为条件,可求得在最不利条件下(按绝热压缩),单级压缩的极限压缩比(p_2/p_1)为4%。矿用空压机一般所需排气压力为(7～8)×10^5 Pa,其压缩比为7～8,所以须采用二级压缩。

两级压缩是在两个气缸内完成的,即低压气缸和高压气缸。其每级气缸内的工作原理与一级压缩理论相同,从结构上只是在两级气缸之间增加了一个中间冷却器,形成一个串联体系。空气经低压气缸压力增加到 p_z,排气温度为 T_z,送至中间冷却器,保持压力不变,气体温度降至吸气温度 T_1 后,再送到高压气缸中,连续压缩达到需要的压力排出,如图4-11所示。

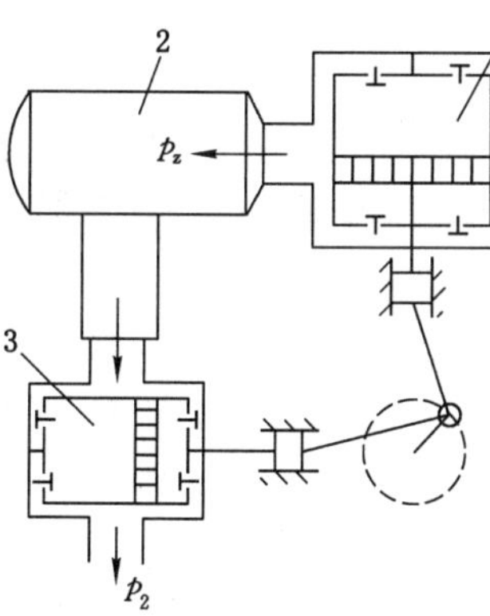

图4-11　两级活塞式空压机工作原理示意图

1——低压缸;2——中间冷却器;3——高压缸

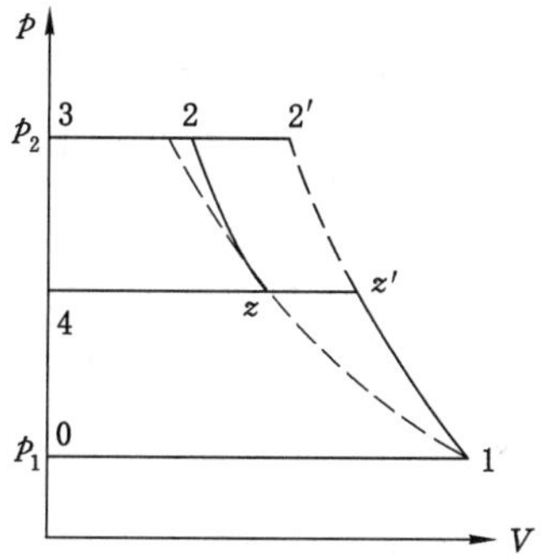

图4-12　两级活塞式空压机理论工作循环示功图

采用两级压缩具有如下优点:

(1) 节省功耗。

如图4-12所示,欲得到 p_2 的压力,从示功图上可以看出,当采用一级压缩时,一个循环所需的理论循环功为012′3所围的面积;采用两级压缩时,一个循环所需的理论功为01z′z23所围的面积。它比单级压缩节省面积为z′z22′的功耗。若不进行中间冷却,第一级气缸排出的压气体积就不会缩小,这样的两级压缩与一级压缩功耗相同。

(2) 降低排气温度。

根据热力学原理,压气的终了温度不仅与初始温度成正比,而且和压缩比有关。显然,在初始状态和终了压力相同的条件下,两级压缩比单级压缩的终了温度有明显下降。

(3) 提高空压机的排气量。

随着压缩比的上升,余隙容积中的压气因膨胀所占的容积将会增大,使得气缸的进气条件恶化。采用两级压缩降低了每一级的压缩比,从而提高了气缸的容积系数,增大了空压机的排气量。

(4) 降低活塞上的作用力。

在转速、行程和气体初始状态以及终了压力相同的条件下,采用两级压缩时,低压缸活塞面积 A_1 虽然与单级压缩时活塞面积相等,但是高压缸活塞面积 A_2 比 A_1 要小很多(一般

$A_2 \approx A_1/2$)；又因为每一级气缸的压缩比均小于单级压缩的压缩比，所以两级压缩时两个活塞所受的总作用力小于单级压缩时一个活塞上的作用力。

(5) 中间冷却器可以分离一部分油和水，提高气压质量。

第三节　活塞式空压机的结构

一、L 型空压机的结构

我国煤矿使用的活塞式空压机，L 型空压机最为常见。图 4-13 所示为 4L-20/8 型空压机的剖面图。

L 型空压机是两级、双缸、复动、水冷式空压机，其主要由压缩机构、传动机构、润滑机构、冷却机构、排气量调整机构组成。这些机构均安装在机身上，机身用地脚螺栓紧固在基础上，成为固定式空压机。

该型空压机已成系列，排气量范围较宽，为 10～100 m^3/min，输出压力为 8×10^5 Pa，适用于矿山的需要，空压机的结构紧凑，动力平衡性比较好，第一级气缸垂直配置，减小了因活塞自重造成的磨损，第二级气缸水平配置，机身受力情况较好，管道布置方便。

二、L 型空压机的主要部件

(一) 机身

机身起连接、支承、定位和导向等作用，图 4-14 为机身剖面图。机身与曲轴箱用灰铸铁铸成整体，外形为正置的直角“L”形，在垂直和水平颈部装有可拆的十字头滑道，颈部端面以法兰与一、二级气缸组件相连，机身相对的两个侧壁上，开有安装曲轴轴承的两孔，机身的底部是润滑油的油池。整个机身用地脚螺栓固定在地基上。

为了观察和控制油池的油面，机身侧壁装有安放测油尺的短管。为了便于拆装连杆和十字头等部件，机身后和十字头滑道旁分别开有方形窗口和圆形孔，并用有机玻璃盖密封。

(二) 曲轴

曲轴是活塞式空压机的重要运动部件，它接收电动机以扭矩形式输入的动力，并把它转变为活塞的往复作用力以压缩空气而做功。图 4-15 为 4L-20/8 型活塞式空压机曲轴部件图。

曲轴的材料一般为球墨铸铁，曲轴两端的轴颈上各装有双列向心球面滚珠轴承，支承在机身侧壁孔上。曲轴的两个曲臂上分别连接一端的曲拐和轴颈。曲轴上钻有中心油孔，通过此油孔使齿轮油泵排出的润滑油能流动到各润滑部位。

(三) 连杆

连杆的结构如图 4-16 所示，它连接曲轴和十字头，使曲轴的旋转运动转换为十字头的往复运动，并将动力传递给活塞。

连杆由大头、大头盖、杆体、小头等部分组成。杆体呈圆锥形，内有贯穿大小头的油孔，从曲轴流来的润滑油由大头通过油孔到小头润滑十字头销。连杆材料为球墨铸铁。连杆

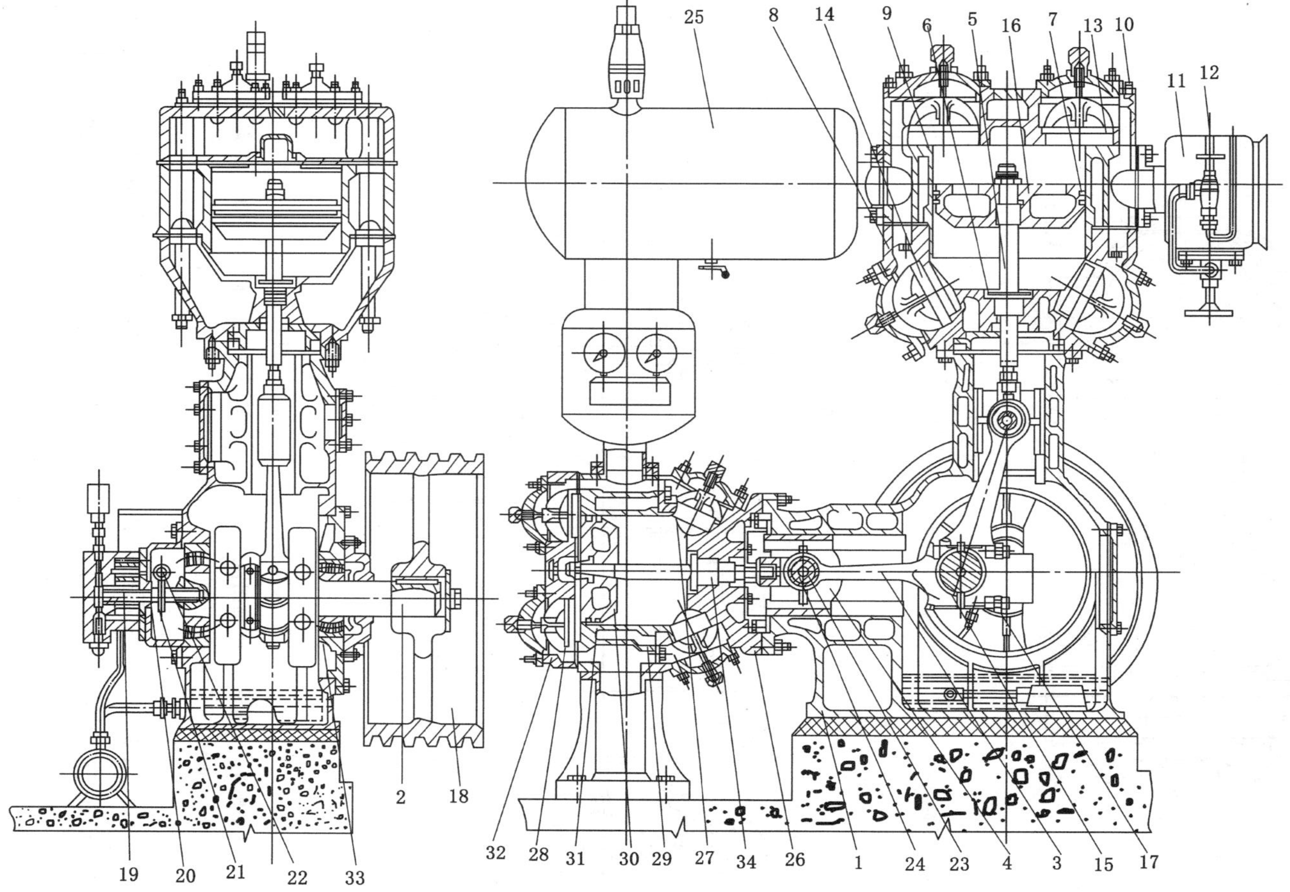

图4-13 4L-20/8型空压机剖面图

1——机身；2——曲轴；3——连杆；4——“十”字头；5——活塞杆；6——一级填料函；7——一级活塞环；8——一级气缸座；9——一级气缸；10——一级气缸盖；11——减荷阀组件；12——负荷调节器；13——一级吸气阀；14——一级排气阀；15——连杆轴瓦；16——一级活塞；17——连杆螺杆；18——三角皮带轮；19——齿轮泵组件；20——注油器；21、22——蜗轮及蜗杆；23——“十”字头销铜套；24——“十”字头销；25——中间冷却器；26——二级气缸；27——二级吸气阀；28——二级排气阀；29——二级气缸；30——二级活塞；31——二级活塞环；32——二级气缸盖；33——滚动轴承；34——二级填料函

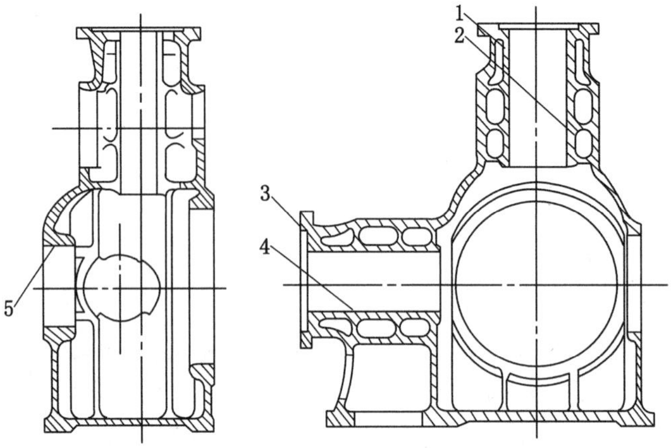

图 4-14 机身剖视图

1——立列贴合面;2——立列十字头导轨;3——卧列贴合面;4——卧列十字头导轨;5——滚动轴承孔

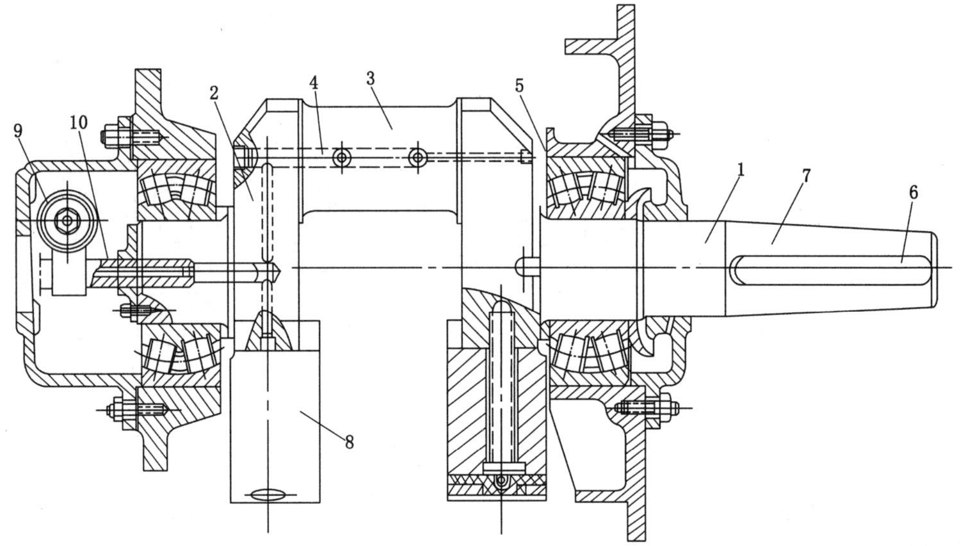

图 4-15 4L-20/8 型空压机曲轴结构

1——主轴颈;2——曲臂;3——曲拐;4——曲轴中心油孔;5——双列向心球面滚子轴承;6——键槽;7——曲轴外伸端;8——平衡铁;9——蜗轮;10——传动小轴

大头采用剖分结构,大头盖与大头用螺栓连接,安装于曲拐上,螺栓上有防松装置。连杆小头孔内衬一铜套以减少摩擦,磨损后可以更换。连杆小头瓦内穿入十字头销与十字头相连。

(四) 十字头

十字头部件如图 4-17 所示。它是连接活塞杆与连杆并承受侧向力的运动机件,在十字头滑道上作往复运动,具有导向作用,其材质为灰口铸铁。

活塞组件包括活塞、活塞环和活塞杆,如图 4-18 所示。

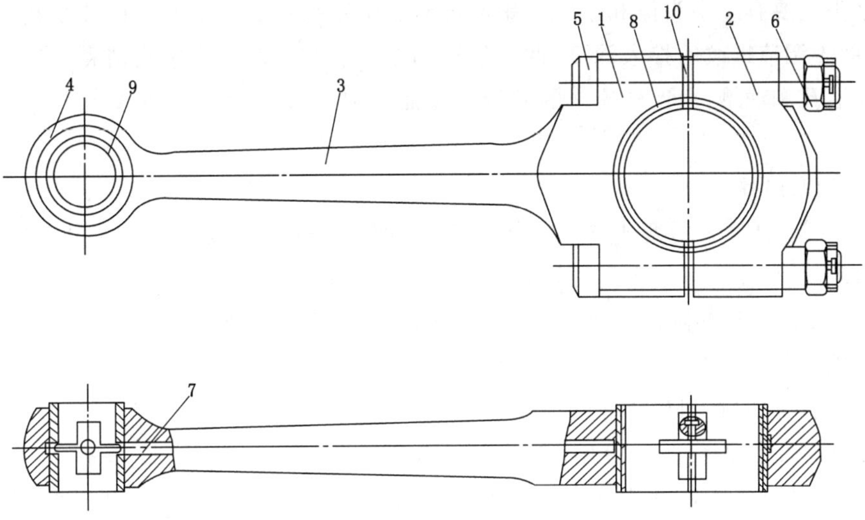

图 4-16　连杆结构图

1——大头；2——大头盖；3——杆体；4——小头；5——连杆螺栓；6——连杆螺母；
7——杆体油孔；8——大头瓦；9——小头瓦；10——垫片

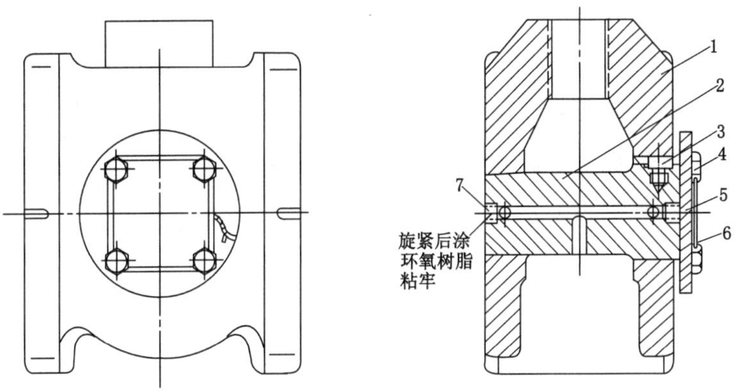

图 4-17　十字头部件

1——十字头体；2——十字头销；3——螺钉键；4——螺钉；5——盖；6——止动垫片；7——螺塞

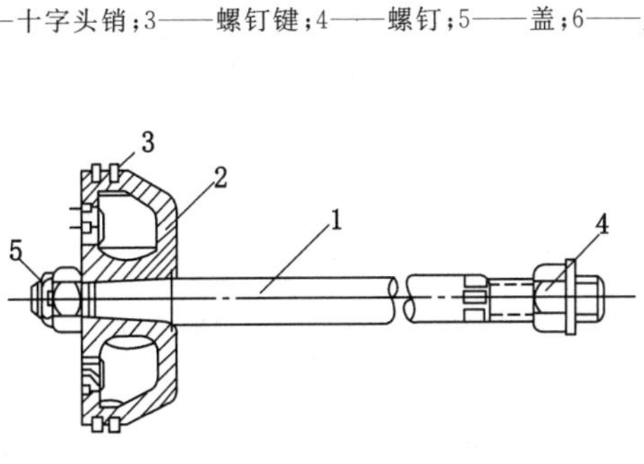

图 4-18　活塞组件

1——活塞杆；2——活塞；3——活塞环；4——螺母；5——冠形螺母

十字头主要有十字头体和十字头销两部分。十字头体的一端通过内螺纹孔与活塞杆连接，借助于调节螺纹的拧入深度，调节气缸的余隙容积大小。十字头销和十字头摩擦面上分别有油孔和油槽，由连杆流来的润滑油经油孔和油槽，润滑连杆小头瓦与十字头的摩擦面。

（五）活塞组件

（1）活塞。活塞是活塞式空压机中压缩系统的主要部件，曲轴的旋转运动经连杆、十字头、活塞杆变为活塞在气缸中的往复运动，从而对空气进行压缩做功。

（2）活塞环。活塞圆柱表面上有两个环槽，装有矩形断面的活塞环（又称涨圈），活塞环一般用铸铁材料制成开口，具有一定的弹力。在自由状态时，外径大于气缸内径。活塞环的开口形式有直切口、斜切口等。

（3）活塞杆。活塞杆一般用 45 号钢锻造而成，杆身摩擦部分经表面硬化处理，具有良好的耐磨性。活塞杆的一端制成锥形体，插入活塞的锥形孔内，用螺母紧固，并插有开口销以防松动。活塞杆的另一端与十字头用螺纹连接，调节好余隙容积后，用螺母锁紧。

（六）气缸

气缸由缸体、缸盖、缸座用螺栓连接而成，接缝处有石棉垫以保证密封。整个气缸组件连接在机身上，缸盖和缸座各有四个阀室（两个装吸气阀，两个装排气阀）。气缸为双层壁结构，中间为冷却水套，水套将吸气室和排气室的气路隔开，如图 4-19 所示。

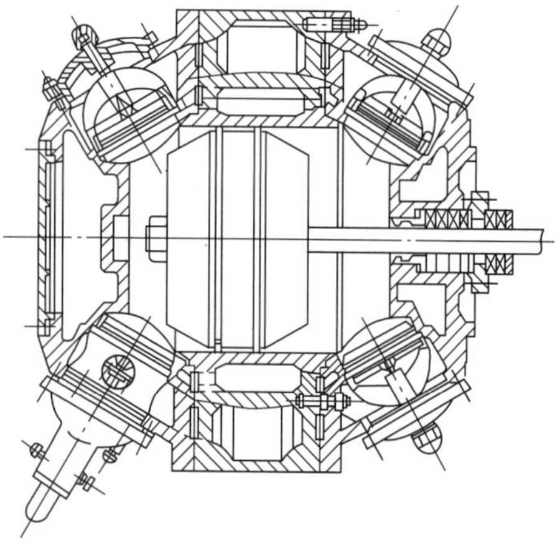

图 4-19 双层壁气缸

（七）气阀

气阀包括吸气阀和排气阀，它是空压机最关键、最容易发生故障的部件，如图 4-20 所示。

两个气阀均为单层环状结构，其主要由阀座、阀片、阀盖、弹簧、连接螺栓和螺帽等组成。阀座是由一组直径不同的同心圆环所组成，个环间用筋连成一体，如图 4-21 所示。

环状阀在工作时，阀盖上布置的小弹簧将阀片紧压在阀座的通气孔道上，吸气阀上部与进气管连接，下部装入气缸内。气体在膨胀过程中活塞继续运动，缸内压力进一步降低，当缸内压力与进气管内的压力差超过弹簧的预压力时，阀片向气缸内移动，空气通过阀片和阀座的间隙进入气缸。吸气终了缸内压力上升，当缸内压力与弹簧一起能将阀片抬起压回阀座上时，吸气阀关闭。排气阀的作用和吸气阀相似，但阀座和阀盖的位置正好和吸气阀相反，阀座下部通缸内，上部通缸外排气管，阀盖上的弹簧将阀片向下压在阀座的通气孔道上。当气缸内压力高于排气管的压力，并且两者的压力差大于弹簧的压力时，阀片向上运动，压缩空气通过阀片与阀座的缝隙由缸内向外排气。排气完毕且当活塞向回运动时，缸内压力下降，排气阀的阀片被弹簧压回阀座，排气阀被关闭。

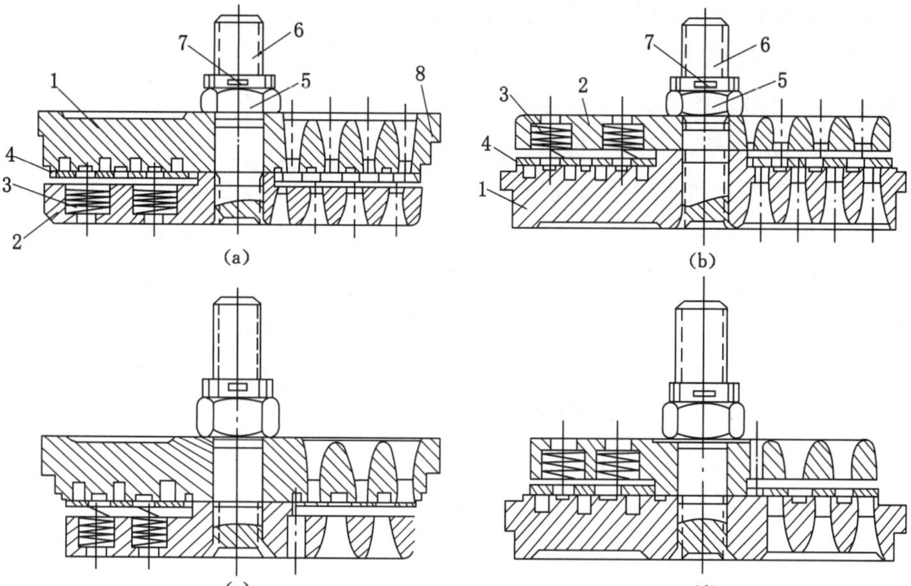

图 4-20　4L-20/8 型空压机低压气缸吸气阀和排气阀结构

(a),(b) 一级吸气阀和排气阀;(c),(d) 二级吸气阀和排气阀

1——阀座;2——阀盖;3——弹簧;4——阀片;5——螺母;6——柱栓;7——开口销

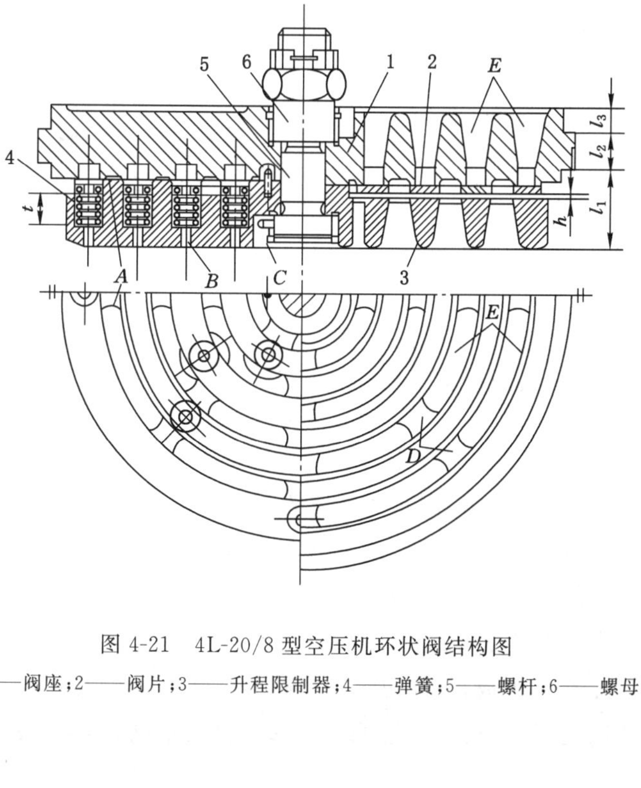

图 4-21　4L-20/8 型空压机环状阀结构图

1——阀座;2——阀片;3——升程限制器;4——弹簧;5——螺杆;6——螺母

（八）填料装置

为了阻止活塞杆与气缸间的气体泄漏，活塞杆与气缸间设有填料密封。目前空压机的填料密封多使用金属密封。图 4-22 所示为高压缸的金属密封结构图，由垫圈、隔环、密封圈、挡油圈、弹簧等组成。两个垫圈和隔环分隔成两室，前室（靠近气缸侧）内放置两道密封圈；后室（靠近机架侧）内放置两道挡油圈，防止传动系统的润滑油进入气缸。

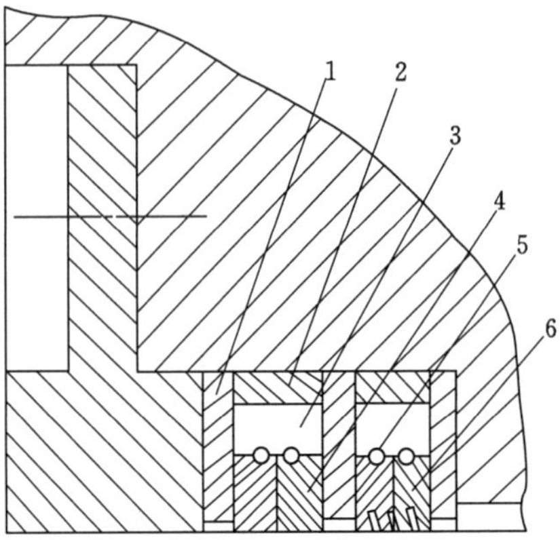

图 4-22 高压缸金属密封结构图

1——垫圈；2——隔环；3——小室；4——密封圈；5——弹簧；6——挡油圈

密封圈采用三瓣等边三角形结构，如图 4-23 所示。外缘沟槽内放有拉力弹簧将其扣紧，使它们的内圆面紧贴在活塞杆上，当内圆磨损后，借助弹簧的力量使密封圈自动收紧，确保密封。密封室内的两个密封圈，其切口方向相反，放置时切口互相错开。

挡油圈的结构形式和密封圈相似，只是内圆处开有斜槽，以便把活塞杆上的油刮下来而不使其进入气缸。由于这种填料是自紧式的，因此允许活塞杆产生一定的挠度，而不会影响密封性能。

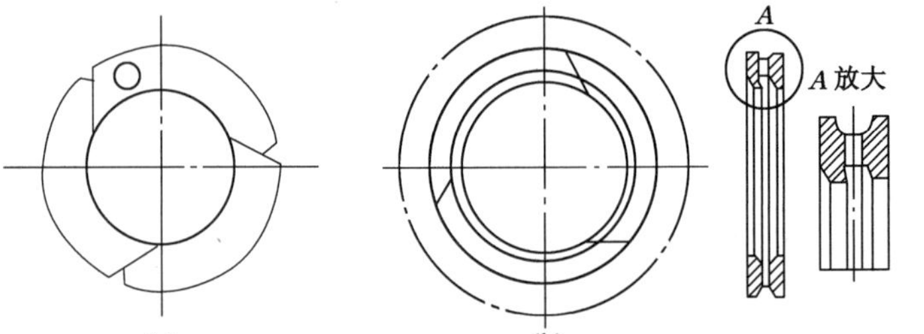

图 4-23 三瓣斜口密封圈和挡油环

(a) 密封圈；(b) 挡油环

三、活塞式空压机的附属设备

（一）滤风器

滤风器的作用是过滤空气，以阻止空气中的灰尘和杂质进入气缸。因为灰尘和杂质吸入气缸后，将与高温气体和润滑油混合而黏附在气阀、气缸壁和活塞环等处，从而使气阀不严密；增大吸、排气阻力和排气温度，增加功耗和降低效率。

滤风器主要由外壳和滤芯组成。4L-20/8 型空压机的金属网滤风器如图 4-24 所示，其外壳由筒体 1 和封头 2，5 组成，筒体内装有圆筒形金属滤网 3，当污浊空气通过时，灰尘和杂质黏附在金属滤网上，使空气得以过滤。因滤芯材质不同，如纸质、织物、泡沫、纤维、金

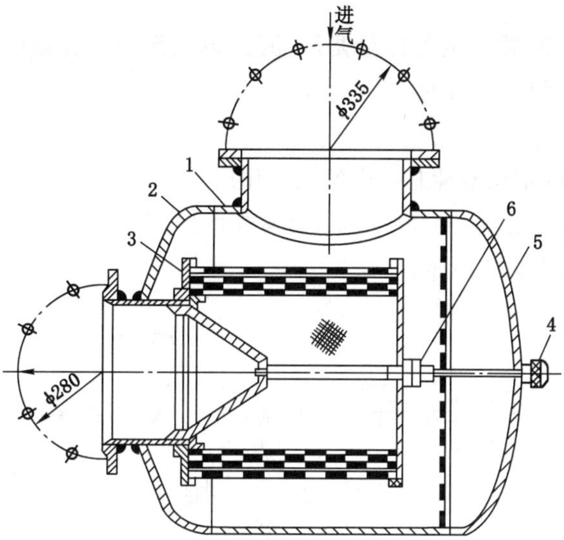

图 4-24 4L-20/8 型空压机滤风器结构

1——筒体;2,5——封头;3——滤网;4,6——螺母

属网等,而引出不同名称的过滤器。

此外,按照滤芯涂油或不涂油,可分为黏油过滤器和干式过滤器。黏油过滤器可采用国产 10 号或 20 号机油,其物理化学性质是:相对密度为 0.887(15 ℃)、闪点 190 ℃、燃点 228 ℃、在 150 ℃条件下 4 h 内挥发率为 0.35%、凝固温度-65 ℃。

空气过滤器使用一定时间后,由于尘埃和其他杂质的积累,过滤器的阻力逐渐增大,若超过一定值时,空气过滤器应清洗更换。黏油过滤器的清洗是将过滤层浸入温度为 70~80 ℃、浓度 5%~10%的溶液中,以清除黏油和附着污垢,再用热水冲洗,直至过滤层完全清洁为止。干式过滤器的清洗,可用手抖、高压空气吹洗的方法除掉杂质。

确定过滤器的过滤层面积时,首先应选定空气通过过滤层的速度,过高的速度会导致较大的阻力,影响空压机的效能。几种不同滤芯的过滤器技术数据如表 4-1 所示。

表 4-1　　几种不同滤芯的过滤器技术数据

滤芯种类	空气量/[$m^3/(m^2 \cdot h)$]	空气速度/(m/s)
金属网	4 000~6 000	1.11~1.65
纤　维	2 000	0.55~0.60
织　物	100~200	0.028~0.056
纸　质	60~250	0.017~0.070

(二) 风包

风包是大、中型活塞式空压机必须配置的设备,一般竖立装在室外距机房 1.2~1.5 m 处,空压机排出的压缩气体通过排气管输入风包。风包概括起来有三个作用:

1. 稳压作用

作简谐运动的活塞，排出的气体量是脉动的，风包像一个容器使压气管路的供气量保持基本稳定，从而达到稳压的目的。

2. 贮存一定量压气

对风动机具用气的不均衡性起一定的调节作用。

3. 风包内可分离压缩空气中的油、水，提高气体质量

常见风包结构如图 4-25 所示。

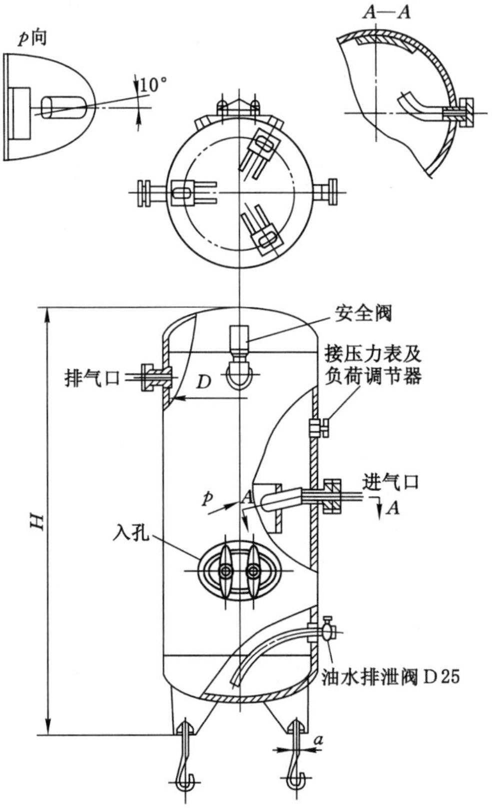

图 4-25 风包结构

（三）冷却系统

冷却系统的主要作用是降低压气的温度，节省功率消耗，提高空压机工作的经济性和安全性。空压机内起冷却作用的主要部位是气缸水套和中间冷却器两大部分。气缸用水套进行冷却，其目的是限制气缸和压气的温度，使得气缸内的压缩机油维持在一定温度，保证活塞与气缸间的润滑效果。

中间冷却器主要由外壳和一束水管组成，冷却水在管内流动，压气在管外流动，压气的热量通过管壁传递给冷却水。中间冷却器属于列管式散热器，由于接触面积较大，散热较快，冷却效果较好。其结构如图 4-26 所示。其由外壳和芯子两部分组成，外壳用钢板焊接而成，水平部分放置芯子，垂直部分为油水分离器，下部装有两个放油水用的阀门。冷却芯

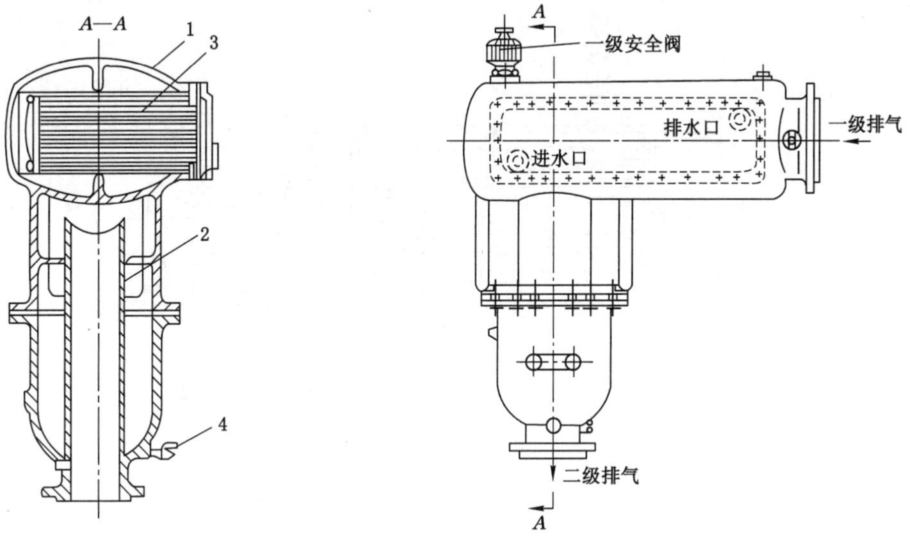

图 4-26 中间冷却器结构

1——外壳；2——油水分离器；3——冷却水管；4——放油水阀门

子是由一束钢管插入一组散热片中，用法兰盘与外壳固定。这种冷却器是压缩空气在管外流动，冷却水在管内流动，通过管壁与散热器片进行热交换，完成对压缩空气的冷却。

为了节约用水，大型空压机站都采用循环冷却水系统，如图 4-27 所示。经过冷却塔冷却后的水顺水沟流入冷水池，由图中 3 号冷水泵经进水管将冷水首先打入中间冷却器，从中间冷却器流出的水分两路分别引入Ⅰ，Ⅱ级气缸水套，从中流出的热水经过漏斗及回水管流回到热水池。图中实线表示冷水，虚线表示热水，2 号泵为备用泵。

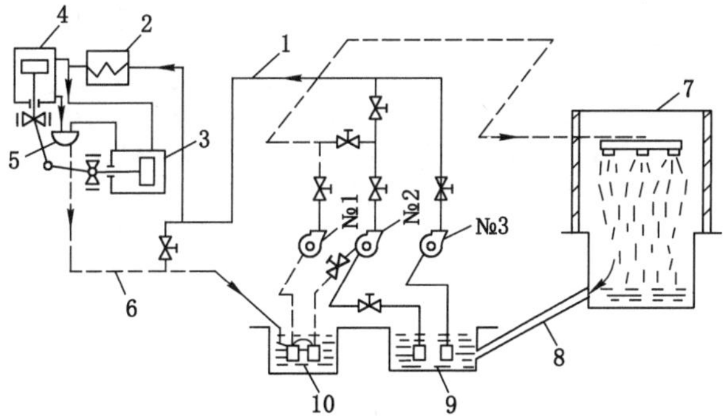

图 4-27 循环冷却水系统

1——总进水管；2——中间冷却器；3——Ⅱ级气缸水套；4——Ⅰ级气缸水套；5——漏斗；6——回水管；7——冷却塔；8——水沟；9——冷水池；10——热水池

目前，我国压缩空气站中采用多管式、散热片式、套管式、蛇管式等结构的冷却器，使用最多的是多管式冷却器。

1. 多管式冷却器

多管式冷却器的结构如图 4-28 所示，主要由筒体、封盖、芯子组成。芯子由一束胀接或

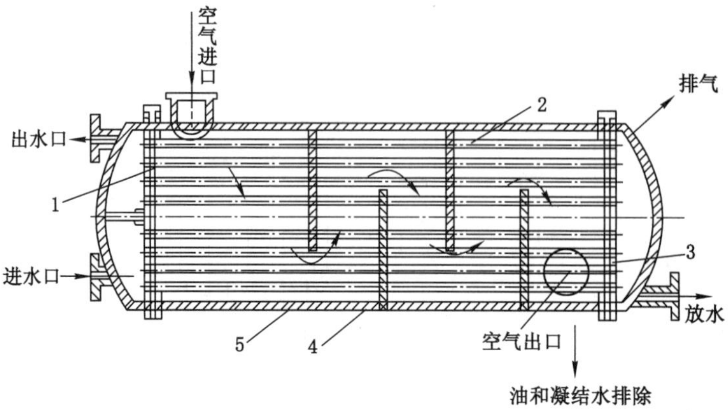

图 4-28 多管式冷却器结构图

1——固定管板；2——冷却水管；3——活动管板；4——隔板；5——外壳

焊接在两头管板上的换热管以及折流板、拉杆和定距管组成。在多管式冷却器中，冷却水在管内流动，空气在管间流动。管内流动的冷却水可以单程或多程流动，通过隔板的配置，管外的空气以垂直于管束的流向多程曲折流动。

隔板通常采用月牙型隔板和环盘型隔板两种形式，如图 4-29 所示，环盘型隔板必须配置侧板，因为脉动的气流将引起隔板的振动，使导管因与隔板不断摩擦而损坏。

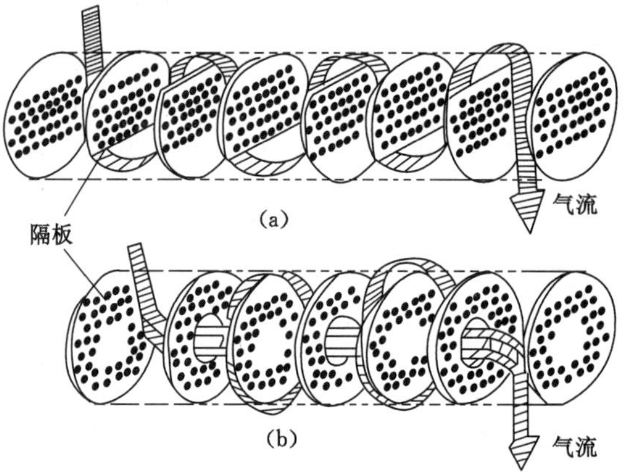

图 4-29 隔板形式图

1——月牙形隔板；2——环盘形隔板

多管式冷却器运行时外壳和管束的温度不同，必须考虑热膨胀的补偿措施。多管式冷却器的管束间相邻导管的中心距一般取导管外径 d_2 的 1.25～1.5 倍，但其最小值受导管在端板上胀接的影响，不得小于 5～6 mm。

根据一般实际使用经验，导管内径平均取 $d_1=12\sim20$ mm，多管式冷却器一般使用的压力 $P\leqslant3\sim5$ MPa。近年来为了达到高压，采用空气在管内流动的设计已得到广泛应用。

2. 散热片式冷却器

在导管上配置散热片能增大空气侧的传热面积，能较大地提高热交换能力，并相应地缩小冷却器尺寸和重量。目前，在L型活塞式空气压缩机中已广泛应用散热片式冷却器。

(四) 润滑系统

L型空压机的润滑机构分为以下两个独立的系统。

1. 运动部件的润滑系统

该系统由齿轮油泵、滤油器、油冷却器及相关油路组成。机身底部曲轴箱作为油池，齿轮油泵的主动轴插入曲轴轴端与曲轴同步旋转，油压一般为0.15～0.25 Pa。

润滑油流动路线：油池→粗滤油器→油冷却器→齿轮油泵→滤油器→曲轴中心油孔→曲轴销和连杆大头瓦配合面→连杆中心孔→连杆小头瓦和十字销配合面→十字头滑轨→油池。

2. 气缸部件润滑

气缸的润滑可以减少活塞与气缸镜面之间的摩擦阻力，减少磨损，还可以起到一定的冷却作用。L型空压机采用单独的注油器向缸内挤压润滑油。图4-30所示为L型空压机的润滑系统。由曲轴上的蜗杆带动蜗轮及凸轮驱动注油器的柱塞上下运动，将油箱中的压缩机油定量注入气缸壁上的小孔，润滑气缸及活塞。在气缸的注油孔处，一般都装有逆止

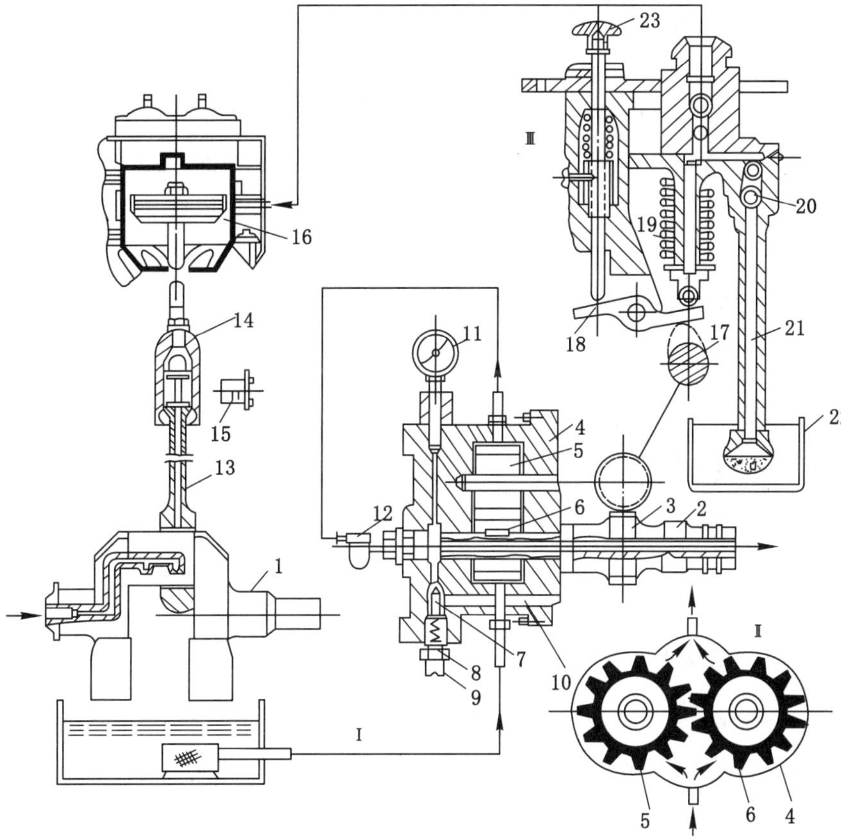

图4-30 L型空压机润滑系统原理图

1——曲轴；2——传动空心轴；3——蜗轮蜗杆；4——外壳；5——从动轮；6——主动轮；7——油压调节器；8——螺帽；9——调节螺钉；10——回油管；11——压力表；12——滤油器；13——连杆；14——十字头；15——十字头销；16——气缸；17——凸轮；18——杠杆；19——柱塞阀；20——球阀；21——吸油管；22——油槽；23——顶杆

阀，以防止油管破裂时气缸内压气反冲，并且便于空压机在不停机时更换注油器。

（五）油水分离器

油水分离器的功能在于分离压缩空气中所含的水分和油分，使压缩空气得到初步净化，减少污染，避免管道腐蚀。油水分离器的作用原理根据不同的结构形式，使进入油水分离器中的压缩空气气流方向和速度改变，并依靠惯性分离出密度比较大的油滴和水滴，压气输送管路上的油水分离器通常采用以下三种基本结构形式：

① 使气流产生环形回转；

② 使气流产生撞击并折回；

③ 使气流产生离心旋转。

在实际生产应用中，以上介绍的结构形式可同时综合采用，其分离油、水的效果则更加显著。

第一种是使气流产生环形回转的油水分离器结构，如图 4-31 所示。压缩空气进入分离器内，气流由于受隔板的阻挡，产生下降而后上升的环形回转，与此同时析出油和水，为了达到预期的油水分离效果，气流在回转后上升速度应缓慢，输送低压空气时不超过 1 m/s，输送中压空气时不超过 0.5 m/s，输送高压空气时不超过 0.3 m/s。

根据上述原则，这种结构形式的油水分离器用于低压空气，如分离器的进、出口空气流速为 v 时，则油水分离器的壳体横断面积应为进、出口管径 d 横断面积的 v 倍，即油水分离器壳体直径：

$$D=\sqrt{vd}$$

一般油水分离器的高度 H 为其内径 D 的 3.5～4.5 倍。

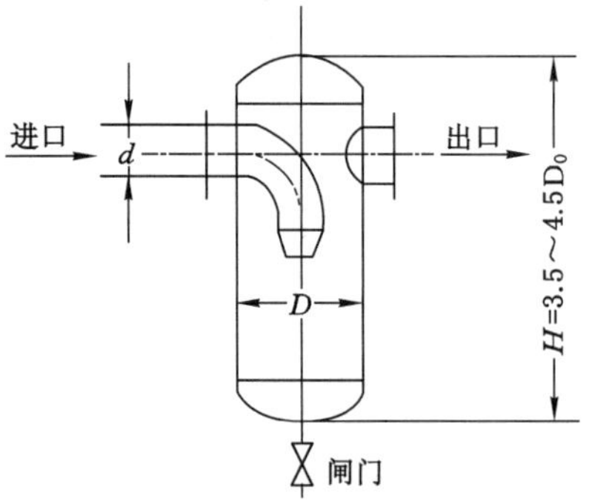

图 4-31 使气流产生环形回转的油水分离器结构图

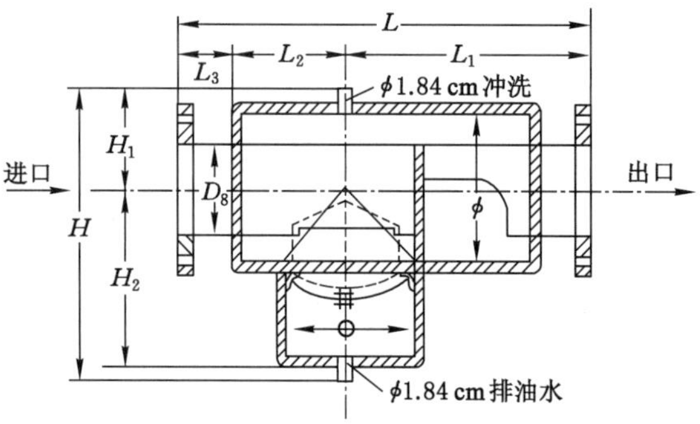

图 4-32 使气流产生撞击折返的油水分离器结构图

第二种是使气流产生撞击并折回的油水分离器结构，如图 4-32 所示。

当进入分离器内的压缩空气气流撞击在波形板组时，气流折回，油滴和水滴附于波形板面上，所积累的油水便向下流动，并汇集在底部，通过油水吹除管排出。采用第一种和第二种结构形式相结合的油水分离器比较理想，当气流进入分离器中，气流受内部装置的隔板阻挡后，即进行了二次环形回转，所以其油水分离的效果要优于单纯利用某一种结构形式。

第四节　活塞式空压机的调节及安全保护

一、活塞式空压机的调节

由于电动机的转速一定，故空压机产生的压气量固定，然而风动工具和风动机械台数经常变化，因此耗气量也时刻变化。当耗气量大于运转着的空压机的总排气量时，则输气管中的压力就降低，此时可启动备用空压机。当耗气量小于空压机的排气量时，多余的压气使输气管中的压力增高，压力增高过多，则容易产生危险。因此必须采取措施，调节空压机的排气量。

（一）关闭进气管

关闭进气管调节即关闭空压机的进气通道。用这种方法调节空压机的排气量简便、经济。关闭进气管调节装置主要由压力调节器和卸荷阀两个部件组成，其结构如图 4-33 和 4-34 所示。

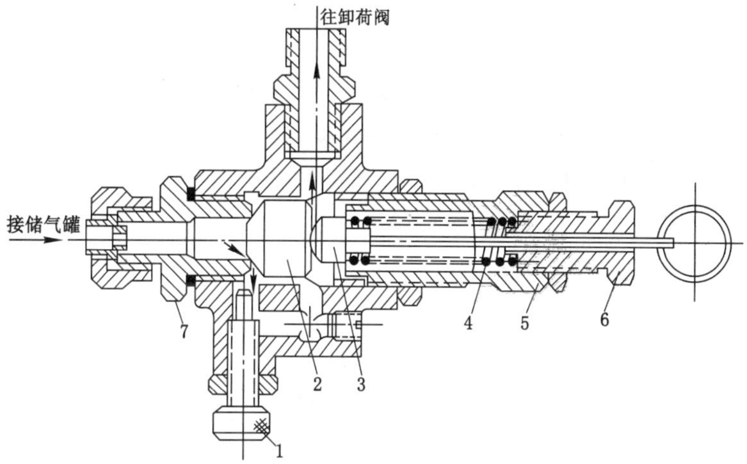

图 4-33　压力调节器

1——调节螺钉；2——阀；3——拉杆；4——弹簧；5——主调节螺管；6——副调节螺管；7——阀座

压力调节器有两个接口，一个接风包，另一个接卸荷阀。在正常情况下，两接口不相通，当风包中的气体压力超过压力调节器的设定压力时，压缩空气顶开压力调节器的阀进入卸荷阀的活塞缸中，推动活塞向上移动关闭蝶形阀，把进气管路堵塞，从而使空压机不能吸气，进入空转状态。当风包中的压力降低到某一值时，压力调节器中的阀在弹簧力的作用下，切断风包与减荷阀的通道，卸荷阀活塞缸下部没有压缩空气供给，同时上部有弹簧的作用，蝶形阀向下运动，使阀处于开启状态，空压机恢复正常运转。

（二）压开吸气阀

压开吸气阀调节是目前普遍采用的方法，实现其动作的结构形式很多，它既可以使空压机在空载状态下启动，又可以使空压机在工作状态下卸荷。

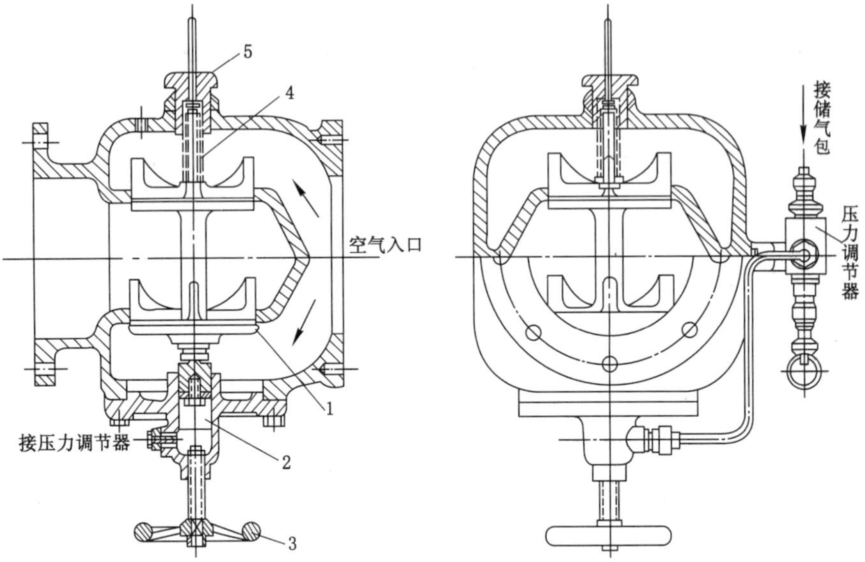

图 4-34 卸荷阀

1——蝶形阀;2——小活塞;3——手轮;4——弹簧;5——调节螺母

压开吸气阀调节装置由制动垫圈、小弹簧、压叉、导轴、大弹簧、销、弹簧座、指针、手轮等组成。图 4-35 所示为其结构图,其中导轴替代吸气阀上的连接螺钉,压叉在导轴上作轴向滑动。当空压机吸气终了时,吸气阀借助大弹簧的弹簧力,通过压叉压开吸气阀的阀片,

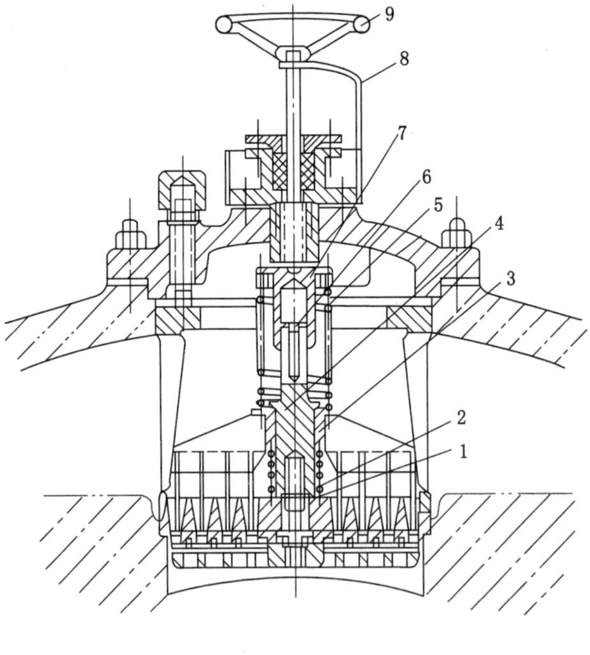

图 4-35 压开吸气阀调节装置

1——制动垫圈;2——小弹簧;3——压叉;4——导轴;5——大弹簧;6——销;7——弹簧座;8——指针;9——手轮

保持一定的开度，使吸气阀处于开启状态；当活塞返行时，气缸内的部分气体又经吸气阀返回吸气管内，活塞继续运行，气缸内的压力上升；当作用于阀片上的气流压力的合力超过大弹簧的作用力时，阀片开始向阀座运动，最终吸气阀关闭，从而起到调节排气量的作用。指针与手轮固结，指示手轮的旋转角度，旋转手轮就可调节大弹簧的预压力，从而调节吸气阀的开启程度，这样改变了气体经吸气阀返回进气管的空气量，从而达到连续调节排气量的目的。

（三）改变余隙容积

改变余隙容积的调节原理是在主气缸上设置余隙缸，当需要减少排气量时，通过加大余隙容积，使气缸容积系数减小，则排气量也相应减小。图 4-36 所示是其原理图，气缸上安装余隙缸，其中缸内部分为附加的余隙容积，平常附加余隙容积由阀与气缸隔开。活塞腔经压力调节器（图中未画出）与风包相通，当风包中的压力增大超过整定值时，压力调节器打开，压缩空气通过压力调节器后，沿风管进入减荷气缸内，推动活塞克服弹簧力向上移动，将阀打开使附加余隙容积与气缸相通，排气时部分气体进入附加容积，吸气时气缸中的剩余气体与留在附加余隙容积中的气体一起膨胀，使吸入气缸的气体量减少，从而使空压机的排气量减小。

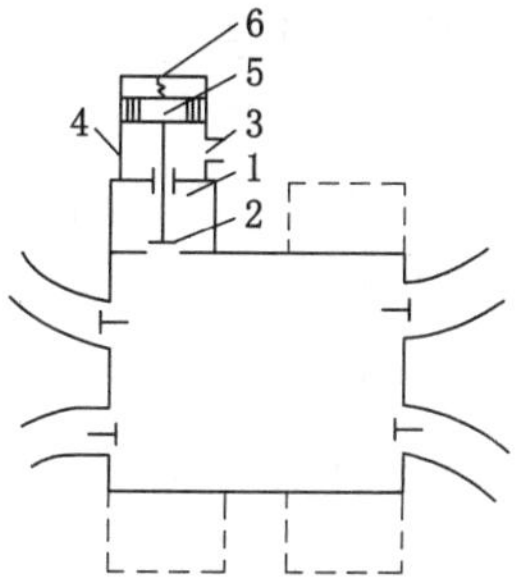

图 4-36　余隙容积调节原理图

1——余隙缸；2——阀；3——进气管；4——减荷气缸；5——活塞；6——弹簧

二、活塞式空压机的控制保护装置

空压机的气缸、储气罐、管路的爆炸是危及人身及设备的重大恶性事故，主要原因是空压机经常在高温下工作。润滑油经分馏氧化分解成酸沥青焦油和其他一些化合物与空气中的灰尘混合形成油积炭，附着在气阀上形成积炭层，积炭在高温高压下发生强烈的氧化放热反应，引起积炭温度升高而自燃。如果在气阀室或管路中含有高浓度的润滑油分解气体、油雾、油滴时将引起空压机的爆炸事故。

为了保护设备安全运行必须控制空压机的排气温度，加强对空压机的冷却，防止冷却水中断。为此，空压机增设了超温、断水、断油、超压四项保护装置。如果空压机出现冷却水中断、润滑油中断、排气温度超限时保护装置将会报警或自动切断电动机电源，迫使空压机停机。如果在空压机内发生局部范围的积炭自燃时安全阀不能在短时间内释放自燃的能量，此时超压保护打开释压阀释放能量，防止破坏机械设备。为了及时发现空压机运行中的不正常现象，防止事故发生，在大中型空压机上必须设置下列安全保护装置。

（一）安全阀

安全阀是压气设备的保护装置。其作用是当系统压力超过某一整定值时安全阀动作，把压缩气体泄于大气，使系统压力下降，从而保证压气设备的系统压力在整定值以下运行。

安全阀的种类很多，图 4-37 所示是常用的弹簧式安全阀。当系统压力大于弹簧的预压力时，阀芯向上运动，压缩气体经阀座与阀芯的环形间隙排向大气；当系统压力下降，对阀芯的总压力小于弹簧力时，阀芯向下落在阀座上，停止排气。因此调整螺丝，可调整弹簧的预压力，从而可调节安全阀的开启压力。用手把可进行人工放气。

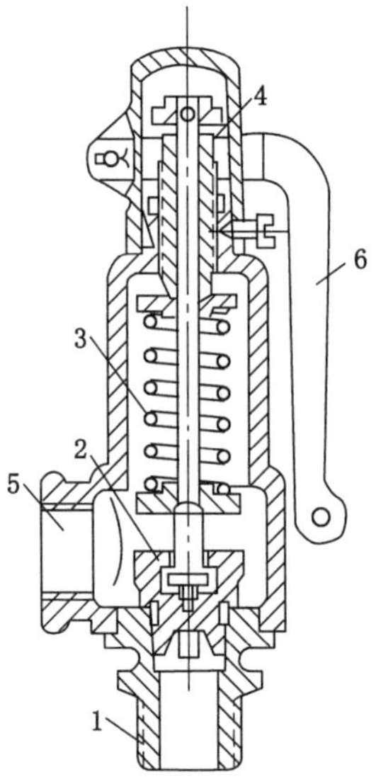

图 4-37 弹簧式安全阀

1——阀座；2——阀芯；3——弹簧；4——调整螺丝；5——排气口；6——手把

（二）释压阀

释压阀的作用是防止压气设备爆炸而装设的保护装置。当压缩空气温度或压力突然升高时，安全阀因流通面积小，不能迅速把压缩气体释放。而释压阀流通面积很大，可以迅速释压，对人身和设备起到保护作用。释压阀的种类比较多，图 4-38(a)是常用的一种活塞式释压阀，主要由气缸、活塞、保险螺杆和保护罩等部件组成。释压阀装在风包排气管正对气流方向上，如图 4-38(b)所示。当压气设备由于某种原因，压缩空气压力上升到(1.05±0.05) MPa 时，保险螺杆立即被拉断，活塞冲向右端，使管路内的高压气体迅速释放。

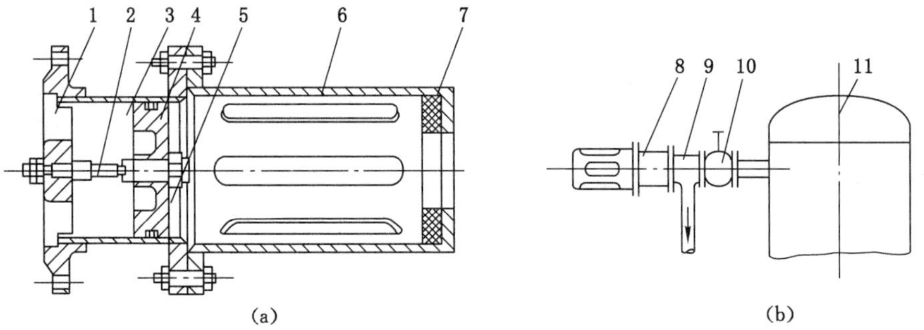

图 4-38 释压阀构造及安装位置

(a) 释压阀的构造；(b) 释压阀安装位置

1——卡盘；2——保险螺杆；3——气缸；4——活塞；5——密封圈；6——保护罩；7——缓冲垫；8——释压阀；9——排气管；10——闸阀；11——风包

（三）压力继电器

压力继电器的作用是保障空压机有充足的冷却水和润滑油，当冷却水水压或润滑油油压不足时，继电器动作，断开控制线路的接点，发出声、光信号或自动停机。图 4-39 为压力继电器的原理图。当油(或水)管接头中的压力低于某一值时，薄膜上部的弹簧使推杆下降，电开关在本身弹簧力作用下，接点断开。

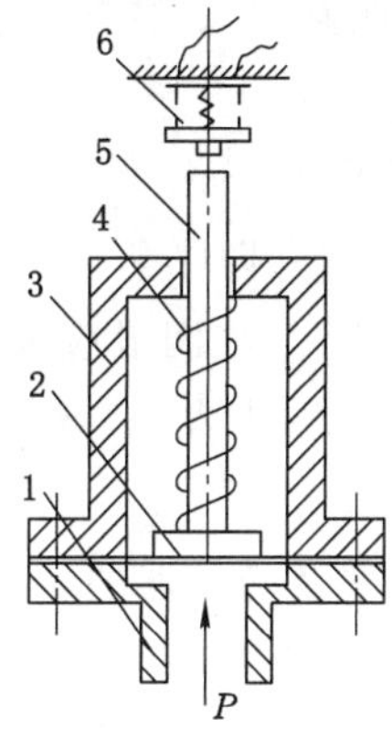

图 4-39　压力继电器原理图

1——管接头；2——薄膜；3——继电器外壳；4——弹簧；5——推杆；6——电接点

（四）温度保护装置

温度保护装置的作用是保障空压机的排气温度及润滑油的温度不致超过设定值。此类装置有带电接点的水银温度计或压力表式温度计，当温度超限时，电接点接通，发出报警信号或切断电源。

第五节　活塞式空压机的使用、维护与故障处理

一、空压机的操作与运行

（一）启动前的准备工作

（1）进行外部检查，特别要检查各螺栓及基座的固定情况。

（2）手动盘车 2～3 转，检查转动部分有无卡阻现象。

（3）检查润滑油量是否充足。

（4）开启冷却水泵，向冷却系统供水，并在漏斗处检查水量是否充足。

（5）关闭减荷阀。

（6）打开空压机与储气罐之间排气管的闸阀。

（二）启动

（1）按电动机控制设备规定的操作步骤启动电动机，使空压机进入空载运转，此时注意电动机的转向是否正确。

（2）空载运行情况正常后，逐渐打开减荷阀使空压机进入带负载的正常运转。

（三）试车与运行

（1）新安装的空气压缩机，必须是经有关部门批准的正规厂家的产品，并有相应的合格证和技术资料，用户按设备说明书进行验收，经试车合格后方准使用。

（2）凡经过大修或中修的空气压缩机，其主要零部件必须达到原设计规定的技术指标。

主要受力件、转动部件均应有详细的检修记录,要按设备说明书和企业设备管理规章进行验收,经试车合格后,方可使用。

(3) 空气压缩机的修理必须在卸压后进行。

(4) 工作时,如发生断水、缺油,必须立即停车。

(5) 不符合要求的润滑油不得使用,气缸润滑应采用压缩机油。气缸和曲轴箱内的润滑油量应适当,润滑系统油压应稳定,油质清洁。

(6) 在炎热地区,应采取降温措施。

(7) 空气压缩机气缸、气缸盖、活塞及冷却器的气体管路等,应定期进行水压试验。管路应以 3×10^5 Pa 的表压进行水压试验,稳压时间不应少于 5 min,不允许有渗漏现象。

(8) 受压容器的气压试验和气密性试验必须遵守工艺规程及《压力容器安全技术监察规程》。

(9) 进行气压试验时,如容器内有残留的易燃、易爆气体,禁止用空气。

(四) 停机

(1) 关闭减荷阀,使空压机进入空载运转,情况紧急时,可不进行此步骤。

(2) 断开电源。

(3) 关闭冷却水进水闸门,停泵。

(4) 放出末级排气管处的压缩空气。

(5) 排放中间冷却器、后冷却器、压力调节器和储气罐中的油水。

(6) 停机时间较长时,应放掉各部分的存水,以防锈蚀和冻裂。

(7) 停机十天以上者,应向各摩擦面充分注入润滑油;停机一个月以上作长期封存时,除排放掉各处的油水外,还应拆出所有气阀并吹洗干净,擦净气缸镜面,活塞端面、曲臂表面及所有非配合面,并进行油封,以防灰尘、潮气或水侵入。

二、空压机维护

为了使空压机正常工作和延长使用寿命必须严格遵守操作规程,每班要做出详细的运转日志,发现故障应及时处理。对定检项目要定期检修。下面是空压机工作一定时间后的一般维护和检测内容。

(一) 工作 50 h

(1) 检查机身内油池的油面;

(2) 清洗润滑系统过滤器的滤芯。

(二) 工作 300～500 h

(1) 清洗吸、排气阀,检查阀片和阀座的密封性;

(2) 检查和清洗滤风器;

(3) 检查安全阀,修复阀上轻微伤痕,检查安全阀弹簧是否回缩。

(三) 工作 2 000 h

(1) 清洗油池、油路、油泵、更换新油;

(2) 清洗注油器系统,检查油路各止回阀的严密性;

(3) 吹洗油、气管路，校正压力表，检查安全阀的灵敏度；

(4) 检查填料箱磨损情况，检查并清洗活塞、活塞环；

(5) 拆洗压力调节器并校正；

(6) 检查连杆大、小头瓦和十字头各摩擦面磨损情况。

(四) 工作 4 000～5 000 h

(1) 拆洗曲轴及轴承并检查其精度、粗糙度，根据情况进行修复；

(2) 清洗排气管、冷却器进行水实验；

(3) 检查十字头与机身滑动间的间隙和粗糙度，根据情况进行修复。

(五) 工作 8 000 h

(1) 拆开气缸，清除油垢焦渣并清洗；

(2) 用苛性苏打水溶液清洗气缸水套内水垢和冷却器水管中的水垢；

(3) 组装气缸后进行试验，试验按工作压强的 1.5 倍计算；

(4) 其余检查同前各项。

三、空压机经济运行措施

(一) 减少容积损失，提高排气量

在空气压缩机的实际工作循环中，由于曲轴、连杆机构受热膨胀，以及各传动部件有间隙存在，为避免活塞头与气缸盖撞击，必须存在余隙容积，同时有了余隙中空气的膨胀作用，能使吸气阀开启时较平稳，缓和了气阀的冲击作用，但余隙又不能过大，否则会影响排气量。

(二) 改变可并压缩空气的供气方式

目前所使用的供气方式都是将空压机房设在地面，通过管道将压缩空气送往需要的场所。如果矿井比较深，井型较大，管网比较复杂，则管网泄漏损失和压力下降所造成的电能浪费比较大。为此，建议采用分散就近供气方式，减少压缩空气的损耗。

(三) 提高冷却效果，减少阻力损失，降低功率消耗

空气压缩机的冷却对降低空气压缩机的功率损耗，保证安全经济运转有重要作用。气缸冷却条件好，冷却水由缸壁带走的热量大，不仅可以提高冷却效果，更重要的是空气压缩机的压缩过程每一工作循环功耗小；中间冷却器冷却效果好，则由一级气缸排入二级气缸的空气体积缩小，可以降低二级压缩所消耗的功。

空气压缩机的正常运转在很大程度上取决于冷却，如果冷却水循环系统受阻，不仅是供水不足，往往由于冷却水质未经处理，造成缸套和冷却系统严重结垢，影响散热，将使气缸温度升高，既降低空气压缩机效率，同时又影响安全运转。为此，必须对中间冷却器和缸套进行清理，以提高冷却效果。

空气压缩机是为各种气动工具提供动力的设备，由于气动设备效率低，因此，如何管好、用好、修好空气压缩机，合理敷设管道，选择管径及其附件，以减少压气量和气压损失，提高空气压缩机和气动工具的效率，最大限度地减少风动工具的使用范围，是空气压缩设备达到安全经济运行的重要途径。

四、空压机的常见故障分析及处理方法

活塞式空压机在运转中可能发生的主要故障、产生原因及其排除方法，如表4-2所示。

表4-2　空压机的主要故障、产生原因及其排除方法

故障现象	产生原因	排除方法
气缸过热、排气温度过高	1. 冷却水中断或供水量不足 2. 冷却水进水管路堵塞 3. 水套、中间冷却器内水垢太厚 4. 气缸润滑油中断	1. 停机检查，增大供水量 2. 检查疏通 3. 清除水垢 4. 检查和调整供油系统，保证适量供油
填料箱漏气	1. 密封圈内径磨损严重 2. 活塞杆磨损 3. 油管堵塞或供油不足 4. 密封元件间垫有脏物	1. 检修或更换密封圈 2. 进行修磨或更换 3. 清洗疏通油管，增加供油量 4. 检查清洗
排气量不够	1. 转速不够 2. 滤风器堵塞 3. 气阀不严密 4. 活塞环或活塞杆磨损、气体内泄 5. 填料箱、安全阀不严密，气体外泄 6. 余隙容积过大 7. 气缸盖与气缸体结合不严 8. 转速不够 9. 滤风器堵塞 10. 气阀不严密 11. 活塞环或活塞杆磨损、气体内泄 12. 填料箱、安全阀不严密，气体外泄 13. 余隙容积过大 14. 气缸盖与气缸结合不严	1. 查找原因，提高转速 2. 清洗滤风器 3. 检查修理气阀 4. 检查修理或更换 5. 检查修理 6. 调整余隙 7. 刮研气缸盖与气缸体结合面或换气缸垫 8. 查找原因，提高转速 9. 清洗滤风器 10. 检查修理气阀 11. 检查修理或更换 12. 检查修理 13. 调整余隙 14. 刮研气缸盖与气缸体结合面或换垫
齿轮油泵压力不够或不上油	1. 油池内油量不够 2. 滤油器、滤油盒堵塞 3. 油管不严密或堵塞 4. 油泵盖板不严 5. 齿轮啮合间隙磨损过大 6. 齿轮与泵体磨损间隙过大 7. 油压调节阀调得不合适或调节弹簧太软 8. 润滑油质量不符合规定，黏度过小 9. 油压表失灵	1. 添加润滑油 2. 进行清洗 3. 检查紧固，清洗疏通 4. 检查紧固 5. 更换齿轮 6. 更换齿轮油泵 7. 重新调整更换弹簧 8. 更换润滑油 9. 更换
各级压力分配失调	当二级达到额定压力时，一级排气压力低于0.2 MPa。一级吸、排气阀损坏漏气，一级排气压力高于排气0.23 MPa，二级吸、排气阀损坏漏气	1. 研磨一级吸、排气阀座，阀盖，阀片或更换阀片与弹簧 2. 研磨二级吸、排气阀阀座，阀盖，阀片或更换阀片与弹簧

思考与练习题

1. 空压机分成哪几种类型？
2. 活塞式空压机的工作原理是什么？
3. 试用示功图说明空压机的理论工作循环和实际工作循环。
4. 空压机由哪几个重要机构组成？
5. 压缩机构和传动机构各由哪些部件组成？
6. 空压机的附属设备有哪些？它们有何用途？
7. 如何调节气缸的余隙容积？
8. 空压机润滑的目的是什么？为什么要分气缸和传动机构两套润滑系统？
9. 空压机排气量调节的目的是什么？常用的调节方法和装置有哪几种？

第五章 刮板输送机

第一节 概 述

一、刮板输送机的组成及工作原理

（一）刮板输送机的组成

刮板输送机俗称“煤溜子”，是一种以挠性体为牵引机构的连续输送机械，主要用于缓倾斜采煤工作面中煤炭的运输，也可用于采区平巷、联络巷与上下山、辅助巷道及掘进工作面的运输。图 5-1 所示为刮板输送机的基本结构，其主要组成部分有机头部、机尾部、中间部和附属装置。

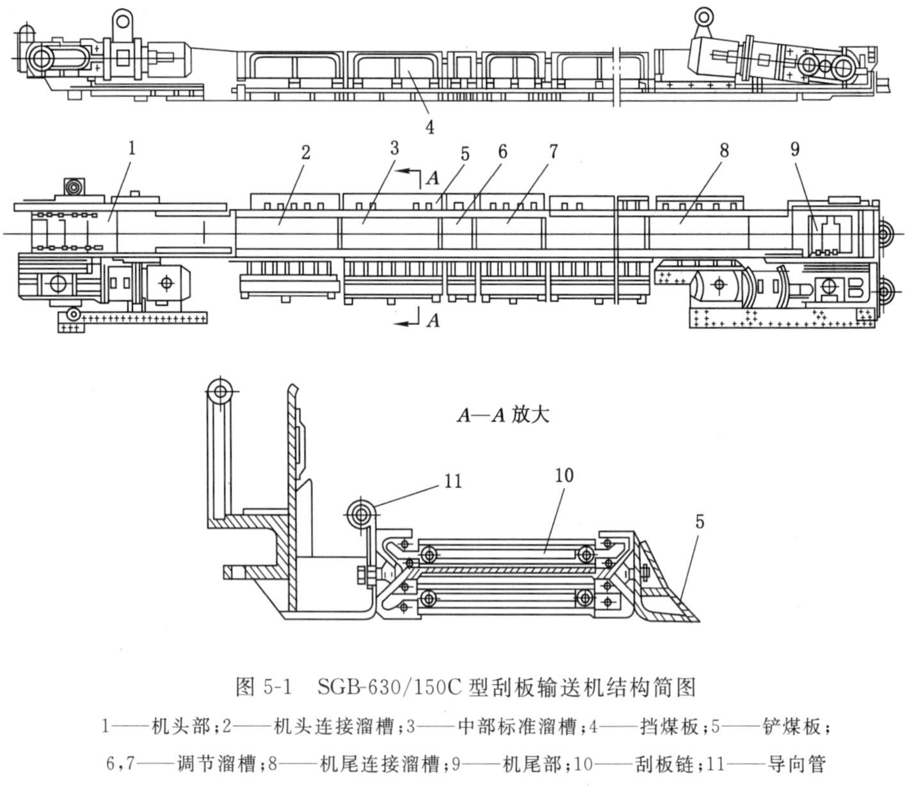

图 5-1 SGB-630/150C 型刮板输送机结构简图

1——机头部；2——机头连接溜槽；3——中部标准溜槽；4——挡煤板；5——铲煤板；6,7——调节溜槽；8——机尾连接溜槽；9——机尾部；10——刮板链；11——导向管

其中：

机头部：包括机头架、电动机、液力耦合器、减速器、链轮组件等。

中间部：包括中部溜槽、过渡溜槽、刮板链组件等。

附属装置：包括紧链器、铲煤板、挡煤板、电缆槽等。

(二) 刮板输送机的工作原理

刮板输送机的工作原理示意图如图 5-2 所示，由绕过机头链轮 1 和机尾链轮 2(或滚筒)的无极循环刮板链 4 作为牵引机械，以上、下溜槽 3 作为承载机构。电动机经液力耦合器、减速器驱动链轮旋转，使链轮带动与之啮合的刮板链 4 连续运转，装在溜槽上的煤炭被刮板链拖拉到机头处卸载转运。一般情况下，溜槽上部装载，下部回空链。

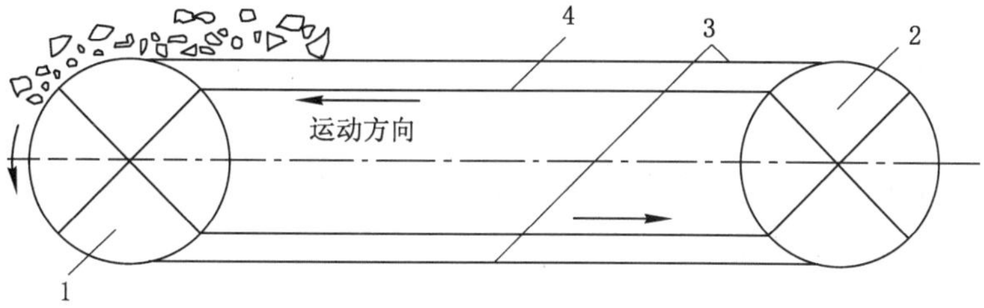

图 5-2　刮板输送机的工作原理示意图

1——机头链轮；2——机尾链轮；3——上、下溜槽；4——刮板链

(三) 刮板输送机的适用条件

一般的刮板输送机能在铺设倾角 25°以下的条件下使用。对于兼作采煤机轨道的刮板输送机的铺设倾角一般不超过 10°。当铺设倾角较大时，要采取锚固防滑措施。

二、刮板输送机的类型、型号与特点

(一) 刮板输送机的类型

常用的分类方式有以下几种：

(1) 按机头卸载方式和结构，分为端卸式、侧卸式和 90°转弯刮板输送机。

(2) 按溜槽布置方式和结构，分为重叠式和并列式、敞底式与封底式溜槽刮板输送机。

(3) 按单电动机额定功率大小，分为轻型($P\leqslant 75$ kW)、中型(75 kW$<P\leqslant 160$ kW)、重型($P>160$ kW) 刮板输送机。

(4) 按刮板链的形式，分为边双链型、中双链型、中单链型和三链型刮板输送机(图 5-3)。

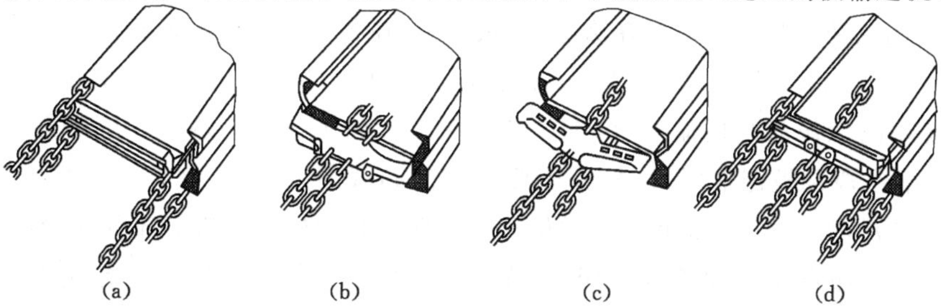

(a)　(b)　(c)　(d)

图 5-3　刮板输送机的类型简图

(a) 边双链；(b) 中双链；(c) 中单链；(d) 三链

（二）国产刮板输送机产品型号编制方法

为使刮板输送机的生产实现标准化、系列化和通用化，我国制定了《矿用刮板输送机型式与参数》和《刮板输送机通用技术条件》。

《矿用刮板输送机型式与参数》是产品系列的规划，《刮板输送机通用技术条件》规定了刮板输送机的主要质量标准和技术要求，以提高产品质量。国产刮板输送机产品型号编制方法如下：

□○△－◇/◆■

其中：

□→输送机 S

○→刮板 G

△→刮板链形式：D 为中单链型，B 为边双链型，Z 为中双链型，N 为准边双链型

◇→中部槽内槽宽度代号 mm

◆→驱动功率 kW

■→设计修改序号，以(A)、(B)、(C)…依次表示

例如，中部槽槽宽为 630 mm、配用电动机功率为 2×75 kW，第三次修改的边双链刮板输送机表示为 SGB-630/150(C)。

SGZC-630/150 型：C—侧卸式，其他意义同前。

（三）刮板输送机的特点

(1) 优点：运输能力不受负载的块度和湿度的影响；机身矮、结构紧凑，沿输送机全长可任意位置装煤；机身可弯曲，机身长度调整方便；可作采煤机的轨道和拉移液压支架的支点；机体结构强度高，能用于爆破装煤的工作面。

(2) 缺点：运行阻力大，耗电量高，刮板、溜槽磨损严重；使用维护不当时易出现掉链、漂链、卡链甚至断链事故；运输距离也受到一定限制。

三、刮板输送机的发展

采煤工作面刮板输送机是由德国人于 1940 年发明的，20 世纪 50 年代中期，与工作面刮板输送机配套的液压支架在英国研制成功后，与滚筒采煤机一起，形成采、支、运三机配套的综采设备。我国第一台大功率分体溜槽刮板输送机 SGB-830/400 在张家口煤机厂于 1991 年底研制成功。刮板输送机在历经 70 余年后，在各个方面已经取得了很大的发展，并形成了许多系列产品，其元件如圆环链、链轮、开口式接链环和刮板等均已有国际标准。

目前使用的工作面刮板输送机，都是从机头端部向工作面运输巷中的转载机上卸载。为避免卸载后空段刮板链带回煤，机头需要一定的卸载高度，但这样会影响采煤机运行到工作面端部自开切口。新的侧卸式输送机和垂直转弯式刮板输送机能改善这种状况。

随着矿井产量和工作面长度的变大，综采工作面刮板输送机的驱动方式均采用机头、机尾双端驱动，即机头、机尾都装有驱动装置，一般机头、机尾电机额定功率相同（近几年逐渐出现头尾功率不同的配置）。但是对于铺设距离较长、运量较大的重型刮板输送机，由于载荷很大，刮板链变形很大，如果再将刮板链看成刚体式机头、机尾同步启动，势必会出现

电机功率不平衡乃至烧电机的事故。当前国内正在研究采用可控顺序启动，即先启动机尾电机，间隔几秒之后再启动机头电机，能有效地解决机头、机尾电机功率不平衡的问题。

（一）侧卸式刮板输送机

侧卸式刮板输送机与一般刮板输送机的区别在于机头部，如图 5-4 所示，它用于采煤机工作面运煤。安装时机头跨越转载机延伸到工作面运输巷中，机头架侧面卸载处的中板向两侧倾斜，在固定的犁式卸煤板的辅助作用下，将大部分煤卸入转载机中。刮板链从犁式卸煤板下带走的煤，经机头链轮卸回到煤罩内，由刮板链返程带回卸到转载机中，为此，机头架的底板在转载机的上部开有卸煤孔。

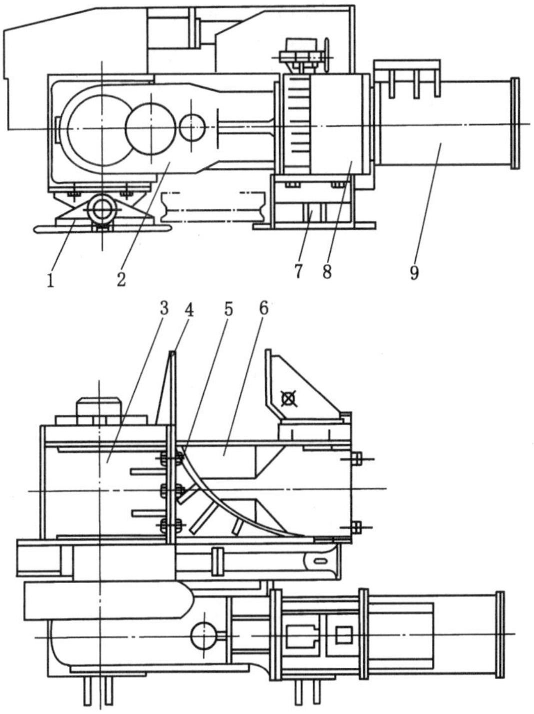

图 5-4　侧卸式刮板输送机的机头部简图

1——铰接推移架；2——减速器；3——回煤罩；4——侧卸挡板；5——犁式卸煤板；6——倾斜中板；7——推移架；8——连接罩；9——电动机

（二）垂直转弯式刮板输送机

这是机身能转 90°、把工作面输送机与运输巷转载机连成一体的机型，主要特点是它有一个 90°转弯装置。如图5-5所示，上、下回转轮盘通过轴承与立轴构成旋转体，形成与刮板链运行的支承轮盘。运行时，上链道刮板端头与上回转轮盘槽接触，下链道刮板端头与下回转轮盘接触。这种装置只适用于中单链型刮板输送机。

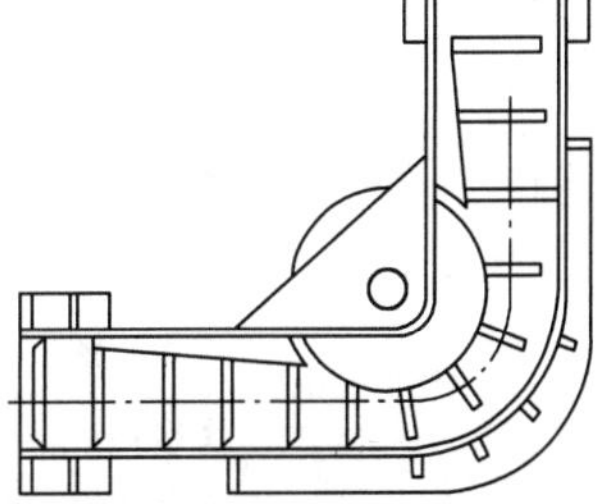

图 5-5　90 ℃转弯装置俯视图

第二节 刮板输送机的主要部件

随着生产刮板输送机技术的不断发展，国内外不同厂家所出品的刮板输送机组成部件的形式和布置方式也不尽相同，但基本结构是相同的。

一、机头部

机头部是刮板输送机的传动部件，具有传动、卸载、紧链、锚固和固定采煤机牵引链等功能。如图 5-6 所示，机头部由机头架、链轮、减速器、液力耦合器和电动机组成。减速器和电动机外壳均带有法兰盘，通过液力耦合器外罩把三者联成一刚性整体，以保证减速器输入轴、电动机轴和液力耦合器轴之间的同轴度。减速器用螺栓固定在机头架上。

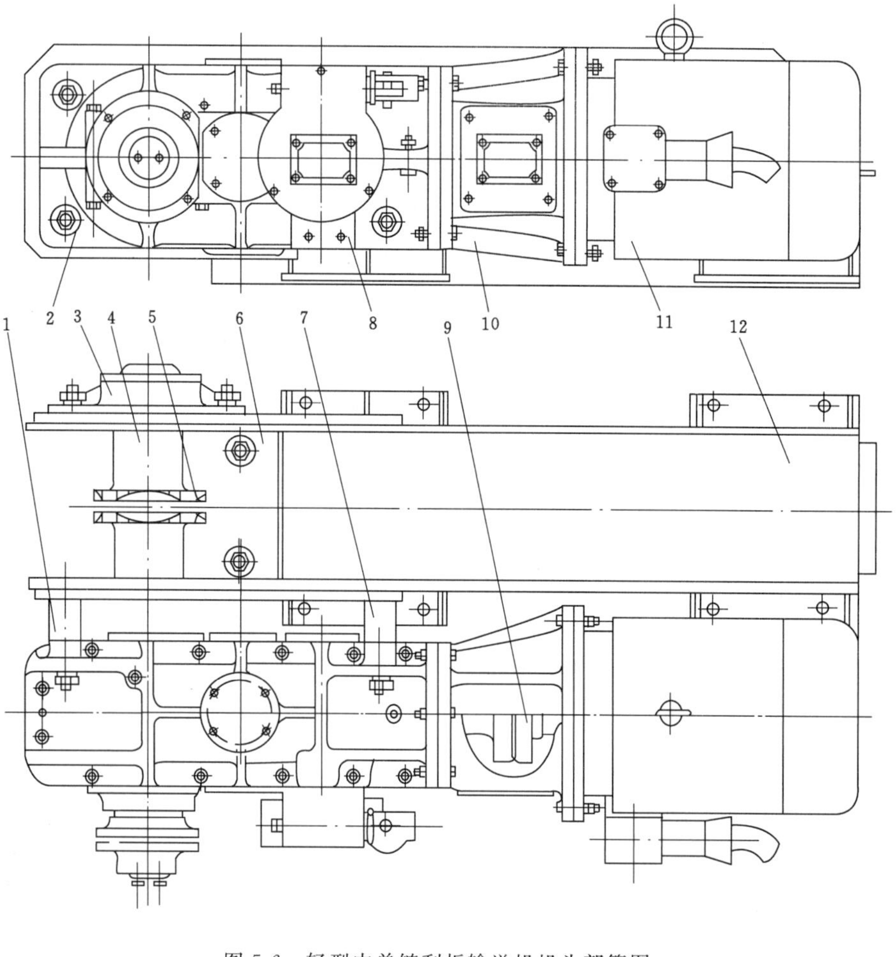

图 5-6 轻型中单链刮板输送机机头部简图

1,7——垫块；2——减速器；3——盲轴；4——链轮；5——拨链器；6——护轴板；8——紧链装置；9——联轴器；10——连接筒；11——电动机；12——机头架

（一）机头架

机头架是机头部的骨架，要求有足够的刚性和强度，一般为焊接结构件。其特点为：两侧对称，可在任一侧安装减速器，以适应左、右两工作面的需要；链轮由减速器伸出轴和盲轴支撑连接，这种连接方式便于在井下拆装；前横梁上固定有拨链器和护轴板，以防止刮板链在与链轮的分离点处被轮齿带动进入链轮。

机头架的易损部位应采取耐磨措施，如加高锰钢堆焊层或局部用可更换的耐磨材料零件。

（二）链轮组件和盲轴

链轮组件由链轮和连接筒组成。链轮是传力部件，也是易损件，运转中除受静载荷外，还受脉冲和冲击载荷。图 5-7 所示为边双链用的链轮组件，两个链轮 2 通过内花键孔分别与减速器的输出轴和盲轴 1 的花键连接。两个剖分式连接滚筒 3 扣合在一起，用螺栓 5 紧固，连接筒两边的扣环分别扣在链轮的环槽内，内孔两端通过平键分别与减速器的输出轴和盲轴连接。安装时，必须保证两个链轮的轮齿在相同的相位角上。

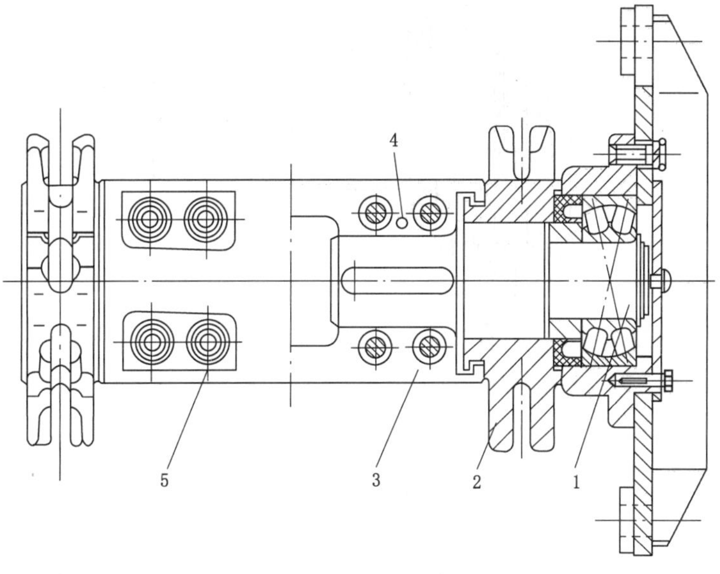

图 5-7　边双链链轮组件

1——盲轴；2——链轮；3——滚筒；4——定位销；5——螺栓

图 5-8 所示为中双链焊接链轮组件，整体连接筒与链轮焊接成一体，两端的内花键分别与减速器输出轴和盲轴连接。这种结构拆装、维修都很方便。

盲轴组件装在无传动一侧机头架的侧板上，其作用是配合减速器的输出轴共同支撑链轮组件，使链轮正常平稳运行。盲轴的轴承通过轴承托架和机头架的侧板连接。盲轴组件结构如图 5-9 所示，花键轴就是所谓的盲轴，它的一端用调心轴承来支撑，中间用花键与链轮相连，另一端用平键与滚筒连接。

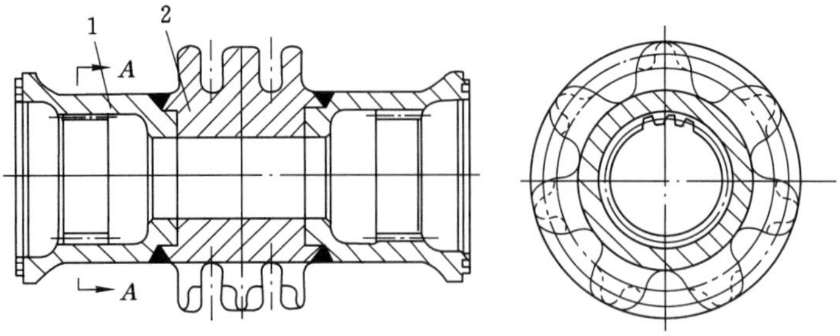

图 5-8 中双链焊接链轮组件

1——滚筒;2——链轮

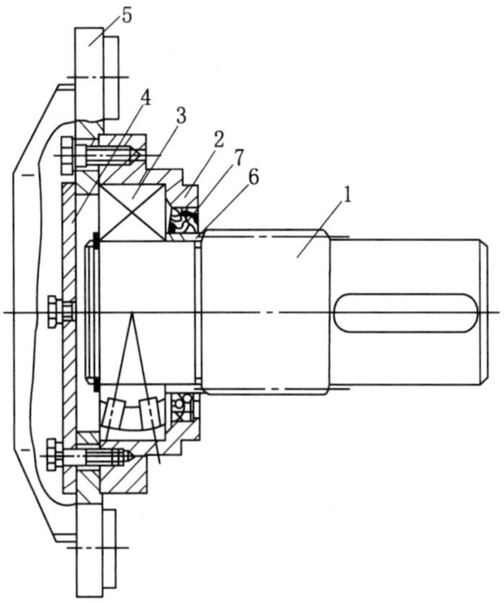

图 5-9 盲轴组件

1——盲轴;2——轴承座;3——调心轴承;4——盖板;5——轴承托板;6——轴套;7——密封圈

(三) 减速器

我国目前生产的刮板输送机减速器,多为平行布置、三级传动的圆锥圆柱齿轮减速器,一般采用液力耦合器对电机进行过载保护。但在使用双速电动机时,由于液力耦合器不能在低速下使用,则采用机械和电气过载保护,连接装置则采用摩擦式离合器。

图 5-10 所示的三级减速器,第一对齿轮为圆弧锥齿轮,第二对齿轮为斜齿圆柱齿轮,第三对齿轮为直齿圆柱齿轮。箱体材料为球墨铸铁,以保证强度。为使在倾斜状态下第一轴的球轴承得到润滑,用挡环和油封隔成一个独立的油室,使润滑油不会流入箱体油室。为使大倾角下锥齿轮得到润滑,箱体相应部位设隔油室。为防止工作时油过热,箱体底部设冷却水管。

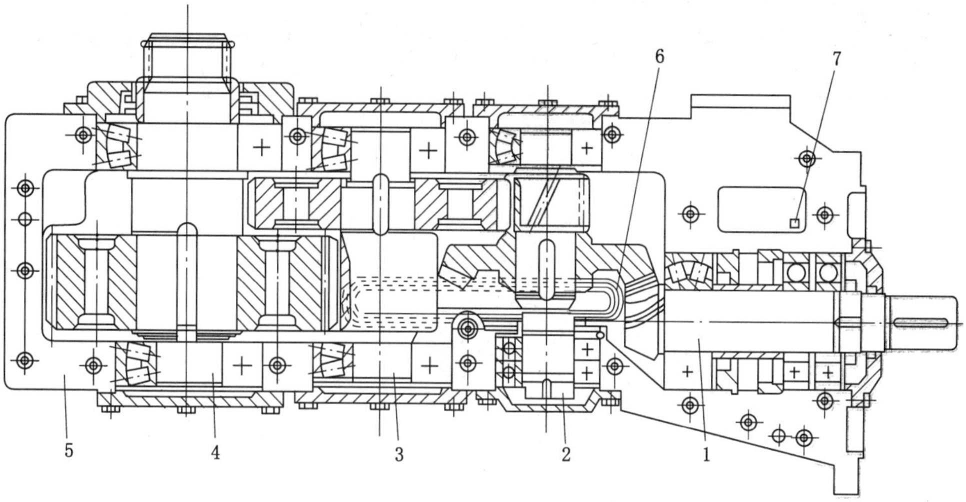

图 5-10　三级圆锥圆柱减速器结构简图

1——一轴齿轮组件；2——二轴齿轮组件；3——三轴齿轮组件；4——四轴齿轮组件；5——箱体；6——冷却装置；7——油位尺

二、机尾部

机尾部分为有驱动装置和无驱动装置两种。有驱动装置的机尾部，因机尾不需卸载高度，除机尾架比机头矮、短外，其他部件与机头部相同。无驱动装置的机尾部，尾架上只有供刮板链改向用的机尾轴部件，机尾轴上的链轮也可以用滚筒代替。

三、溜槽及附件

溜槽及附件是刮板输送机的主体，用于承载矿物和刮板链，兼做采煤机运行轨道。溜槽有中部槽、调节槽、连接槽(或过渡槽)等类型。工作面刮板输送机溜槽靠采空侧安装挡煤板，以提高装载力；靠煤壁侧安装铲煤板，以清扫机道，便于输送机推向煤壁。挡煤板和铲煤板属于附件。

(一) 中部槽

中部槽是刮板输送机的机身，位于刮板机的中部，按重量或总长度计，占整个刮板输送机的 70%～80%。一般每台刮板输送机包含 100 多节中部槽，每节槽子长度为 1.5 m。中部槽的耐磨处理直接影响其使用寿命。如图 5-11 所示，中部槽由槽帮钢和中板焊接而成。上槽为装运物料的承载槽，下槽有敞底式和封底式两种，供刮板链返程用。封底式可减小刮板链返程阻力或用于松软底板，但会给安装和维修带来困难。为此，可采用几节封底槽间隔一节有可拆中板的检修槽的办法，以减少困难。常用的检查口有横拉插板式、铰链曲折式和上下分体式。横拉插板式中部槽如图 5-12 所示。

中部槽的形式有中单链型、边双链型、中双链型三种。除用于轻型刮板输送机的中单

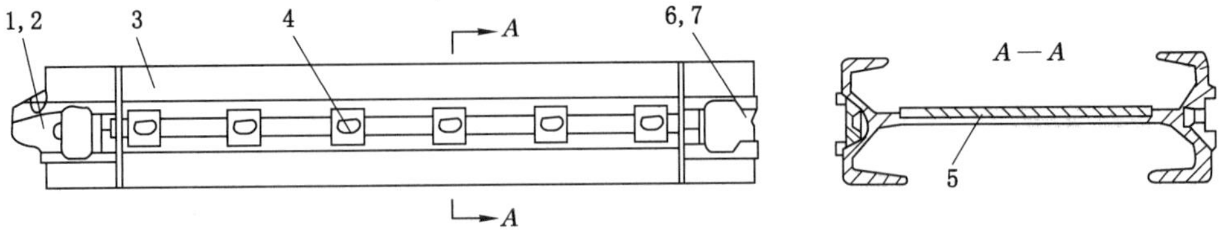

图 5-11 中部槽

1,2——高锰钢凸端头;3——槽帮钢;4——支座;5——中板;6,7——高锰钢凹端头

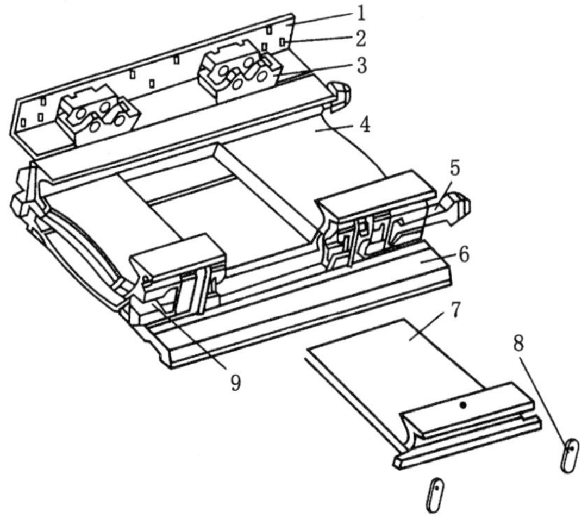

图 5-12 横拉插板式中部槽

1——挡煤板托架;2——连接挡煤板座孔;3——牵引导轨安装基座;4——中板;5——哑铃栓;6——铲煤板;7——横拉插板;8——定位插销;9——哑铃连接座窝

链采用冷压槽帮钢外,其他都用热轧槽帮钢。图 5-13 所示为定型标准槽帮钢断面形状,其中 D 形为中单链刮板输送机使用;E 形为中单链和中双链型使用,边双链型也可使用;M 形为边双链型使用。E 形和 M 形相比不仅中板宽度减小,而且增大了刚度,同时也便于焊接,刮板链条也不磨焊缝。

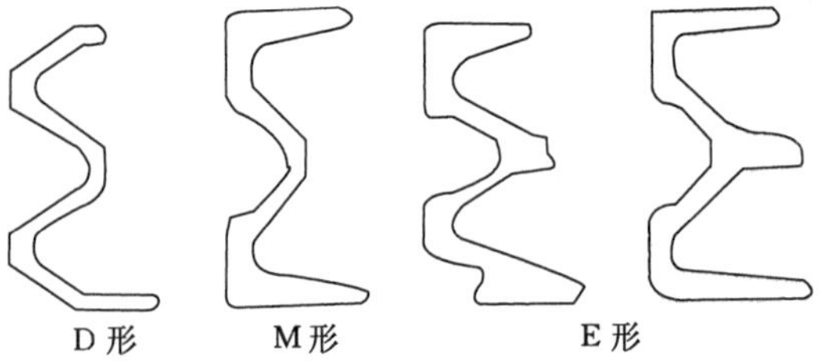

图 5-13 槽帮钢的断面形状

(二) 调节槽、过渡槽(或连接槽)

调节槽与中部槽结构相同,用来调节刮板输送机的长度,以适应工作面长度变化的需要,有 500 mm 和 1 000 mm 两种长度。过渡槽(或连接槽)用于机头架、机尾架与中部槽的

过渡或连接，使机头架、机尾架和中部槽连为整体。

（三）挡煤板和铲煤板

挡煤板是一个多功能组合件，主要用于增加溜槽货载断面、防止向采空区撒落、为采煤机导向、敷设和保护电缆与各种管线，并为推移千斤顶提供连接点，如图 5-14 所示。

铲煤板固定在中部槽支座上，用于推移中部槽时清理工作面浮煤。

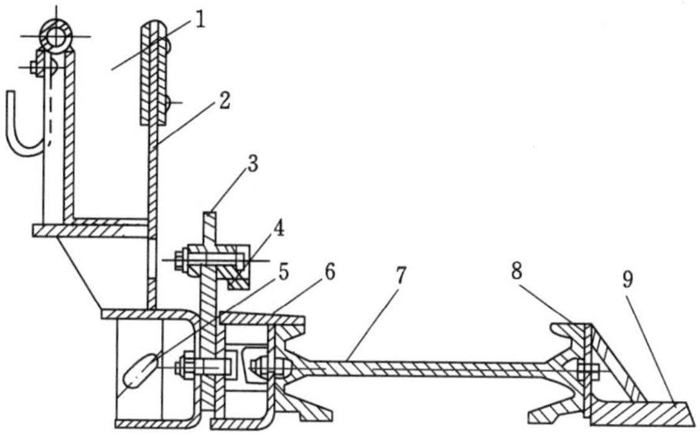

图 5-14　中部槽及附件的连接

1——电缆槽；2——挡煤板；3——无链牵引齿条；4——导向装置；5——千斤顶连接孔；6——定位架；7——中部槽；8——采煤机轨道；9——铲煤板

四、刮板链

刮板链是刮板输送机的牵引机构，是传递牵引力、直接刮运物料的组件，具有推移货载的功能。刮板链由刮板、牵引链和接链环组成。刮板链有四种，因三链刮板链的三条链子受力极不均匀，同时还增加了功率消耗，所以已被逐渐淘汰。虽说边双链要比三链受力均匀得多，但比起中双链还差得多，为了解决两条链子受力不均，增加刮板输送机的可弯曲性能，中单链和中双链是发展趋势。目前常见的刮板链有中单链、中双链和边双链三种结构，分别如图 5-15、图 5-16、图 5-17 所示。

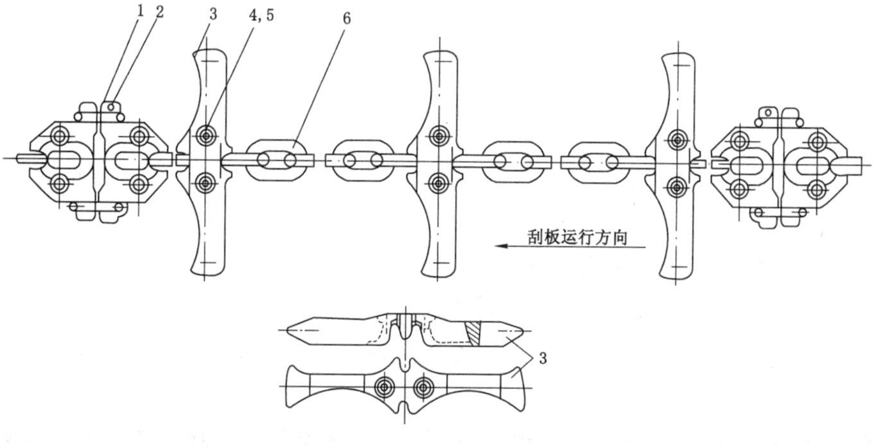

图 5-15　中单链式刮板链

1——接链器；2——开口锁；3——刮板；4——U 形螺栓；5——自锁螺母；6——圆环链

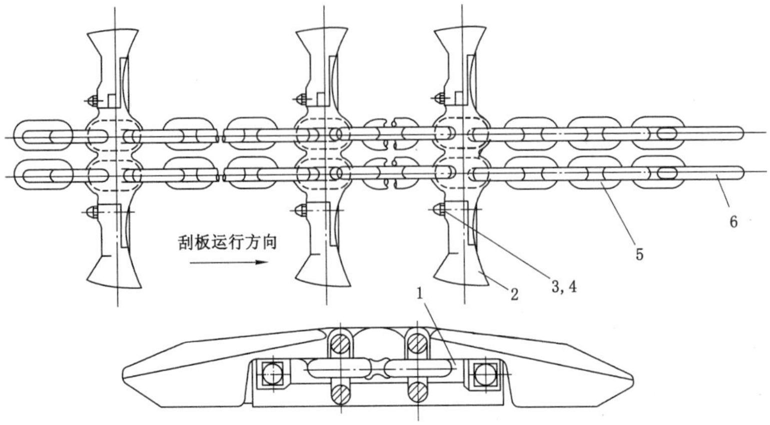

图 5-16 中双链式刮板链

1——卡链横梁；2——刮板；3——螺栓；4——螺母；5——圆环链；6——接链环

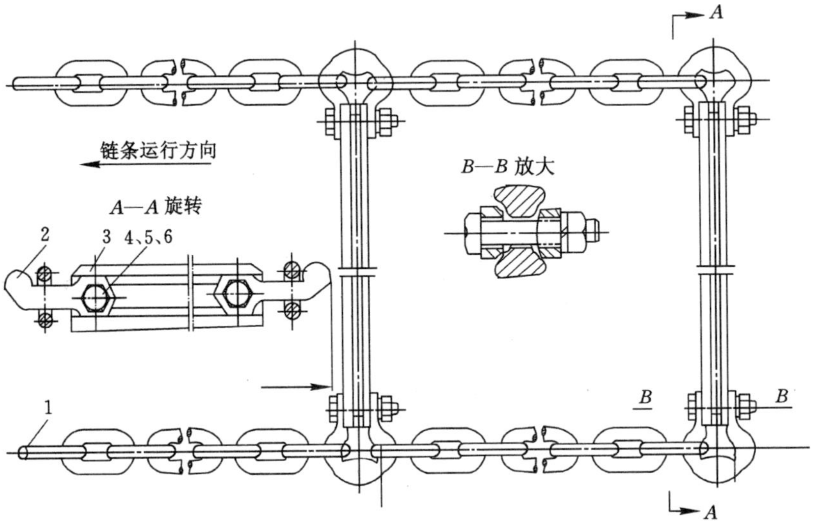

图 5-17 边双链式刮板链

1——圆环链；2——连接环；3——刮板；4——螺栓；5——螺母；6——弹簧垫圈

鉴于刮板链的工作特点，要求其具有以下特征：圆环链抗拉强度要高，耐磨性要好，耐疲劳性能要好，抗腐蚀性要强。

刮板的形状要能在运行中有刮底清帮、防止煤粉黏结和堵塞的作用，并应尽量减小质量。刮板的间距，以所运物料的性质和块度而定。刮板间距过大，带不动物料运行或只带动部分物料运行；刮板间距过小，加大了整个刮板链的质量，增加了运行阻力，还浪费了材料。

按牵引链条的结构，可分为可拆模锻链、片式套筒链和焊接圆环链三种。目前刮板输送机使用的全部为焊接圆环链，圆环链已标准化，《矿用高强度圆环链》对圆环链的形式、基本参数及尺寸、技术要求、试验方法及验收标准都作了规定。圆环链按强度分为 B、C、D 三个等级,D 级强度最高,B 级强度最低,C 级居中。圆环链的规格以棒料直径和链节距的尺寸毫米表示。不同规格尺寸的各级圆环链,其破断负荷不同。

为了便于刮板链的搬运,刮板链应具有一定的长度,即链段;为了适应输送机长度的变化,刮板链除了标准链段外,还应具有不同长度的调节链段。SGZ-763/264 型刮板输送机的标准链段为 199 环、10.308 m。调节链段有 99 环、9.108 m;39 环、3.588 m;29 环、2.688 m;19 环、1.748 m;9 环、0.828 m;7 环、0.64 m;5 环、0.46 m;3 环、0.276 m。

两条链子的连接,用接链器或接链环,同时也是保护圆环链的唯一元件。接链环的极限破断强度稍低于圆环链,一旦过负荷,接链环首先破断,以避免圆环链承受过负荷,起到保护作用。接链环的结构很多,图 5-18、图 5-19 所示为两种结构的接链环,均采用半环嵌装和弹性销固定的连接方法完成链条的安装。

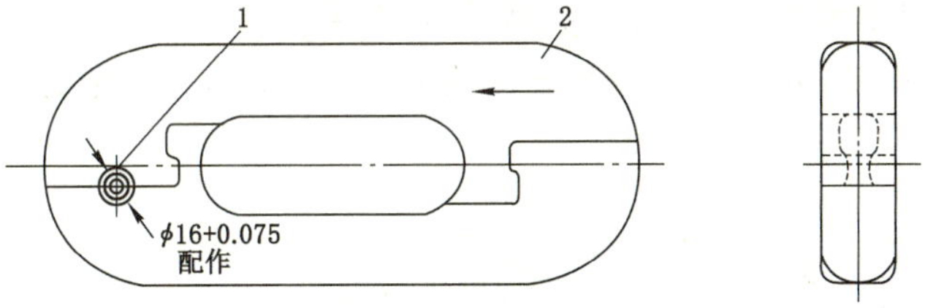

图 5-18 接链环

1——弹性销;2——半环

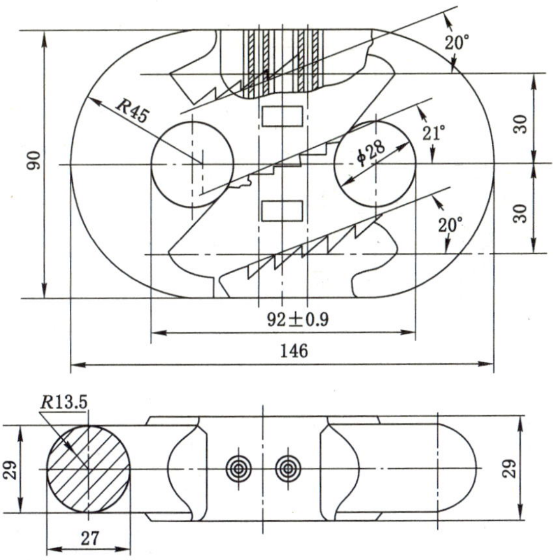

图 5-19 锯齿形接链环

五、紧链装置

紧链装置的作用是调节刮板链的松紧程度,使其具有一定的预紧张力,防止刮板链运行时发生松链或堆链现象。紧链方式有三种:电动机反转式紧链、液压马达紧链和液压缸紧链。

（一）电动机反转式紧链方式

如图 5-20 所示，紧链时先把刮板链一端固定在机头架上，另一端绕经机头链轮，反向点动电动机，待链条拉紧时立即用紧链器闸住链轮，拆除多余的链条，再接好刮板链。刮板链张紧程度，以运转时机头下方下垂两个链环为宜。这种紧链方式有三种紧链器，即棘轮紧链器（用于轻型机）、摩擦轮紧链器（用于中型机）和闸盘紧链器（用于中型和重型机）。

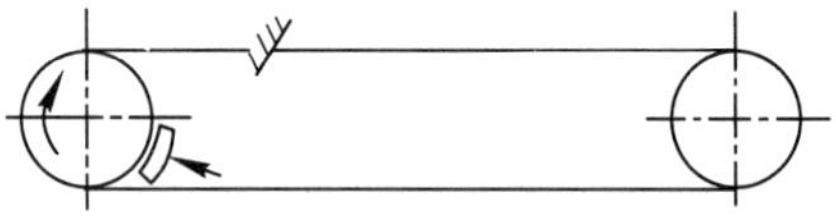

图 5-20　链轮反转紧链示意图

1. 棘轮紧链器

棘轮紧链器是我国使用较早的一种紧链器，适应于轻、中型刮板输送机。它结构简单、操作方便，但不能显示紧链力的大小，只能凭经验紧链。

棘轮紧链器如图 5-21 所示，它安装在减速器二轴的轴头上。紧链器主要由把手 7、棘

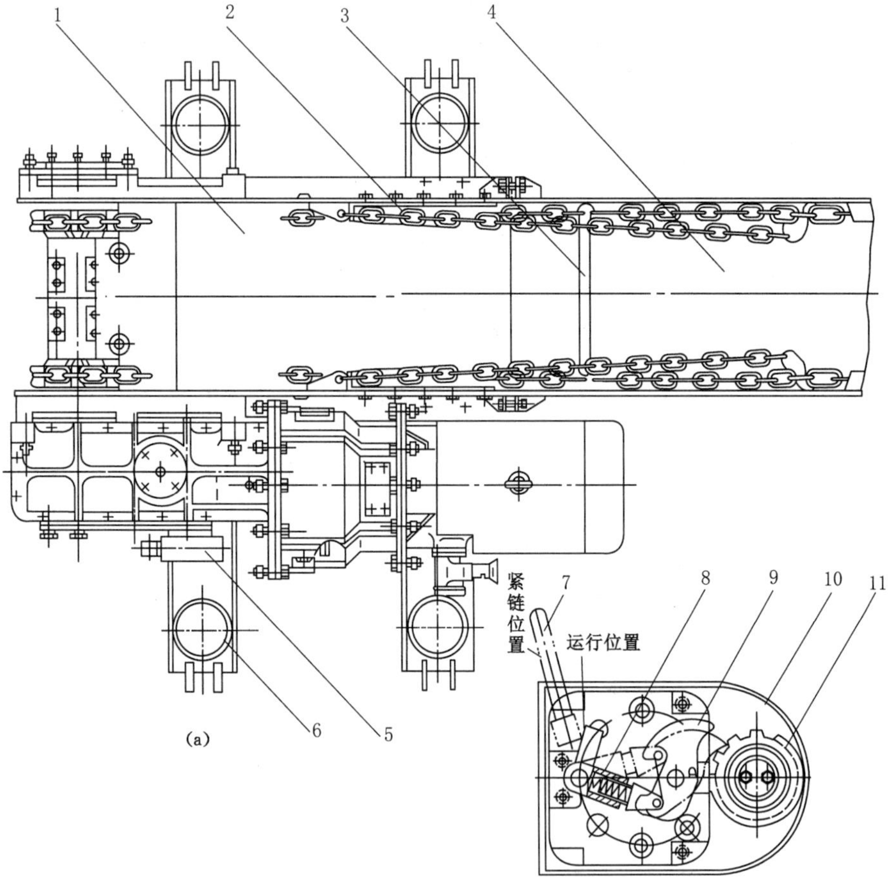

图 5-21　棘轮紧链器工作示意图

1——机头；2——紧链挂钩；3——刮板链；4——过渡槽；5——紧链器；6——推移梁；7——把手；8——弹簧拉杆；9——棘爪；10——底座；11——棘轮

爪 9 和棘轮 11 等组成，其上把手有紧链和运行两个挡位。棘轮与减速器二轴轴头固定在一起，两者一起转动。紧链时先将两条紧链挂钩 2 的一端分别插在机头架左右侧板上的圆孔中，另一端分别插在右边两个链头的立环中。然后将紧链器的把手板至“紧链位置”，使棘爪与棘轮啮合，此时棘轮只能反转不能正转。反向断续开动（点动）电动机，使刮板链被逐渐拉紧，当紧链到适当程度，电动机停转，棘爪将棘轮制动住，将多余的刮板链去掉，并接好链头。再稍稍反向开动电动机，与此同时将把手迅速扳至“运行位置”，棘爪与棘轮脱开。最后正向点动电动机，放松紧链钩并取下。

2. 摩擦轮紧链器

如图 5-22 所示，它装在减速器二轴的伸出端上。制动轮 7 固定在二轴端上，闸带 3 环绕在制动轮外缘。制动时使用手把经凸轮 8 和拉杆 6 将闸带拉紧，使制动轮缘上产生摩擦制动力。摩擦轮紧链操作与棘轮紧链器不同的是，紧链时需要两人配合操作，一人开动电动机，另一人操作凸轮手把。断电时，立即搬运凸轮，用闸带将制动轮闸住。紧链结束时，仅由一人搬转凸轮手把，松开闸带即可。

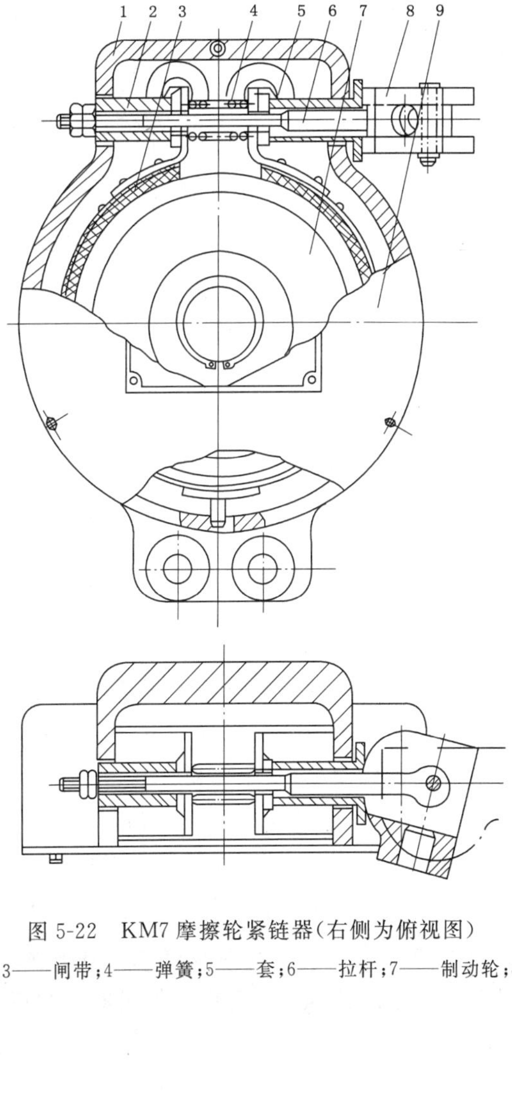

图 5-22　KM7 摩擦轮紧链器（右侧为俯视图）

1——护罩；2——套管；3——闸带；4——弹簧；5——套；6——拉杆；7——制动轮；8——凸轮；9——盖板

3. 闸盘紧链器

闸盘紧链器安装在闸罩上。闸罩一端与减速器相连,另一端与液力耦合器外面的连接罩相连。减速器与液力耦合器中间安装一圆形闸盘。闸罩上方有一开口,如图 5-23 所示,闸盘紧链器的左右钳 16、17 由此口伸入闸罩内,置于闸盘 18 的两侧。紧链时,先将紧链钩装好,然后反向点动电动机,使刮板链张紧;转动手轮 13,夹钳将闸盘制动住。在转动手轮的同时,自动切断电动机电源。指针机构 8 能间接地反映刮板链的张力。如果张力过高,应反方向慢慢转动手轮使夹钳放松。当刮板链张力达到要求时,将闸盘闸紧,然后去掉多余的刮板链并接好链头,松开紧链器手轮闸盘解除制动;最后将紧链器卸下,在闸罩上上好盖板。

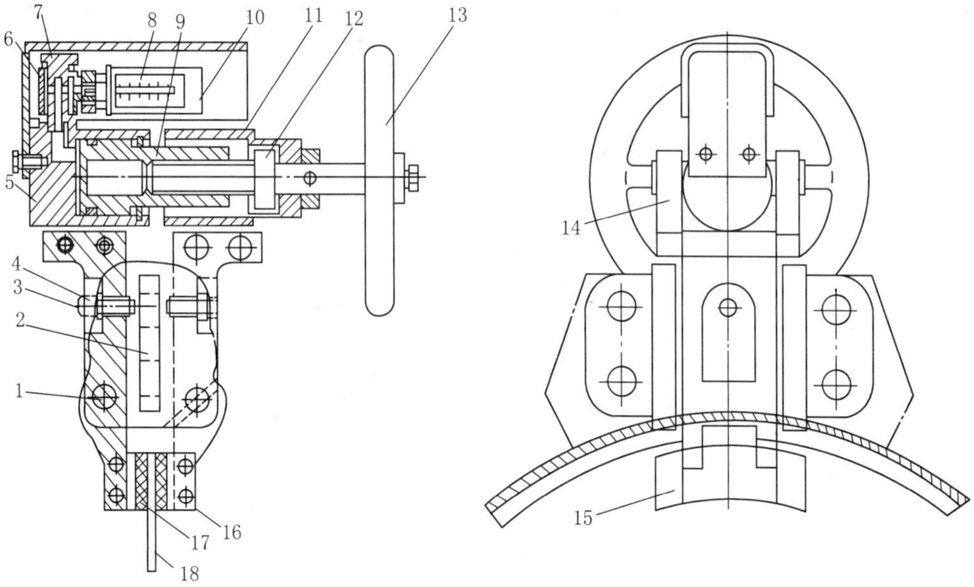

图 5-23 闸盘紧链器

1——销轴;2——连接座;3——调节螺钉;4——螺母;5——油缸体;6——三通;7——空心螺钉;8——指针机构;9——柱塞;10——张力指示器;11——轴套;12——丝杆;13——手轮;14——夹板;15——闸板;16——右夹钳;17——左夹钳;18——闸盘

(二) 液压马达紧链器

液压马达紧链器安装在连接筒上,减速器一轴上装紧链齿轮。液压马达紧链装置由紧链减速器、液压马达、液控阀组件、主油路控制装置和电气闭锁装置等部分组成。液压马达紧链器用于重型刮板输送机,其操作简单,安全可靠。

液压马达紧链器如图 5-24 所示,主要由紧链传动齿轮、液压马达的液压控制系统以及连锁开关组成。紧链器安装在驱动装置的连接罩上,液压马达与惰轮安装在回转机架上,回转机架与基架通过销轴铰接,基架固定在连接罩上。指示销、开关固定在基架上,操纵螺杆的下端连接在基架上,且在垂直方向可以小幅度摆动。在紧链装置不工作时,回转机架被指示销中的水平定位销限位在上方,此时,惰轮与外齿圈脱离啮合。紧链时断开电机电源，从指示销上拔掉水平定位销，并且松开锁紧螺母，用扳手逆时针转动操纵螺杆，直到水平定位销可以插入回转机架上方的指示销中，此时，惰轮与外齿圈处于啮合状态。同时，连锁限位开关被压下，确保电动机处于安全断电状态。然后，操作液压马达转动，即可实现紧链工作。

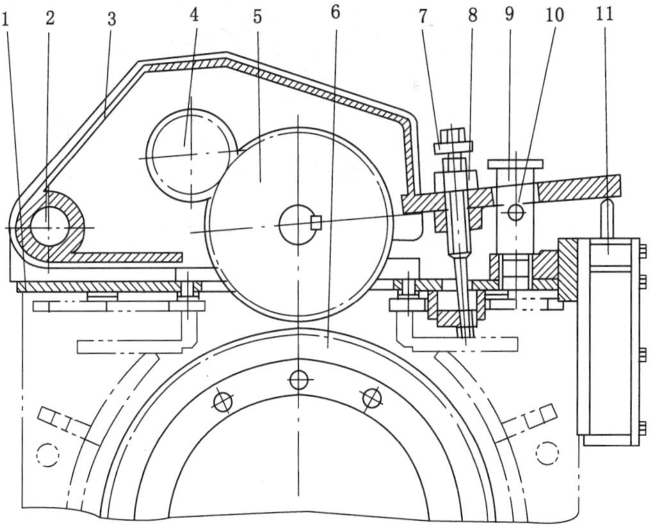

图 5-24　液压马达紧链器

1——基架；2——销轴；3——回转机架；4——液压马达(带齿轮)；5——惰轮；6——摩擦限矩耦合器的外齿圈；7——操纵螺杆；8——锁紧螺母；9——指示销；10——水平定位销；11——开关箱及连锁限位开关

(三) 液压缸紧链器

液压缸紧链器是一种带增压缸的千斤顶装置，由泵站供给高压油液。紧链时装到紧链位置即可使用，用于重型刮板输送机，此处不再赘述。

六、液力耦合器

液力耦合器是安装在电动机和减速器之间的连接设备，靠液体动力来传递力矩，能够达到保护和改善机器性能的目的。

(一) 液力耦合器的组成

如图 5-25 所示，液力耦合器由泵轮、蜗轮、外壳、注液塞等组成。

耦合器泵轮为主动轮，通过外壳、弹性联轴器、平键与电动机轴连接。泵轮与蜗轮相对布置，二者之间无任何机械联系。轮内分布有不同数量的径向叶片，组成环形工作腔，内充难燃工作液。弹性联轴器将电动机输出力矩传递给泵轮，并补偿电动机和减速器之间轴的同心度偏差。蜗轮通过轴套与减速器高速轴相连。

(二) 液力耦合器的工作原理

泵轮和蜗轮都具有不同数量的径向叶片，两轮叶片之间的空间形成工作室。当工作室内灌注一定数量的工作液体后，启动电动机，工作液体随泵轮一直旋转，并在离心力的作用下流向外缘，由外缘进入蜗轮，形成高速涡流，冲击蜗轮叶片使蜗轮旋转。高速涡流由外侧

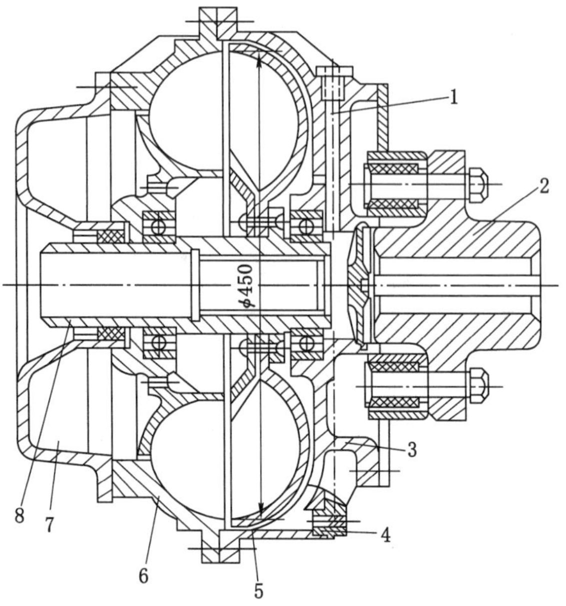

图 5-25 YL-450 型限矩型液力耦合器

1——注液孔；2——弹性联轴器；3——外壳；4——易熔合金塞；5——蜗轮；6——泵轮；7——后辅助室；8——轴套

进入蜗轮后降速、减压，再由内侧进入泵轮。如此循环，在泵轮和蜗轮叶片之间形成连续的涡状环流，如图 5-26 所示。

工作液体除了绕耦合器中心线进行旋转运动外，还要绕循环圆的中心进行环流运动，因此液体质点的绝对运动是螺管状的复合运动。

液力耦合器将泵轮输入的机械能转换为工作液体的动能，冲击蜗轮叶片后，再由蜗轮把工作液体的动能转化为机械能输出，从而实现能量的传递。

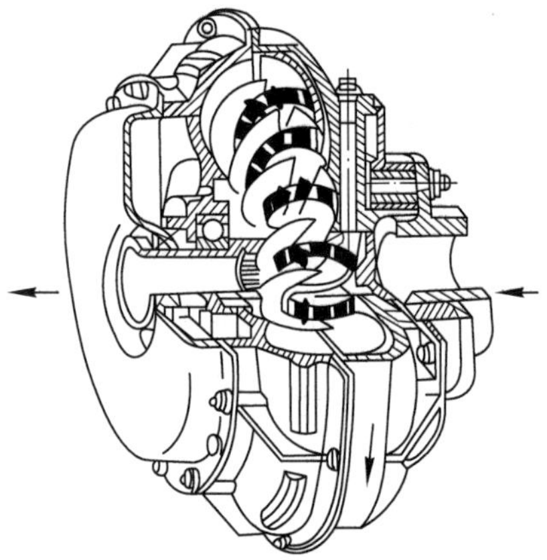

图 5-26 液力耦合器液流示意图

（三）液力耦合器的主要作用

1. 改善电动机的启动性能

启动前，耦合器内一部分液体在后辅助室中，电动机带动泵轮转动后，工作液体在离心力的作用下逐渐进入工作腔。开始时环状涡流较小，不足以推动蜗轮旋转，电动机空载启动；随着环流量加大，耦合器的力矩也加大，使蜗轮带动负载启动。由于电动机空载启动，因此启动迅速，对电网冲击小，改善了启动性能。

2. 具有过载保护性能

输送机过载时，蜗轮转速降低，滑差增大。工作腔内的液体沿蜗轮曲面流向轴心，如图 5-27 所示。工作时，液体因受内摩擦作用从而使温度不断升高，当温度达到易熔合金塞的熔化温度（120～140 ℃）时，易熔合金塞熔化，工作液体喷出，能量传递中止，从而保护电动机不过载。

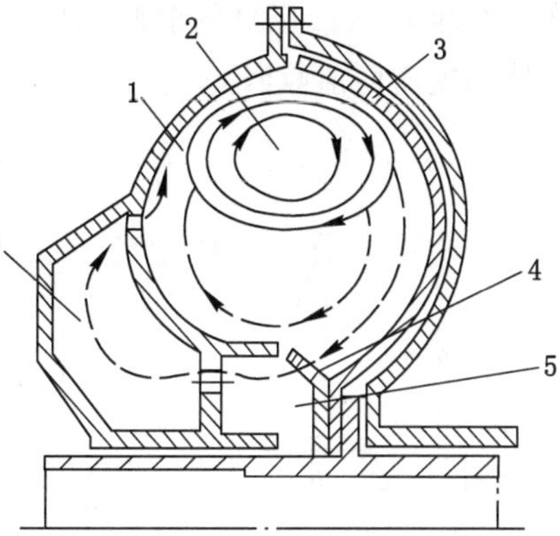

图 5-27 循环液流示意图

1——泵轮；2——工作腔；3——蜗轮；4——阻流盘；5——前辅助室；6——后辅助室

3. 均衡电动机负荷

在多电动机传动系统中，液力耦合器充液量相同，可使各台电动机负荷分配均匀。

4. 能减缓传动系统的冲击振动

液力耦合器为非刚性传动，可吸收振动，减小冲击，使工作机构平稳运行，提高设备的使用寿命。

（四）液力耦合器的使用和维护

(1) 按规定充液量注液。

(2) 对多电动机传动系统，应保证各耦合器的充液量一致，以使各电动机负荷均匀分配。若运转一段时间电动机温升不一致，可将高温耦合器的流体适量放出，直到各电动机温度趋于一致。

(3) 工作液体为难燃液体，不可用其他液体替代。

(4) 尽量避免液力耦合器超负荷正、反向频繁启动，以防止液体温度升高，密封过早老化，易熔合金塞熔化发生喷液。

(5) 易熔合金塞是热保护元件，不得用其他物件代替。

(6) 蜗轮制动的时间允许为 1 min。

(7) 液力耦合器的运转应平稳，不得有明显的机械振动。工作环境要通风良好，以保证散热效果。

七、推移装置

推移装置是在采煤工作面内将刮板输送机向煤壁推移的装置。综采工作面使用液压支架上的推移液压缸，普采工作面间隔一定距离装设一个单体液压推溜器或手动液压推溜器。

单体液压推溜器如图 5-28 所示，它实为一个液压千斤顶。为便于在采煤工作面使用，采用内回液结构，即经活塞杆的心部回液，没有外露的回液管。使用时，将推溜器的活塞杆用插销连接在中部槽挡煤板上，再将其底座用支柱撑在顶板上。控制操纵阀，可使由泵站通过乳化液输送管送来的高压乳化液进入液压缸的前腔或后腔，使活塞杆伸出或缩回，从而推动输送机向前移动或将缸体和支座向前收回。

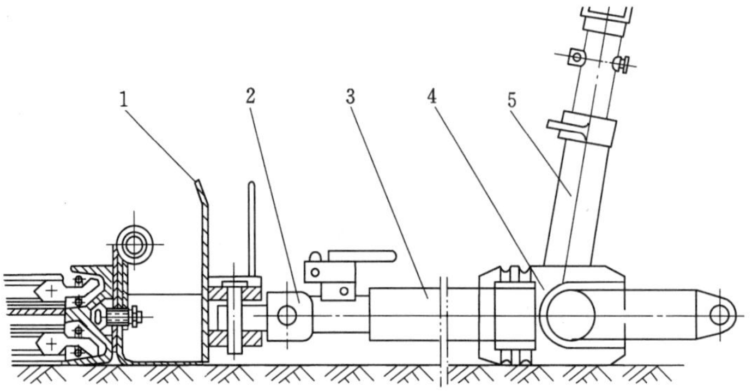

图 5-28 单体液压推溜器安装图

1——挡煤板；2——活塞杆接头；3——缸体；4——底座；5——斜撑支柱

八、锚固装置

锚固装置由单体液压支柱和锚固架组成，锚固架与机头架、机尾架连接。它是刮板输送机在倾角较大的工作面使用而有可能下滑时，用以固定、防滑之用。

第三节 刮板输送机的使用、维护与故障处理

刮板输送机能否在井下正常工作，对工作面的安全生产至关重要，因此，必须熟练掌握刮板输送机的使用要求，并对刮板输送机进行有计划的、定期的维护工作，以及能够分析故障原因，并能及时处理。

一、使用与维护

（一）《煤矿安全规程》规定

《煤矿安全规程》(2016 版)中第一百二十一条：使用刮板输送机运输时，必须遵守下列规定：

(1) 采煤工作面刮板输送机必须安设能发出停止、启动信号和通讯的装置，发出信号点的间距不得超过 15 m。

(2) 刮板输送机使用的液力耦合器，必须按所传递的功率大小，注入规定量的难燃液，并经常检查有无漏失。易熔合金塞必须符合标准，并设专人检查、清除塞内污物；严禁使用不符合标准的物品代替。

(3) 刮板输送机严禁乘人。

(4) 用刮板输送机运送物料时，必须有防止顶人和顶倒支架的安全措施。

(5) 移动刮板输送机时，必须有防止冒顶、顶伤人员和损坏设备的安全措施。

（二）使用

(1) 所有司机和维修人员应熟悉本机的结构性能，严格执行操作规程、作业规程、煤矿安全规程和岗位责任制及交接班验收制度。司机必须正确使用信号，听清信号才准开车，启动时要一开一停 2～3 次无问题才能正常启动。

(2) 刮板输送机的启动操作方法是按下磁力启动器上的启动按钮，电动机通电，刮板输送机启动。停止操作方法是按下磁力启动器上的停止按钮，电动机断电，刮板输送机停止。用采煤机上的停止刮板输送机的按钮停止刮板输送机。当采煤机遇到紧急情况时，采煤机司机可以直接停止刮板输送机。

(3) 在运送完中部槽上的煤以后，应再空运转几个循环，以便于将煤粉从中部槽槽帮滑道内清除干净，防止煤粉结块而增大启动负载和运行阻力。

(4) 输送机正常运行时，不要将其推移成许多弯曲段，使附加张力增加；除机头、机尾可以停机推移外，工作面内的中部槽要在输送机运行中推移，不准停机推移。运行中应滞后采煤机后滚筒 15 m 左右处开始推移溜槽，不得推成急弯，弯曲段长度以小于 12 节中部槽为宜，以防折断哑铃栓及损坏其他部件。

(5) 尽量避免频繁启动，严禁强制启动和超载运行。无载时不得长时空运转。

(6) 不得用脚踩刮板链的方法处理漂链；不得在运行中砸大块或者搬大块煤，应停机进行处理。处理事故时必须切断电源。

(7) 减速器的冷却器要保持良好的工作状态，严禁在井下打开减速器。勤清扫机头、机尾两侧的浮煤及驱动装置上的煤粉和积尘，以利散热。

（三）维护

刮板输送机的维护可分为日检、周检、季检、半年检和大修等几类。

1. 日检

包括巡回检查和重点检查。

巡回检查：在不停机的情况下每班检查 2～3 次。检查内容：

(1) 易松动的连接件的紧固情况。

(2) 发热部位的温升情况，温升是否超限。如轴承温度的检查。

(3) 各润滑部位的润滑状况、油量是否适当。

(4) 各运动部件是否有异响。

检查的方法一般是看、摸、听、嗅、试、量。“看”是从外观检查；“摸”是用手感触其温度；“听”是对运行声音的辨别；“嗅”是对气味的辨别；“试”是对安全保护装置灵敏可靠性的试验；“量”是用量具和仪表对机件做必要的测量。

重点检查的内容：

(1) 更换磨损和损坏的链环、连接环、刮板。

(2) 处理减速器和液力耦合器的漏油现象。

(3) 检查溜槽、挡煤板、铲煤板的磨损、变形情况。检查拨链器的紧固和磨损情况。

2. 周检

(1) 查看机头架、机尾架的一般情况，注意有无损坏、歪斜以及安全可靠状况。

(2) 检查连接减速器和传动架连接螺栓,液力联轴器保护罩两端连接螺栓的紧固情况。

(3) 用安培表检查液力耦合器启动是否平稳,各台电机负荷分配是否均衡,必要时可调整注油量。

(4) 减速器的油质是否良好,轴承、齿轮的润滑状况和各对齿轮的啮合情况。

(5) 测量电动机绝缘,检查开关触头及防爆面的情况。

(6) 检查拨链器、压链块的磨损情况,保证其工作可靠。

(7) 检查铲煤板的磨损情况以及连接螺栓的可靠性。

3. 季检

(1) 主要对一些较大、关键的机件进行更换和处理。

(2) 季检除包括周检的内容外,还包括对弹性联轴器、液力耦合器、过渡槽、链轮等进行检修更换。对电动机、减速器进行较全面的检查和修理。

4. 大修

当采完一个工作面后,要将设备升井进行全面检修。具体工作如下:

(1) 对减速器、液力耦合器进行彻底清洗、换油。

(2) 检查电动机绝缘、三相电流平衡情况,并对电动机轴承进行清洗。

(3) 对损坏的机件进行修复、校正、更新。

在使用过程中,还应该按时在润滑点加注符合规定的润滑油,要做到无尘注油。减速器首次使用 200 h 后,应该用新油替换旧油,以后工作 5 个月或 2 000 h 后再换新油,换油应遵循泄油、冲洗、再注油的原则。

二、故障分析与处理

刮板输送机在运行过程中常见的故障与处理方法见表 5-1。

表 5-1　　刮板输送机常见故障与处理方法

序号	部位	故障现象	可能原因	处理方法
1	电动机	电动机不能正常启动	1. 电气线路损坏 2. 单项运转	1. 检查线路,修复损坏部分 2. 检查原因并排除
		电动机温度过高	1. 超负荷长时运行 2. 通风散热条件不好	1. 减轻负荷 2. 清除电动机周围的杂物
		电动机声音不正常	1. 单相运转 2. 接线头不牢	1. 检查处理 2. 接牢
2	液力耦合器	两个液力耦合器中的一个温度过高	1. 两个液力耦合器的油量不等 2. 联轴器罩内被卡住或涡轮被卡住	1. 调整油量,使之均衡 2. 清除杂物
		液力耦合器漏油	1. 注油塞或易熔合金保护塞松动 2. 密封圈或垫圈损坏	1. 拧紧 2. 更换
		液力耦合器温度已超过规定值	易熔合金保护塞配方不对	重新配置

续表 5-1

序号	部位	故障现象	可能原因	处理方法
3	减速器	减速器声音不正常	1. 伞齿轮调整不合适 2. 轴承、齿轮磨损严重或损坏 3. 轴承游隙过大 4. 减速器内有杂物	1. 重新调整好 2. 更换磨损或损坏的部件 3. 重新调整好 4. 清除杂物
		减速器温度过高	1. 润滑油污染严重 2. 油位不符合要求 3. 冷却不良，散热不好	1. 更换润滑油 2. 按规定注油 3. 清除减速器周围的杂物，对水冷减速器还应检查供水情况
		减速器漏油	1. 密封圈损坏 2. 箱体结合面不严	1. 更换密封圈 2. 拧紧螺钉
4	刮板链	刮板链在链轮处跳牙	1. 连接环安装不正确或圆环链拧麻花 2. 链轮轮齿磨损严重 3. 刮板链过松	1. 重新调整 2. 更换 3. 重新紧链
		电动机工作，但刮板链不动	1. 刮板链卡住 2. 负荷过大 3. 液力耦合器的油量不足 4. 液力耦合器易熔合金保护塞损坏	1. 处理被卡的刮板链 2. 将上槽煤挑掉一部分 3. 按规定补充油量 4. 更换易熔合金保护塞并充油
		刮板链过度振动	1. 刮板链运行中受到刮卡 2. 溜槽脱开或连接不平	1. 检查处理 2. 接好溜槽，调平接口
5	链轮组件	链轮组件轴承温度过高	1. 密封被损坏，润滑油不清洁 2. 轴承损坏 3. 油量不足	1. 更换密封，清洗轴承，换新油 2. 更换轴承 3. 注油
		链轮组件漏油	1. 密封圈或油封损坏 2. 压盖或压板螺栓松动 3. 密封环安装不妥，配合不紧 4. 滚筒螺栓松动	1. 更换合格的油封或密封圈 2. 紧固压盖或压板螺栓 3. 重新装配密封环 4. 紧固螺栓

思考与练习题

1. 简述刮板输送机的基本组成及工作原理。
2. 简述液力耦合器的工作原理。
3. 紧链装置的作用是什么？有哪些类型？
4. 使用刮板输送机应注意哪些事项？试对典型故障进行分析。

第六章 带式输送机

第一节 概 述

带式输送机，又称胶带输送机，现场俗称“皮带”机，是以胶带兼作牵引机构和承载机构的一种连续动作式运输设备，在煤矿井上、井下和其他行业得到了广泛的应用，是现今最重要的散状物料运输设备。

一、带式输送机的组成及工作原理

带式输送机主要由胶带、主动滚筒、换向滚筒、托辊、机架和拉紧装置等组成。

如图 6-1 所示，胶带 1 绕经主动滚筒 2 和机尾换向滚筒 3 形成一个封闭的环形带。上、下两层胶带都靠安装在机架上的托辊 4 支撑。拉紧装置 5 给胶带正常运转所需的张紧力。工作时，主动滚筒在电机驱动下，通过主动滚筒与胶带之间的摩擦力带动胶带及胶带上的货载连续运行，当货载运行到端部后，由于胶带换向而卸载。通过专门的卸载装置也可使货物在机身中部的任意位置卸载。

带式输送机上层胶带为重段胶带，由槽形托辊支撑，以增大货载断面，提高输送能力；下层胶带为回空段胶带，不装货载，用平行托辊支撑。

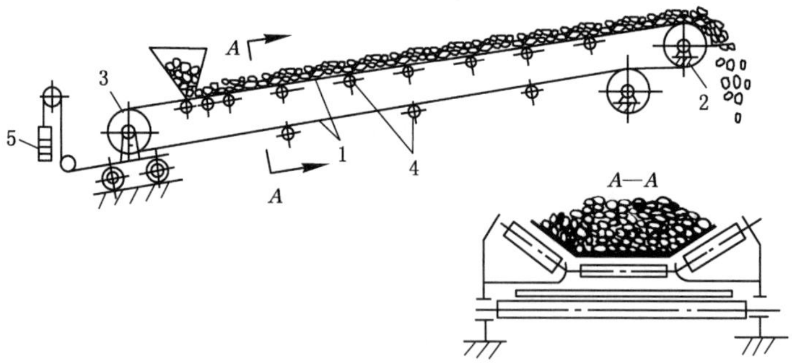

图 6-1 带式输送机工作原理图

1——胶带；2——驱动滚筒；3——机尾换向滚筒；4——托辊；5——拉紧装置；6——固定机架

二、带式输送机的适用范围

（一）适用倾角

（1）带式输送机可用于水平及倾斜运输散装物料。

(2) 倾斜向上运输原煤时，最大倾角不大于20°，运送块煤时最大倾角不大于18°。

(3) 倾斜向下运输时，最大倾角不大于15°。

(4) 若运送附着性和黏结性大的物料时，倾角可大一些。

(二) 适用地点

(1) 采区顺槽多采用可伸缩胶带输送机。

(2) 采区上下山及主要运输平巷，采用绳架吊挂式或落地可拆卸式胶带输送机。

(3) 平硐和主斜井采用固定式钢绳芯胶带输送机或钢丝绳牵引式胶带输送机。

(4) 地面选煤厂采用通用固定式胶带输送机。

三、带式输送机的优缺点

(一) 优点

带式输送机运输能力大，工作阻力小，耗电量低(与刮板输送机相比)，可连续输送；货载与胶带一起移动，磨损小，工作噪声低；铺设长度大，减少转载次数，节省人员和设备。

(二) 缺点

胶带成本高，初期投资大，且易损坏，不能承受较大的冲击和摩擦，不适合运送有棱角的货物；机身高，需要专门的装载设备；不能用于弯曲巷道。

四、带式输送机的类型

(一) 通用固定式带式输送机

常用的系列产品为TD-75型(T：通用，D：带式，75：定型年度)，特点是：机架固定在底板或基础上。一般使用在运输距离不太长，永久使用的地点，如选煤厂、井下主要运输巷。该带式输送机由于拆装麻烦而不能满足机械化采煤工作面推进速度快的采区运输的需要。

(二) 绳架吊挂式带式输送机

如图6-2所示，绳架吊挂式带式输送机主要用于采区顺槽和集中平巷。SPJ-800(S：绳架式，P：带式，J：输送机，800：带宽)型是具有代表性的绳架吊挂式输送机，其结构特点如下：

(1) 机身结构为绳架式，由两根平行钢丝绳代替刚性机架。结构简单，节省钢材，安装拆卸及调整均很方便。

(2) 机身中间机架吊挂在巷道顶梁上，高度可调节，适应起伏不平的底板，便于清扫巷道。

(3) 间隔60 m安装一个紧绳托架，以张紧机架钢丝绳。

(4) 铰接槽形托辊组钩挂在钢丝绳架上，可在任一侧拔下楔形销，前后移动托辊组实现跑偏调整。在两组托辊间装有分绳架，以保证两根机架钢丝绳的间距。

(三) 可伸缩带式输送机

随着综合机械化采煤技术的迅速发展，采煤、掘进工作面推进速度较快，要求平巷中的运输设备能够灵活迅速地进行缩短或伸长，以减少拆移次数，节省时间，提高采煤生产能力。

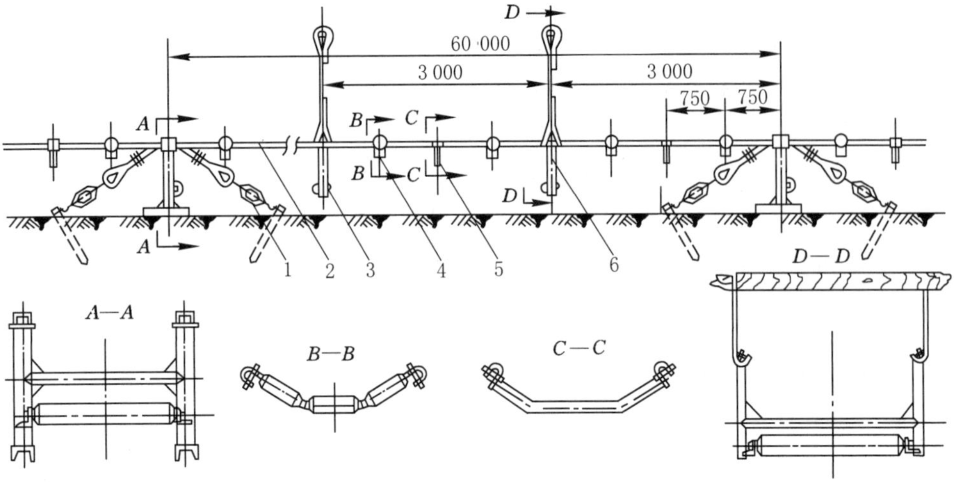

图 6-2 绳架吊挂式带式输送机

1——紧绳装置；2——钢丝绳；3——下托架；4——铰接槽型托辊；5——分绳架；6——中间吊架

为了适应生产需要，我国于 20 世纪 70 年代设计生产了可伸缩带式输送机，它是采区平巷和巷道掘进的专用运输设备。这种输送机在结构上的主要特点是比通用固定式带式输送机多一个储带装置。储带装置位于机头部后面，主要由储带仓、固定滚筒、游动滚筒小车（拉紧小车）、拉紧绞车、托辊小车、卷带装置等组成，如图 6-3、图 6-4 所示，两者的储带滚筒布置方式不同。

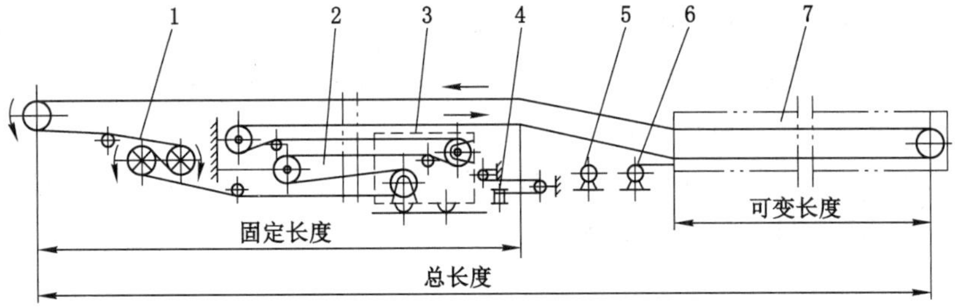

图 6-3 可伸缩带式输送机示意图

1——传动装置；2——储带装置；3——活动小车；4——张紧绞车；5——收放胶带装置；6——机尾牵引绞车；7——机尾架

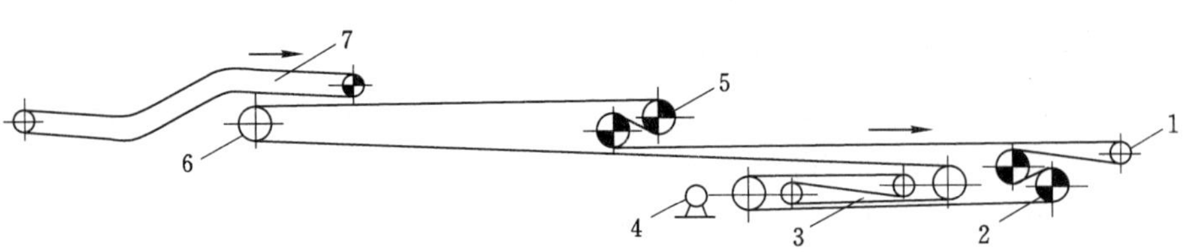

图 6-4 SSJ1200/4×200M 型可伸缩带式输送机工作原理

1——卸载滚筒；2——机头驱动滚筒；3——储带仓；4——自动张紧绞车；5——中间驱动滚筒；6——机尾改向；7——转载机

工作过程如图 6-3 所示。需要缩短输送机时，先拆除机尾前端的机架，用机尾牵引机构使机尾前移，拉紧小车在拉紧绞车的牵引下向后移动，胶带重叠在储带仓；需要伸长输送机时，过程反之并增加机架，即操作拉紧绞车松绳，拉紧小车前移，储带仓中的输送带放出，机尾后移，并相应地增设机架。

输送机伸缩作业完成后，拉紧绞车仍以适当的拉力张紧胶带；托辊小车托住储带仓内折返重叠的胶带，以免胶带垂度过大引起上下带互相摩擦，影响输送机的正常运行。卷带装置用来收放输送带。

（四）钢丝绳芯带式输送机

钢丝绳芯带式输送机又称强力带式输送机，主要用于平硐、主斜井、大型矿井的主要运输巷道及地面，作为长距离、大运量的运煤设备。其特点是：用钢丝绳芯胶带代替了普通胶带，胶带强度大，是大运量、长距离、大功率带式输送机的发展方向之一。

第二节 带式输送机的主要部件

带式输送机主要由胶带、托辊与机架、驱动装置、拉紧装置、制动装置、清扫装置及保护装置等部分组成。

一、胶带

胶带既是承载结构又是牵引结构。不仅要有足够的强度，还要有一定的挠性和弹性。胶带由芯体和覆盖层构成，芯体承受拉力，覆盖层保护芯体不受损伤和腐蚀。

（一）胶带的分类

胶带有织物芯带和钢绳芯带两种。

1. 织物芯胶带

织物芯输送带又称普通输送带，主要用于通用固定式、绳架吊挂式及可伸缩式胶带输送机。带芯材料为棉、维纶、尼龙涤纶编织物，根据带芯结构可分为多芯胶带（多层黏合型）和整芯胶带（整体编制型），如图 6-5 所示。

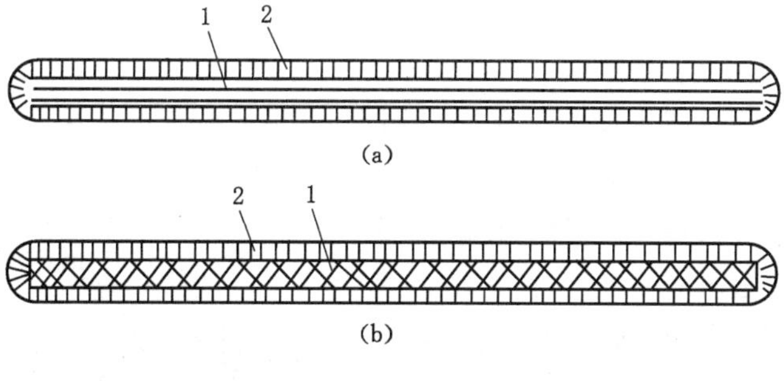

图 6-5 适用于长距离运输的普通输送带结构

(a) 多芯胶带；(b) 整芯胶带

1——帆布层；2——覆盖层

(1) 多芯胶带

多芯胶带也叫分层胶带，由多层浸胶帆布做带芯，经压延成型、贴覆盖胶和边胶、硫化结合成整体。上覆盖胶接触货载，厚度一般为 3 mm，下覆盖胶厚度一般为 1 mm。

(2) 整芯胶带

整芯输送带其带芯为一整体编织的帆布层，这种芯多为化纤织成，如图 6-5(b)所示。其优点是厚度小、弹性大、柔性好、耐冲击以及不会发生层间开裂，覆盖层损坏易修复。但伸长率较大，不耐低温，易老化，摩擦因数较低。

2. 钢丝绳芯胶带

钢丝绳芯胶带有普通型和加强型，如图 6-6 所示。普通型由纵向排列的钢丝绳做带芯，外包中间胶和覆盖胶制成。加强型胶带又称防撕裂型胶带。在纵向钢丝绳与覆盖胶之间，按一定间距排列的细钢丝绳或 1～2 层合成纤维缰绳组成了横向加强层，增加了胶带的防撕裂性。

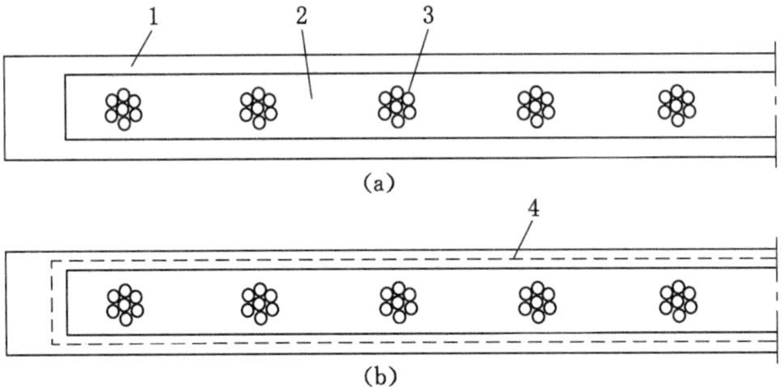

图 6-6 钢丝绳芯胶带结构

(a) 普通型；(b) 加强型

1——覆盖胶；2——中间胶；3——钢丝绳芯；4——加强层

钢绳芯胶带的强度高，伸长率小，抗冲击和耐弯曲性能好，带体柔软，成槽性好，故可用于长距离、大运量、高速度地铺设和运行。

(二) 胶带的连接

胶带出厂标准长度为 100 m，使用时按需要进行连接，其连接方法有硫化连接法、机械连接法、冷黏连接法和塑化连接法。

1. 硫化连接法

硫化连接法(也称热硫化)，用于多层芯胶带和钢绳芯胶带的连接。其原理就是将连接用的胶料(生胶片)置于接头连接处，使用接头硫化器，加压、加热，并保持一段时间，使缺少弹性和强度的胶料，变成具有高弹性、高黏结强度的熟胶，把两条胶带的芯体连接在一起，成为整体。

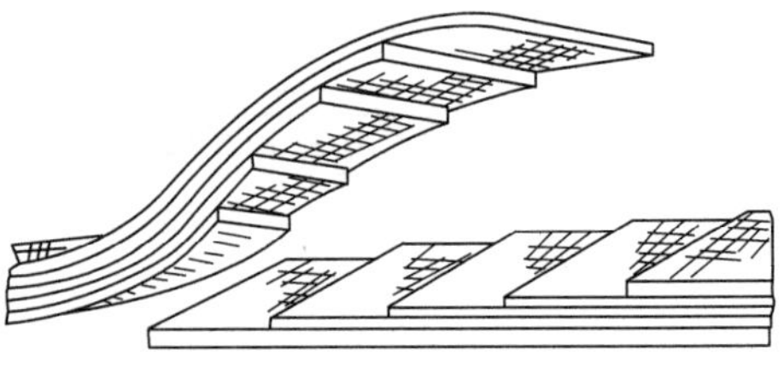

图 6-7 多层芯胶带硫化时阶梯形斜角切口

硫化时，多层芯胶带的两个接头按帆布层切成阶梯形斜角切口，如图 6-7 所示。在右接头的各阶梯层放置胶片，钢绳芯胶带的两个接头也是切成斜角切口，但两个接头的覆盖胶和芯胶要全部剥离。两端头钢丝绳分一级、二级、三级、四级四种搭接方式，依据胶带强度、钢丝绳直径及中心距选择搭接方式。常用的硫化器是 RLD 型（R：矿山机械类，L：硫化机，D：电热式）。

2. 机械连接法

机械连接法用于多层芯胶带和整芯胶带。

常用的有钩卡、钉扣、合页和夹板铆接。其中钉扣连接法较好，连接强度接近胶带本身强度。专门的钉扣机有 TK-1 型，用于胶带厚度为 7～10 mm；DK-2 型，用于胶带厚度为 12～14 mm，如图 6-8 所示。

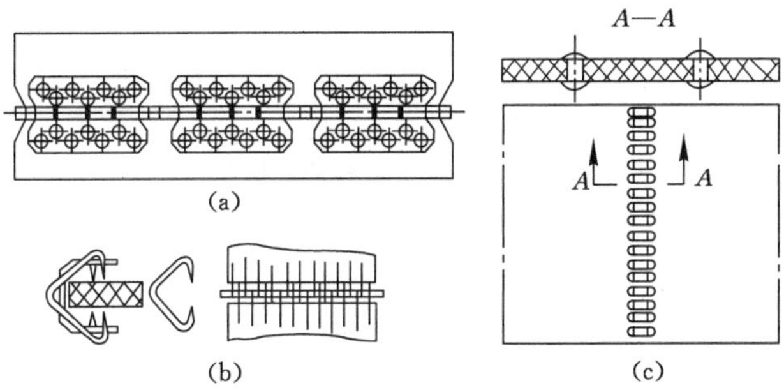

图 6-8　织物芯胶带的接头方法

(a) 铰接活页接头；(b) 钩卡接头；(c) 铆钉固定夹板接头

连接时要注意切口与其中心线必须垂直，以免造成受力不均，运行时跑偏、撕裂或拉豁胶带等现象。

3. 冷粘连接法

冷粘连接法也称冷硫法，只适用于织物芯胶带。将糊状的胶料涂在阶梯形切口上，不需加热，施加适当的压力保持一定时间即可。

4. 塑化连接法

塑化连接法用于塑料带，将接头处的编织体拆散，将两端互相编结，包覆塑料片后施加适当的温度和压力，塑化接头的强度可达到胶带本身强度的 75%～80%。

二、机架与托辊

（一）机架

机架用于安装托辊。机架的类型有吊挂式（图 6-2）和落地式，落地式又分为固定式和可拆移动式。固定式用于主要运输巷道或永久铺设的地点，可拆移动式（图 6-9）用于采区平巷。

（二）托辊

托辊的结构如图 6-10 所示，其制造质量的主要技术指标是运行阻力系数和使用寿命。

托辊的作用是支承胶带，使胶带的悬垂度不超过技术上的要求，以保证胶带平稳运行。它的工作状态好坏直接影响输送机运行质量，且其数量多，价值约占整机的 20%。

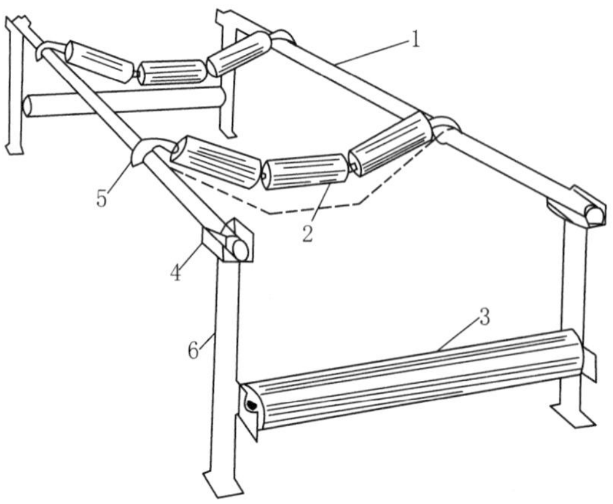

图 6-9　落地可拆移动式机架

1——纵梁；2——槽型托辊；3——平行托辊；4——弹簧销；5——弧形弹性挂钩；6——支撑架

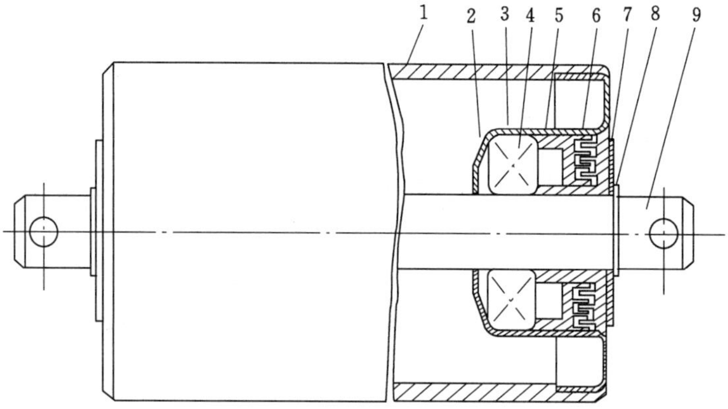

图 6-10　普通托辊结构

1——管体；2——垫圈；3——轴承座；4——轴承；5——内密封圈；6——外密封圈；7——垫片；8——挡圈；9——轴

标准托辊的直径有 89 mm、108 mm、133 mm、159 mm、194 mm、219 mm 六种，选用时按带速选配，其转速一般不超过 600 r/min。按材质分，托辊有无缝钢管托辊和塑料(酚醛复合材料)托辊；按用途分，有槽形、平形、V 形托辊及悬挂缓冲托辊、深槽型托辊和调偏托辊等。

1. 槽形托辊组

托辊都是成组地安装在输送机上，用于支承重载段胶带，可以由平形托辊和槽形托辊组成，最常用的托辊组是三个托辊长度相等并布置在同一平面内，如图 6-11 所示。三个托辊不在同一水平面的槽形托辊是将侧托辊安装在与水平托辊靠近的另一平面内，这种托辊组可以降低托辊架的高度，减小等效的托辊间距，主要用于输送带刚度较小和空间较小的情况。各托辊组的间距一般为 1.2 m、1.5 m。

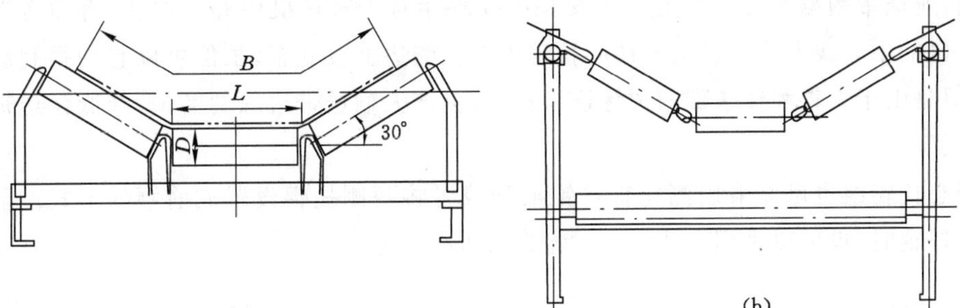

(a) (b)

图 6-11 槽形托辊组

2. 悬挂托辊组

悬挂托辊组是将三个或五个托辊铰接在一起悬挂在输送机中间架上，如图 6-12 所示。悬挂托辊组常用于重载工作的可移动式输送机上，三个托辊一组的悬挂常用在承载段，五个托辊一组的悬挂常用于装载受料点。

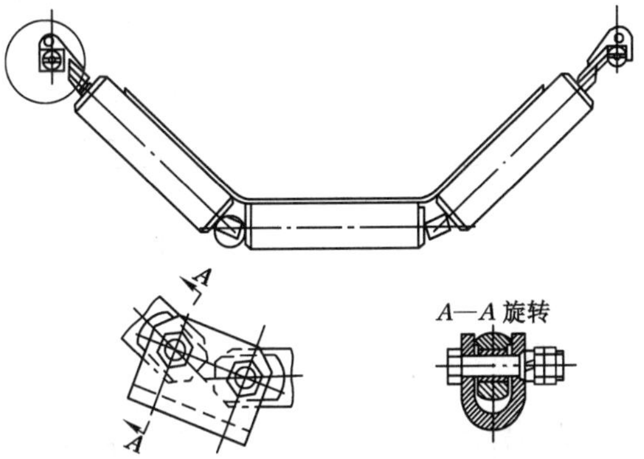

图 6-12 铰接式悬挂托辊组

3. 缓冲托辊组

缓冲托辊安装在输送机的装载受料处，用于缓冲矿料对胶带的冲击。缓冲托辊组中的每一个托辊由具有一定间隔的弹性圆盘制成，其额定负荷和标准托辊相同。在运输大块物料时有时需要沿输送机全线设置缓冲托辊。缓冲托辊组通常用 3～5 个托辊组成，每个单一托辊与槽形托辊的结构相同，只是在管体外部加装了阻燃橡胶圈。为了提高缓冲效果，目前已经研制出多种缓冲托辊组，如图 6-13 所示。

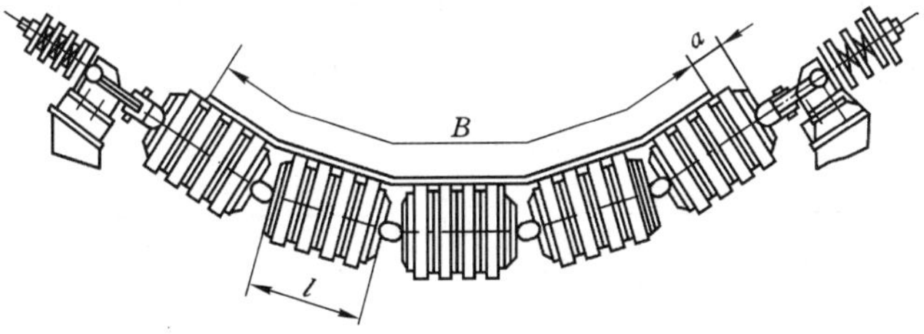

图 6-13 橡胶缓冲铰接式悬挂托辊组

4. 调心托辊组

输送带运行时可能由于输送带制造的偏差、物料偏心堆积、机架变形、托辊轴承缺陷、风载荷作用以及张力分布不均匀引起输送带跑偏，为此多采用调心托辊组。常用的调心托辊组如图 6-14 所示。它有一个支撑托辊组的托架，该托架通过一个可以旋转的支点安装在支架上，输送带跑偏时可以使支架上安装的托辊相对于输送机中心线偏转，将输送带推移到输送机的中心线上来。过去的调心托辊组多在侧边上设立辊，虽然可以起到强制纠偏的作用，但是由于立辊和输送带的边缘连续接触，会加大输送带边缘的磨损，降低输送带的使用寿命。

调心托辊组也可以采用侧托辊是锥形的或者将两侧托辊设置成前倾的形式。下托辊组为双托辊时，也可以采用上述方法对输送带进行纠偏。

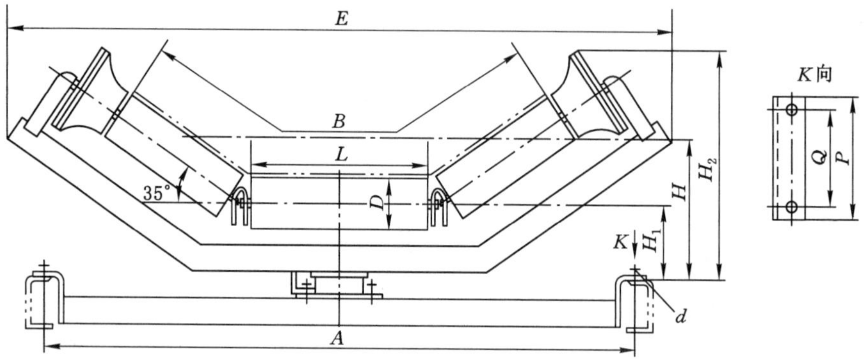

图 6-14 调心托辊组

三、驱动装置

驱动装置由驱动单元（电动机、联轴器、减速器）和驱动滚筒组成，其作用是给带式输送机正常运行提供牵引力。

（一）驱动装置的布置形式

（1）按驱动装置的布置位置分，有头部驱动、头尾驱动和中间多点驱动三种类型。

（2）按驱动滚筒的数量分，有单滚筒、双滚筒及多滚筒驱动三种。单滚筒驱动用于功率不大的小型输送机上，双滚筒及多滚筒驱动用于功率较大的大、中型输送机上。

（3）按驱动单元的配置分，每个驱动滚筒可配置一个或两个驱动单元，后者对降低驱动单元的体积有利，但存在功率不平衡问题。当然一个驱动单元也可以同时驱动两个驱动滚筒，如图 6-15 所示。图 6-16 为典型的双驱动滚筒的驱动方式。

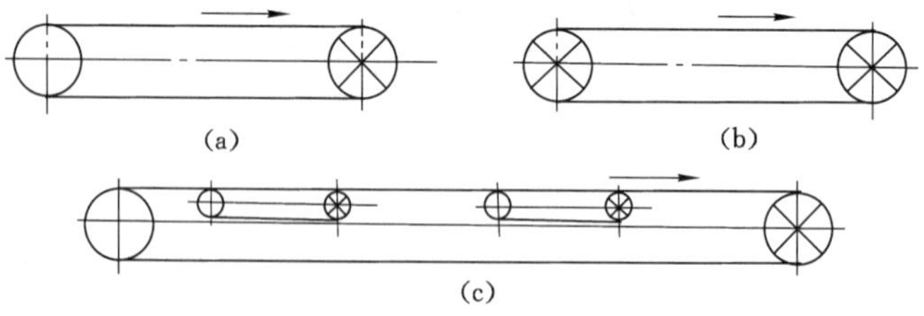

图 6-15 驱动装置布置示意图

（a）头部驱动；（b）头尾驱动；（c）多驱动

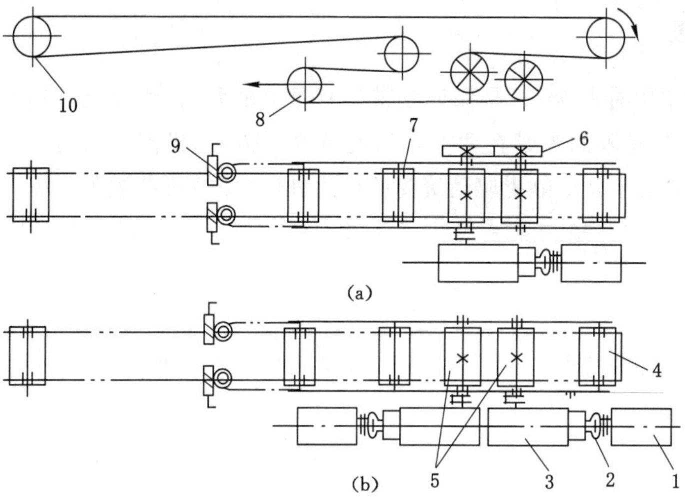

图 6-16　双驱动滚筒的驱动方式

(a) 双滚筒共同驱动；(b) 双滚筒分别驱动

1——电机；2——液力耦合器；3——减速器；4——卸载滚筒；5——驱动滚筒；6——齿轮对；7——换向滚筒；8——拉紧滚筒；9——手动蜗轮卷筒；10——机尾换向滚筒

（二）驱动滚筒

驱动滚筒有光面、包胶和铸胶之分，铸胶滚筒胶厚且耐磨，质量较好。在环境湿度小、功率不大的情况下，可采用光面滚筒；在环境潮湿、容易打滑的条件下，功率不大时可采用包胶滚筒，功率较大时宜采用铸胶滚筒。

驱动滚筒直径的大小，直接影响胶带绕经滚筒时的附加弯曲应力和胶带在滚筒上的比压。为使弯曲应力不过大，以提高胶带的使用寿命，因而要限制驱动滚筒最小直径。

多层芯胶带采用硫化接头时，驱动滚筒直径 $D\geqslant 125i$（i 为帆布层数）；

采用机械接头时，$D\geqslant 100i$；

对于整芯胶带，$D\geqslant K\delta$（K 取决于带芯材质的系数，δ 为带芯厚度）；

采用钢绳芯胶带时，$D=(150\sim 200)d$（d 为钢丝绳直径，mm）；

滚筒宽度 B_1 要比胶带宽度 B 大 100～200 mm。为了减少胶带跑偏现象，滚筒表面做成中间大两头小的双锥形，其锥度一般为 1/100。

（三）驱动单元的类型

一般中、小型带式输送机常采用的驱动单元是：电动机—限矩型液力偶合器—减速器。限矩型液力偶合器能起到软启动的作用，但不能实现可控启动。大型带式输送机由于在启、制动过程中会产生较大的动张力，导致输送机运行不平稳，产生强烈振动和磨损，甚至难以启动和正常运行，严重时会损坏机件。为保证大型带式输送机有足够的启、制动时间，使加、减速度控制在允许范围内，用以降低动张力，均使用可控驱动装置。目前常用的可控驱动装置有：变频调速装置、液力调速装置和 CST 可控驱动装置。

四、拉紧装置

拉紧装置的作用有两个：一是保证胶带具有足够的张力，使驱动滚筒与胶带间产生足够的摩擦牵引力；二是限制胶带在两托辊间的垂度，使输送机能正常运行。拉紧装置应尽量布置在胶带张力最小处或靠近驱动滚筒的松边处，以使拉紧装置的拉紧力与拉紧行程最小、张紧响应速度最快。按拉紧装置在工作过程中拉紧力是否可调分为固定式和自动式两类。

（一）固定式

固定式拉紧装置的特点是在工作过程中拉紧力恒定不可调。常用的有如下几种：

1. 螺旋式拉紧装置

如图 6-17 所示，这种拉紧装置由于其行程小，只适用于长度较短（小于 80 m）、功率较小的输送机。

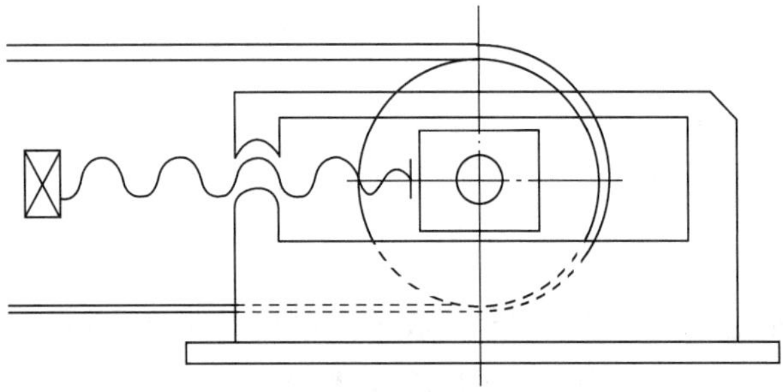

图 6-17　螺旋式拉紧装置

2. 重力式拉紧装置

它又分为重锤式和重载车式两种。重锤式布置方式较多，其中一种如图 6-1 所示，另外两种布置方式如图 6-18 所示，其中图 6-18(b)是一种新的布置方式，绞车只做起吊重锤之用。重锤式拉紧装置的缺点是占用空间大。重载车式适于倾角大于 12°的上运输送机，在图 6-1 中将重锤和钢丝绳取消，在机尾滚筒小车后面加上配重车即可。

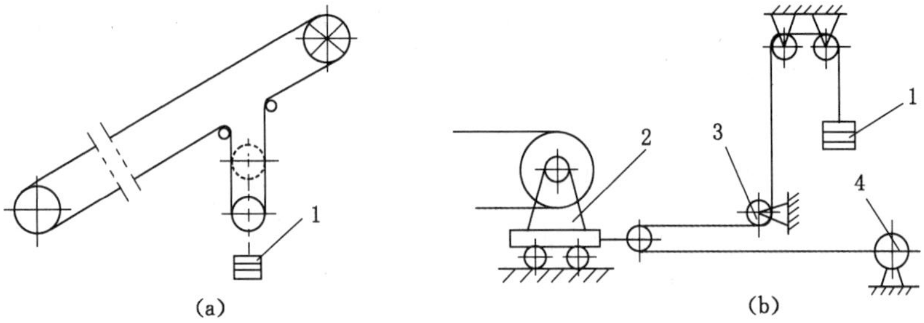

图 6-18　重力式拉紧装置

1——重锤；2——拉紧滚筒小车；3——滑轮；4——绞车

3. 固定绞车拉紧装置

该装置使用的是电动绞车和普通测力机构(只显示拉紧力大小),没有监控装置。

以上几种固定式拉紧装置的拉紧力大小,是按整机重载启动时,满足胶带与驱动滚筒不打滑所需张紧力确定的,而输送机在稳定运行时所需张紧力较启动时小,由于拉紧力恒定不可调,所以胶带在稳定运行工况下,仍处于过张紧状态,从而影响其寿命、增加能耗。

(二)自动式

自动式拉紧装置的特点是在工作过程中拉紧力大小可调,即输送机在不同的工况下(启动、稳定运行、制动)工作时,拉紧装置能够提供合理的所需拉紧力。它适应于大型带式输送机。常用的有如下几种:

1. 自动液压绞车拉紧装置

如图 6-19 所示,液压绞车、拉紧力传感器及电气控制装置(采用 PLC 控制)相互配合,调整启动、运行、制动及打滑时所需的牵引力。其主要优点是动态响应快,拉紧行程大,是一种具有发展前途的拉紧装置。

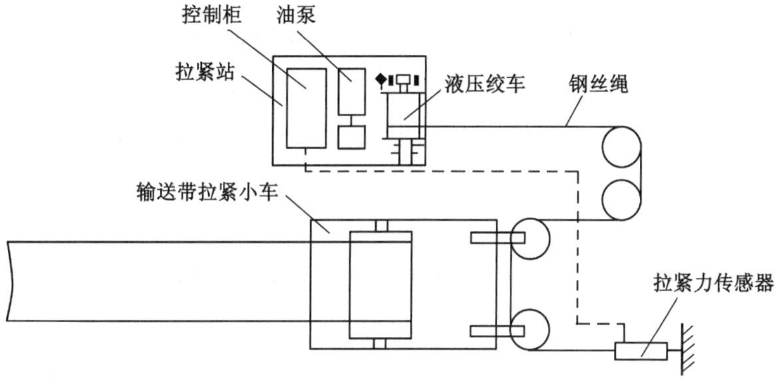

图 6-19　自动液压绞车拉紧装置

2. 自动电动绞车拉紧装置

它的组成布置与自动液压绞车拉紧装置基本相同,但使用的是电动绞车(图 6-20)。工作时,通过测力机构的电阻应变式张力传感器模拟反应并转换为电平信号,与电控系统给定值比较,控制绞车的正转、反转和停止,实现自动调整拉紧力。其缺点是动态响应差。

五、制动装置

制动装置的作用有两个:一是正常停机,即输送机在空载或满载情况下停车时,能可靠地制动住输送机;二是紧急停机,即当输送机工作不正常或发生紧急事故时(如胶带被撕裂或跑偏等故障出现时)对输送机进行紧急制动,迅速而又合乎要求地制动住输送机。

制动装置按工作性质分为制动器和逆止器两类,前者用于输送机的停车,后者用于上运输送机在停机时防止其倒转。制动装置的选用应按输送机的具体使用条件来确定。如水平运输若需要准确停车或紧急制动,应装设制动器。

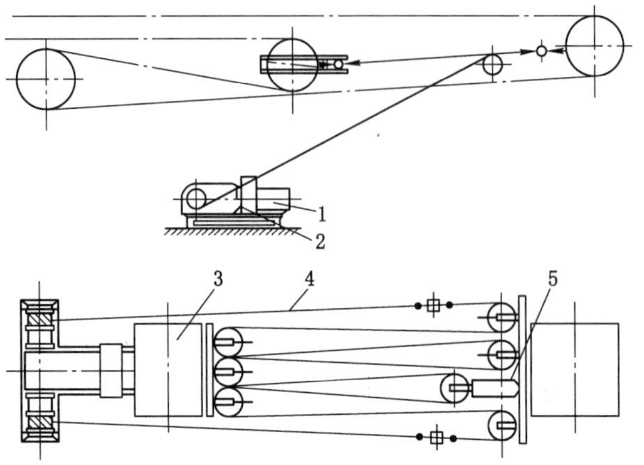

图 6-20　自动电动绞车拉紧装置

1——电动机；2——制动器；3——拉紧小车；4——钢丝绳；5——拉力传感器

（一）逆止器

对于上运输送机应通过具体计算来判断是否逆转，若发生逆转则安装逆止器。当一部输送机使用两个以上逆止器时，为防止各逆止器的工作不均匀性，每个逆止器都必须按能单独承担输送机逆止力矩的 1.5 倍选定。同时，在安装时必须正确确定其旋转方向，否则会造成人身伤害和机器损坏。

1. 滚柱逆止器

如图 6-21 所示，星轮装在减速器低速轴背离驱动滚筒的轴上，同滚筒转向一致。固定圈固定在地基上。输送机正常运行时，星轮切口内的滚柱位于切口的宽侧，不妨碍星轮在固定圈内转动。停车后，输送带带动驱动滚筒倒转时，星轮反向转动，滚柱挤入切口的窄侧，滚柱愈挤愈紧，将星轮楔住，滚筒被制动不能倒转。由于滚柱逆止器空行程小，工作可靠，在 TD 型带式输送机中已广泛使用这种逆止器。

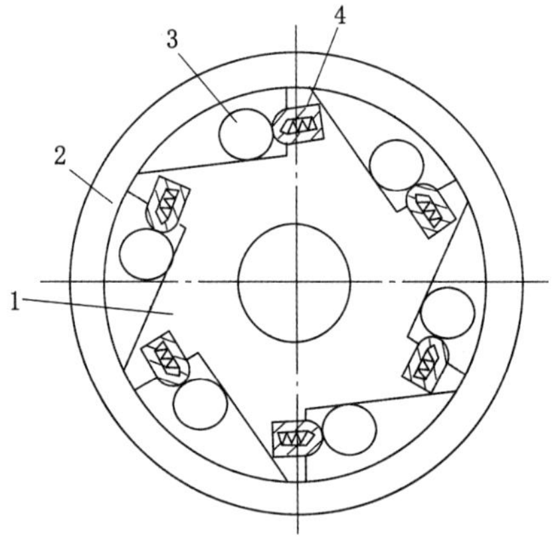

图 6-21　滚柱逆止器

1——星轮；2——固定圈；
3——滚柱；4——弹簧

2. 非接触式逆止器

非接触式逆止器是由楔块超越离合器演变而来的新型逆止装置，采用先进的非接触式楔块逆止结构，其综合性能优于其他逆止装置，逆止力矩大，安装在减速器的高速轴伸出端上，其结构如图 6-22 所示，主要由内圈、楔块、外圈组成。内圈装于减速器的轴上。

内圈装于减速器的轴伸出端上，装在内圈上的轴承 6 托持着外圈 5，端盖 8 和防转端盖 11 通过螺钉与外圈紧固在一起。防转端盖通过固定在其柄上的销轴 12 与地基上的防转轴

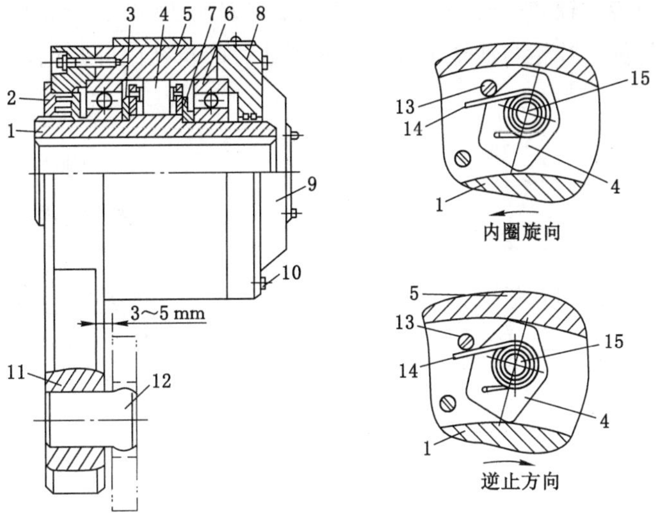

图 6-22　非接触式逆止器

1——内圈;2——密封圈;3——固定挡环;4——楔块;5——外圈;6——向心球轴承;7——挡环;8——端盖;9——盖;10——螺钉;11——防转端盖;12——销轴;13——挡销;14——复位弹簧;15——圆柱

座(图中点画线部分)连接。内圈和外圈之间装有由轭板和挡销组成的楔块,楔块通过其两端的圆柱 15 支承在轭板的支承孔中,复位弹簧 14 分别套在楔块两端的圆柱上,弹簧的一端插入楔块端面的小孔中,另一端靠在挡销 13 上。楔块装配的轭板外端面装有两个外凸的止动环,分别嵌入紧靠在内圈中间台阶两边的固定挡环 3(用紧配合方式装在内圈上)和挡环 7 的缺口中。

工作原理:正向启动带式输送机时(图 6-22 中内圈逆时针旋转时),内圈随着减速器高速轴一起旋转,装在内圈上的固定挡环便通过止动环拨着楔块随内圈一起旋转。由于楔块与其本身的回转中心圆柱 15 有一定的偏心距,随着转速的上升,楔块离心力产生的顺时针方向力矩,很快就增大到大于弹簧对楔块施加的逆时针方向转矩,于是就迫使楔块在轭板的支承孔中顺时针偏转,并与外圈脱离接触,贴靠在挡销上止位,从而使逆止器实现了无磨损非接触运转。在停机过程中(图 6-22 中内圈逆止方向旋转时),楔块的离心力矩下降到小于弹簧的转矩时,弹簧又使楔块在轭板的支承孔中往回偏转,恢复与外圈的接触,并给以初始的压紧力。停机时,内圈在带式输送机逆转力矩的作用下反转,迫使楔块偏转并与内、外圈楔紧成一体,通过防转端盖将逆转力矩传给固定不动的防转轴座而实现逆止。

(二) 制动器

1. 电动液压推杆制动器

如图 6-23 所示,这种制动器可用于水平、向上、向下运输的输送机,但制动力矩小,它安装在减速器一轴或二轴上。制动器通电后,由电力液压推动器推动制动杠杆松闸,失电时靠弹簧抱闸,制动力是由弹簧和杠杆加在闸瓦上的。电力液压推动器的结构原理如图 6-24 所示,通电时,伸进电机轴盲孔中的传动轴 7 及固定在传动轴上的叶轮 6 随电机 8 一同高速旋转,将液压缸 3 内活塞 5 上部的油液吸到活塞与叶轮下部,形成压差,迫使活塞及固定在活塞上的推杆 4 随传动轴和叶轮一同上升，举起制动杠杆 9(见图 6-23)；断电后，推杆在制动弹簧的作用下复位。叶轮与活塞下部的油液则通过叶轮径向叶片间的流道，被重新压到活塞上部。

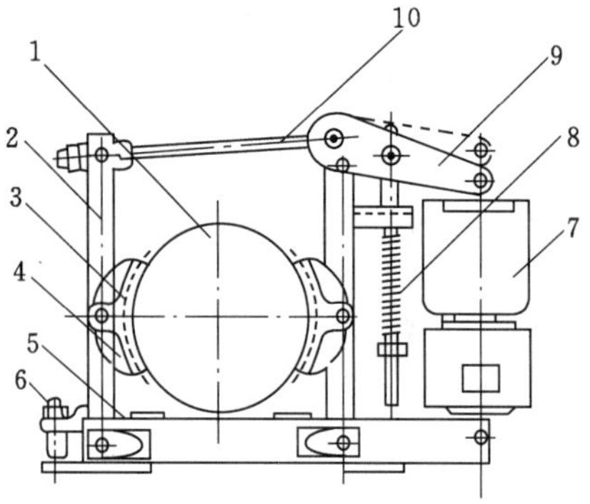

图 6-23　电动液压推杆制动器

1——制动轮；2——制动臂；3——制动瓦衬垫；4——制动瓦块；5——底座；6——调整螺钉；7——电力液压推动器；8——制动弹簧；9——制动杠杆；10——推杆

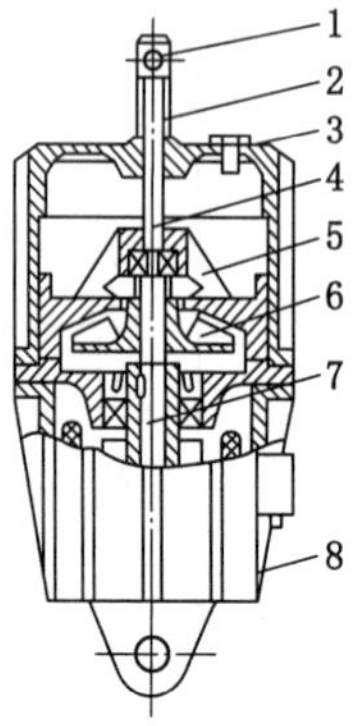

图 6-24　单推杆电力液压推动器

1——制动轮；2——制动臂；3——制动瓦衬垫；4——制动瓦块；5——底座；6——调整螺钉；7——电力液压推动器；8——制动弹簧

2. 盘式制动器

这种制动器多用于大型带式输送机，水平、向上、向下运输时均可采用，但下运时必须加强制动盘及闸瓦的散热能力。该制动器一般安装在减速器输出轴或滚筒轴上。其结构如图 6-25 所示。详见提升设备篇内容。

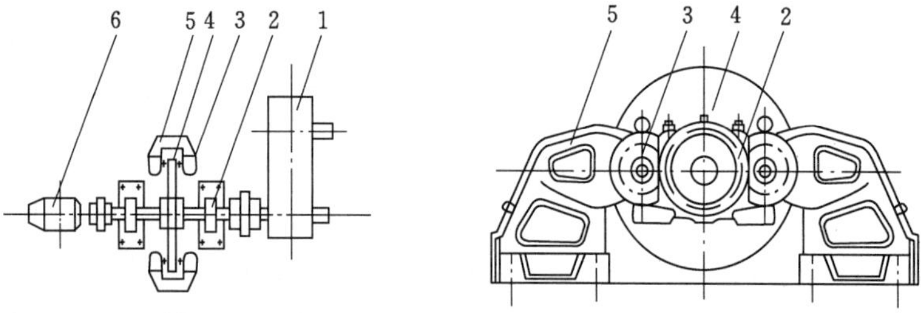

(a)　(b)

图 6-25　盘式制动器

(a) 总体布置；(b) 盘式制动器组成

1——减速器；2——制动盘轴承座；3——制动缸；4——制动盘；5——制动缸支座；6——电动机

3. 液力制动器

这种制动器用于下运输送机。如图 6-26 所示，其结构与液力偶合器相近，由两对泵轮和涡轮组成两个循环圆，两个泵轮相背做成一体。涡轮为固定不动的定子，与机壳做成一体并固定在基础上。泵轮为转子，通过转子轴与减速器的高速轴连接。输送机正常运转时，循环圆内不充液，只有鼓风阻力。制动时，向循环圆内连续充液，转子与定子对工作液的相互作用,使转子的反扭矩形成对输送机的制动力矩。

此外用于下运带式输送机的还有液压制动器。主要元件是液压泵(常用轴向柱塞泵),其轴与减速器的轴伸出端连接。输送机正常运转时,使泵的液压系统成卸荷系统,并以最小的流量排油,在闭式液压系统中循环。需要制动时,加大流量和排油压力,形成一定的制动力矩。值得一提的是液力、液压制动器用来降速,还需配备上述其中一种机械制动器用来停车。

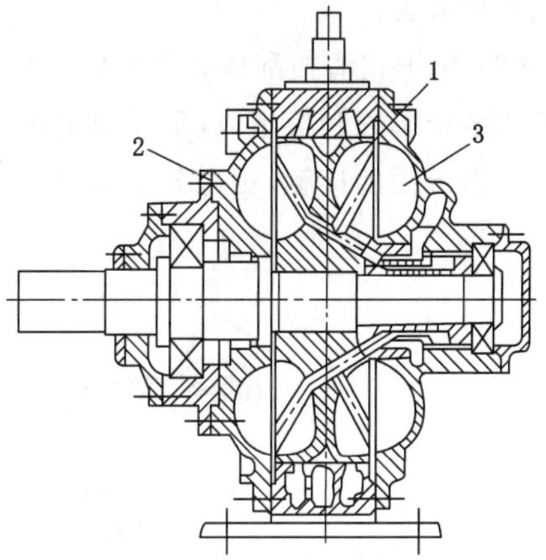

图 6-26 液力制动器

1——泵轮;2,3——蜗轮

六、清扫装置

它的作用是清扫胶带表面的黏着物,如煤粉等,防止其黏结在滚筒表面,引起胶带磨损、跑偏、电动机功率不平衡等。清扫装置分为头部清扫器和回空段清扫器,头部清扫器用于清扫胶带的工作面,常采用 H 型和 P 型硬质合金橡胶清扫器。H 型清扫器安装在头部卸载滚筒的前下方;P 型清扫器安装在卸载滚筒分离点处后面的胶带下面。回空段清扫器用于清扫胶带的非工作面,常采用 V 型清扫器,安装在卸载滚筒分离点处后面的胶带上面和机尾滚筒相遇点前方的胶带上面。该装置的基本组成与布置如图 6-27 所示。

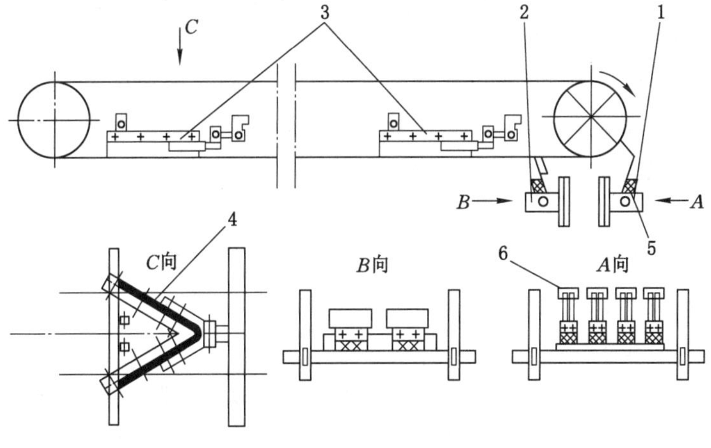

图 6-27 带式输送机清扫装置

1——H 型清扫器;2——P 型清扫器;3——V 型清扫器

清扫器还可以分为刮板式、辊式、刷式、振动式、风动式和综合式。

(1) 刮板式清扫器是清扫输送带最简单的装置,如图 6-28 所示。它被广泛应用于清扫弱黏性松散物料。其工作机构采用金属刮板,刮板通常装在有重锤或弹簧压紧的旋转架上。装有刮板的旋转架直接装在卸载滚筒下面。为了更好地进行清扫工作并降低刮板的磨损,刮板加在输送带上的压力不大于 20 kPa。为了提高刮板的工作效率,通常采用双刮板式清扫装置。

(2) 箅子式清扫刮板装置如图6-29所示。它的结构是由沿输送带宽度方向按棋盘形布置的多个单独刮板组成,刮板固定在弹性杆上。这种形式的刮板布置改进了刮板工作边缘与输送带面的接触,压力分布均匀,可以获得较好的清扫效果。

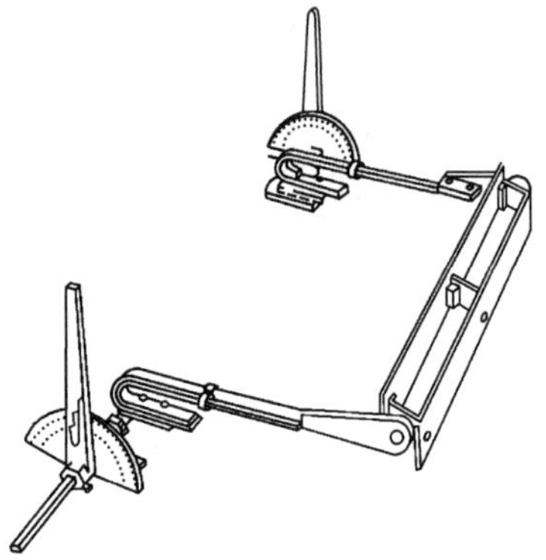

图6-28 刮板式清扫器图

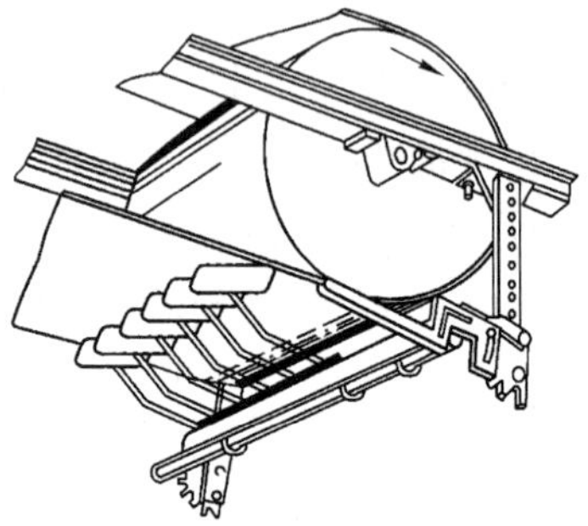

图6-29 箅子式清扫刮板

七、保护装置与监控技术

为使带式输送机高效、安全运行,必须安装有关的保护装置。

(一) 打滑保护装置

驱动滚筒转动而胶带不动或不同步运行,这种现象称为胶带打滑。打滑事故的主要危害是:轻则将胶带磨损、高温烧断造成停车;重则烧毁胶带,引起矿井重大火灾事故。打滑保护系统的工作原理是采用传感器分别测量带速和驱动滚筒速度,然后进行比较,正常运行时两者无差值,因而无输出。如发生打滑,则有差值输出,经延时后进行保护。常用的传感器类型有:SX-1型、磁电式、磁敏性传感器等。

(二) 超速保护装置

超速保护装置用于下运带式输送机。当电动机工作在发电状态时存在超速运转的可能性,严重时会造成"飞车"现象。其保护原理类似于打滑保护。

(三) 跑偏保护装置

在运行中胶带中心脱离输送机的中心线而偏向一方,这种现象称为胶带的跑偏。胶带跑偏的主要危害是:胶带边缘与机架相互摩擦,使胶带边胶损坏,同时还会增加运行阻力导致胶带打滑。跑偏严重时会撒煤,甚至胶带脱离了机架或滚筒。KPT1型防跑偏装置较为常用,它成对安装在胶带机托辊两侧支架上(每50 m安装一对),它有两级工作行程。当胶带跑偏至一定程度时,胶带迫使立辊旋转20°并发生报警信号,若胶带继续跑偏,迫使立辊旋转至35°时则整机自动停车。

(四) 纵向撕裂保护装置

在胶带机运行中,当有铁棒、尖角矿石等异物落到胶带上卡住时,会造成胶带纵向撕裂,其撕裂部分主要在装载点,因而该装置安装在装载处的上胶带下方。常用的有超声波检测器、测振式检测装置等十余种胶带纵向撕裂保护装置。

此外还有烟雾保护、堆煤保护、超温自动洒水装置和自动洒水降尘装置等保护装置。

目前国内外大型带式输送机都采用了可编程控制装置，开发了先进的程序软件，综合电源继电器控制技术以及数据采集、处理、存储、传输、故障诊断与查询等完善的自动控制技术。该系统对输送机实施了全面自动监控。

第三节 带式输送机的使用、维护与故障处理

一、带式输送机的安装与试运行

（一）安装

（1）在纵向方向上，机头、机尾滚筒宽度中心线及机身应成一条直线，且机身要平。

（2）在横向方向上，各滚筒轴线、机架及托辊轴线应与输送机的中心线互相垂直。

（3）整机及各部件安装后应达到总装图的技术要求和有关规范的要求。

（二）试运行

首先应进行试运行前的全面检查，无问题后，接着做空转试运行，第一步先做未装胶带的空运转，检查驱动装置、张紧绞车、卷带装置等运转部件是否运转正常，各轴承温升情况。运行合格后，再做装上胶带的试运行，主要观察是否打滑和跑偏，若有应做相应的处理。空运行一切正常后，方可加载运行，加载应从轻载、半载到满载逐级进行，正常后再做重载启动运行。

二、带式输送机的使用与维护

（一）使用

（1）司机必须按规定信号开、停带式输送机。检修设备时，维护工必须通知司机停机、闭锁电气控制开关后方可作业。检修完毕试机时必须与司机联系，通知周围有关人员后，方可发出信号送电试机。

（2）发现胶带松弛应立即张紧，紧带过程中，严禁用手掰、撬棍别运行中拉紧车和钢丝绳。运行中严禁用手或任何工具清理托辊、滚筒上的黏结物。转动不灵活的托辊要更换。

（3）在更换胶带或做胶带接头时，如确需点动开机拉动胶带时，严禁操作人员站在转动部位上方。胶带跑偏时应及时调整，处理跑偏时，严禁手抓脚蹬运行中的输送带。

（4）停机时，无特殊情况应将胶带上的煤拉空，避免重载启动，严禁重载频繁启动。

（二）维护

维护工作分为日检、周检、月检、半年检四类。应按照各类检查规定的检查内容进行，发现问题应及时处理。每种带式输送机的部件润滑有其各自的规定，应按该机使用维护说明书严格执行，以确保设备正常运行。

三、带式输送机的常见故障分析与处理方法

（一）胶带打滑

1. 打滑的原因

造成胶带打滑的根本原因是胶带与滚筒之间的摩擦力不够。具体原因是：

（1）运行阻力增大　如输送机超载、胶带严重跑偏以至于将胶带挤卡在机架上；托辊损坏、杂物缠绕、煤泥埋压等原因造成大量托辊不转；

（2）摩擦系数降低　如驱动滚筒与胶带的接触面侵入泥水、煤泥；驱动滚筒表面铸胶损坏；

（3）胶带张紧力减小　如胶带因变形而伸长，拉紧装置拉紧力不够或损坏。

2. 处理与预防方法

防止胶带打滑，应从两个方面着手，一是加强运行管理和维护，发现胶带打滑应及时停机，按上面各原因进行分析处理；二是使用打滑保护装置。

（二）胶带跑偏

1. 胶带跑偏的原因

造成胶带跑偏的根本原因是由于胶带受力不均造成的。主要原因是：

（1）胶带的结构与制造质量　例如钢绳芯胶带中有数根钢丝绳芯，在制造时如果各钢丝绳受力不均或者整条胶带在纵向方向上成S形，较严重时则在运行中会发生跑偏；

（2）安装质量　安装时应符合安装技术标准，否则，将使胶带在运转中受到横向推力而发生跑偏现象；

（3）使用维护　拉紧力过大易造成空载运行时跑偏，拉紧力过小易使胶带忽左忽右；胶带接头不正，会造成受力不均；装载点落煤不正，货载偏于胶带一侧，使胶带两侧负载相差很大造成受力不均，另外，装载点处的槽形托辊损坏、缺少，会导致落煤不稳，冲击胶带跑偏；清扫胶带不干净，造成煤粉黏结在滚筒上，使滚筒的半径不等，造成胶带受力不均。

2. 胶带跑偏的处理方法

胶带跑偏的调整应在空载运行时从机头开始，先调回空段，后调承载段。胶带在各滚筒上跑偏时，胶带往哪边跑，就利用滚筒轴承座上的调整螺栓调紧哪边。在中间部跑偏时，胶带往哪边跑，应将那边托辊朝胶带运行方向移动一个角度（位置），调整的数量应根据胶带运行情况而定。一般驱动滚筒及机头、机尾滚筒因在出厂时已作调整，不宜重新调整作调偏用，改向滚筒可做调偏用。

3. 胶带撕裂与断带

造成胶带撕裂的主要原因是由于胶带跑偏严重，胶带接头在机架或滚筒轴承座上撕带，或机架和滚筒卷有矿石、杂物，或从装料点有金属异物落下并卡住等，致使胶带割裂。因而要加强维护工作，并使撕带保护装置处于良好的状态。发现胶带跑偏或撕带要及时停机查明原因，并及时修补或更换。

断带是输送机运行中发生的较严重事故，主要原因是接头强度不够，或胶带运行中阻力较大，压住机头、机尾滚筒不转、胶带长时间打滑等。主要预防措施是：严禁超载运行，及

时更换不转动的托辊，清除胶带下面的泥煤。勤检查胶带接头状态，对于不良的接头及时重接，配置胶带接头检测装置等。

思考与练习题

1. 试述带式输送机的基本组成、工作原理及适用条件。
2. 试述带式输送机的分类及各自的优缺点。
3. 试述托辊的分类及各自的作用。
4. 试述拉紧装置、制动装置、清扫装置的作用、分类及适用范围。

第七章 矿用电机车

第一节 概 述

矿用电机车主要用于井下运输大巷和地面的长距离运输。它相当于铁路运输中的电气机车头，牵引着由矿车或人车组成的列车在轨道上行走，完成对煤炭、矸石、材料、设备、人员的运送。机车在轨道上运行，它的牵引力不仅受牵引电机功率的限制，还受车轮与轨面间的摩擦制约。机车运输能行驶的坡度有限制，运输轨道坡度一般为3‰，局部坡度不能超过30‰。

一、矿用电机车的组成

目前，我国矿用电机车都采用直流电机车，其牵引电动机及牵引电网均系直流。直流电机车有两种，分别为架线式电机车和蓄电池式电机车。

架线式电机车由列车和供电设备两部分组成：列车，由电机车和所牵引的矿车组组成；供电设备，由牵引电网与牵引变流所组成。架线式电机车的供电系统如图7-1所示。

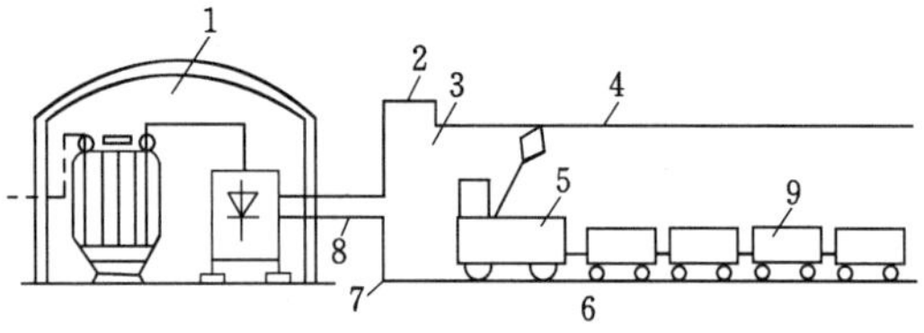

图7-1 架线式电机车的供电系统

1——牵引变流所；2——馈电线；3——馈电点；4——架空裸导线；5——电机车；6——运输轨道；7——回电点；8——回电线；9——矿车

牵引电网是由架空线和轨道向电机车供应电能的网络，由馈电电缆、回电电缆、架空接触线和轨道四部分组成。牵引变流所内安装有专用变压器、整流器和直流配电设备等，牵引变流所一般与井底车场变电所在一起。蓄电池式电机车运输设备由列车、轨道、供电设备组成，但轨道不在供电系统中。蓄电池式电机车的供电设备由变流所和充电室两部分的设备组成。

二、矿用电机车的工作原理

架线式电机车的工作过程：高压交流电经牵引变流所降压、整流后，正极接到架空线上，负极接到铁轨上。架空线是沿轨道上空架设的裸导线，机车上的受电弓与架空线接触，将电流引入车内，再经空气自动开关、控制器、电阻箱进入牵引电动机，驱动电动机运转。电动机通过传动装置带动车轮转动，从而牵引列车行驶。从电动机流出的电流经轨道流回变流所。

蓄电池式电机车的工作过程：蓄电池提供的直流电经隔爆插销、控制器、电阻箱进入电动机，驱动电动机运转。电动机通过传动装置带动车轮转动，从而牵引列车行驶。

三、矿用电机车的分类及应用范围

（一）电机车的分类

（1）按供电方式可分为：矿用直流架线式电机车（ZK 型）和矿用蓄电池式电机车（XK 型）。

（2）按电机车的黏着质量分类，架线式电机车有 1.5 t、3 t、7 t、10 t、14 t、20 t 几种；蓄电池式有 2 t、2.5 t、8 t、12 t 等几种。

（3）按电机车的轨距可分为 600 mm、762 mm 和 900 mm 三种。其中，762 mm 轨距主要用于密度较大的金属矿井中；中小型煤矿多采用 600 mm 轨距；大型煤矿多采用 900 mm 轨距。

（4）按电压等级分，架线式电机车有 100(97)V、250 V、550 V 三种。蓄电池式电机车有 40 V/48 V 与 110 V/132 V 两个等级（同一台机车，使用铁镍蓄电池时为斜线下的值）。

煤矿井下广泛使用直流架线式电机车和蓄电池式电机车。架线式电机车的优点是结构简单，维护方便，机车的运输能力大，速度高。缺点是架线对巷道尺寸和行人的安全有一定的影响，架线与电机车的受电弓之间会产生电弧火花，使其在煤矿井下的使用范围受到限制。

蓄电池式电机车优点是无火花引爆危险，适合在有瓦斯的矿井使用，不须架线，使用灵活，对于产量小、巷道不太规则的运输系统和巷道掘进运输很适用。缺点是须设充电设备，初期投资大，用电效率低，运输费用较高。

（二）电机车的应用范围

《煤矿安全规程》规定，电机车的应用范围主要是：

（1）低瓦斯矿井进风的主要运输巷道内，可以使用架线式电机车，但巷道支护必须使用不燃性材料支护。

（2）在高瓦斯矿井的主要运输巷道内，应使用矿用防爆特殊型蓄电池式电机车，如果使用架线电机车，必须采取特殊措施以满足《煤矿安全规程》的一系列规定。

（3）在瓦斯突出的矿井和瓦斯喷出区域中，进风主要巷道内或主要回风巷道内，都应使用矿用防爆特殊型蓄电池式电机车，并必须在机车内装设瓦斯自动检测报警仪。

第二节　矿用电机车的主要机械构造

矿用电机车的构造包括机械和电气设备两大部分。其基本结构如图 7-2 所示。

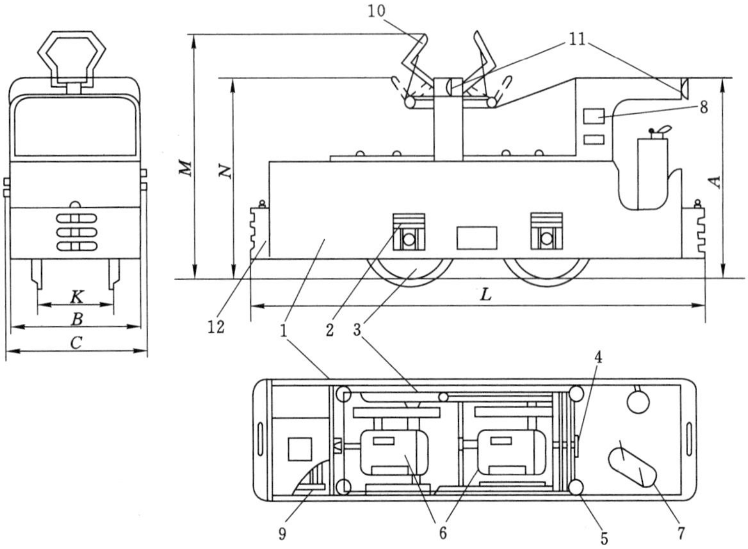

图 7-2 架线式电机车的基本结构

1——车架；2——轴承箱；3——轮对；4——制动手轮；5——砂箱；6——牵引电动机；7——控制器；8——自动开关；9——启动电阻；10——受电弓；11——车灯；12——缓冲器及连接器

机械部分包括车架、轮对、轴承和轴承箱、弹簧托架、制动装置、撒砂装置、齿轮传动装置及连接缓冲装置等；电气部分包括牵引电动机、控制器、自动开关、启动电阻、集电弓、照明系统及电流表等。

一、车架

车架是电机车的主要承重部分，电机车的其他电气、机械部分都安装在车架上。车架由厚钢板焊接成框架结构，用弹簧托架支承在轴承箱上。运行中因为常受到冲击、碰撞，所以应加大钢板厚度或采取相应的增加车架刚度的措施。车架内各部分的布置既要考虑结构上的合理性，又要考虑各轮轴之间载荷分配的均匀性，如图 7-3 所示。

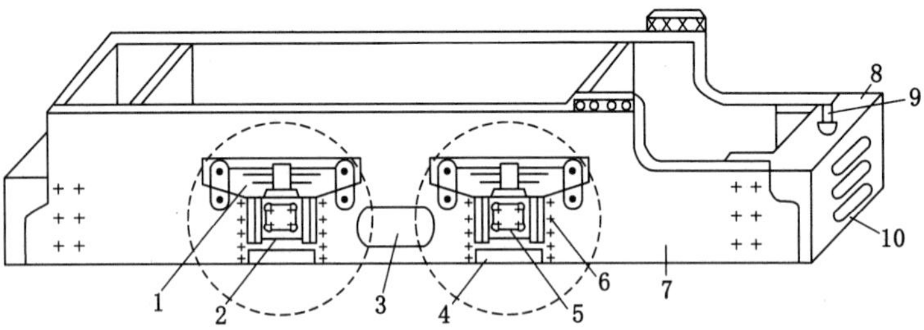

图 7-3 车架

1——侧孔上部；2——侧孔下部；3——调整闸瓦侧孔；4——轴箱下限板；5——轴箱；6——轴箱端面；7——车架侧板；8——缓冲器；9——连接销；10——连接接口

二、轮对

轮对由两个车轮压装在一根轴上而成。车轮有两种：一种是轮箍和轮芯热压装在一起，如图 7-4 所示；另一种是整体车轮。前者的优点是轮箍磨损到极限时，只需更换轮箍，不报废整个车轮。驱动轮对装有传动齿轮，电动机经齿轮减速后带动轮对旋转。

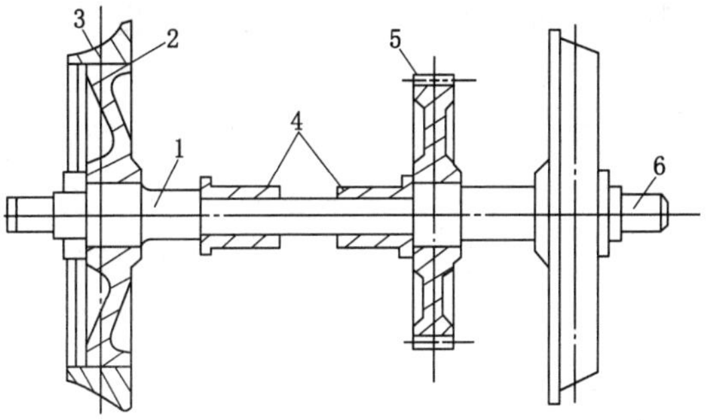

图 7-4　矿用电机车的轮对

1——车轴；2——轮芯；3——轮箍；4——轴瓦；5——齿轮；6——轴颈

三、轴承箱

车轴通过轴承和轴承箱承受车架及其上全部设备的重力。轴承箱与轮对两端的轴颈配合安装，如图 7-5 所示。轴承箱两侧的滑槽与车架上的导轨配合，上面有安装弹簧托架的座孔。

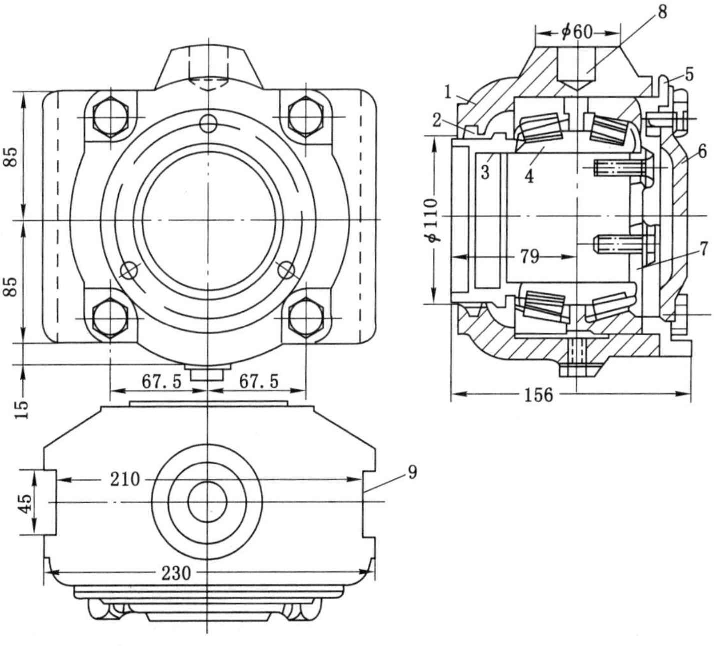

图 7-5　轴承箱

1——轴箱体；2——毡圈；3——止推环；4——滚动轴承；5——止推盖；

6——轴箱端盖；7——轴承压盖；8——座孔；9——滑槽

车架靠弹簧托架支承在轴承箱上,轴承箱是车架与轮对的连接点。轨道不平整时,轮对与车架的相对运动发生在轴承箱的滑槽与车架的导轨之间,并依靠弹簧托架起缓冲作用。

四、弹簧托架

弹簧托架的作用是把电机车的重量弹性地通过轮对传递到钢轨上去,并将机车重量均匀地分配到各个车轮上,也能缓冲运行中对机车的冲击和震动。

如图 7-6 所示,弹簧托架是一个组件,由弹簧、连杆、均衡梁组成。这是一种使用板簧的弹簧托架,每个轴承箱上座装一副板簧,板簧用连杆与车架相连。均衡梁能够将机车重量均匀地分配到各个车轮上,当有一个车轮上的负荷增加时(例如轨道局部突起),能通过均衡梁的作用把一部分负荷分配到另一个车轮上去,以避免一个车轮过载,一个车轮欠载。

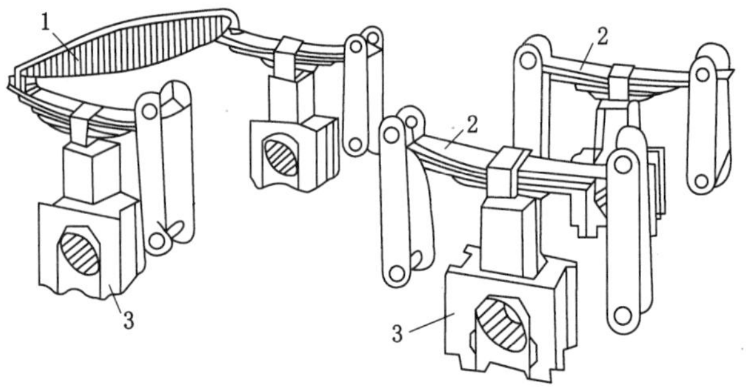

图 7-6 弹簧托架

1——均衡梁;2——板簧;3——轴承箱

五、齿轮传动装置

矿用电机车的齿轮传动装置有两种类型:一种是单级开式齿轮传动,另一种是两级闭式齿轮减速箱,如图 7-7 所示。早期的机车采用单级开式齿轮传动,牵引电动机的一侧用抱轴承装在轮对的轴上,另一侧机壳上的挂耳经弹簧吊挂在车架上。这种安装方式在车轮和车架因振动产生上、下相对位移时,能保证传动齿轮的正常啮合,还能减缓牵引电动机受到的冲击和振动。开式传动方式传动效率低,因为传动比不能大,所以只能用转速低、体积大的牵引电动机。电机车采用闭式齿轮箱后,提高了传动效率和齿轮的使用寿命。

六、制动装置

电机车的制动装置分为机械制动和电气制动两种。电气制动是牵引电动机的能耗制动,不需要专门设置,只是用控制器改变电气线路即可。机械制动是利用制动闸或制动器进行制动。矿用电机车的制动闸多为闸瓦式,用杠杆使闸瓦紧压车轮踏面,借助闸瓦与车轮的摩擦力形成制动力矩。其操作方式有手动、气动、液动三种,手动操作的制动装置如图 7-8 所示。

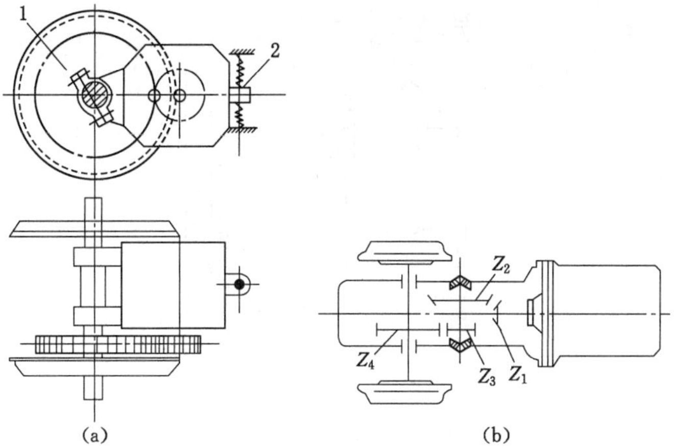

图 7-7　矿用电机车的齿轮传动装置

(a) 单级开式齿轮传动；(b) 两级闭式齿轮减速箱

1——滑动轴承；2——挂耳

图 7-8 所示的手动制动装置，顺时针操作手轮 1 通过连杆使闸瓦 9、10 向车轮加压，产生摩擦阻力，实现电机车制动。为加大制动力，四个车轮上都装有闸瓦，用正反向调节螺杆 11 调整闸瓦与轮面的间隙，使各闸瓦同时接触。

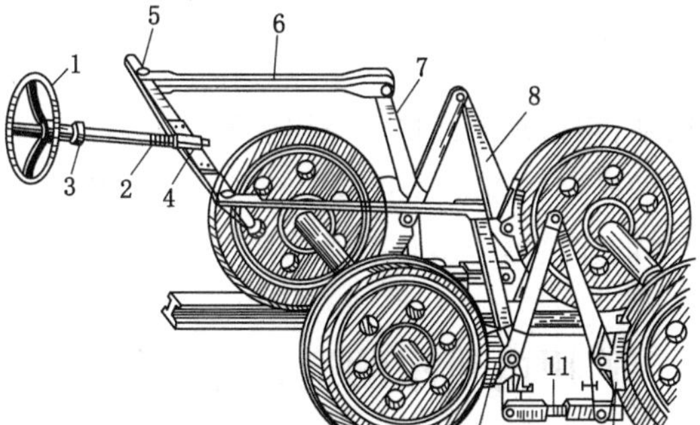

图 7-8　矿用电机车手动制动装置

1——手轮；2——螺杆；3——衬套；4——螺母；5——均衡杆；6——拉杆；

7，8——制动杆；9，10——闸瓦；11——正反扣调整螺丝；12——连杆

七、撒砂装置

撒砂装置(图 7-9)是用来向车轮前沿轨面上撒砂，以加大车轮与轨面间的摩擦系数，从而获得较大的牵引力或制动力，保证运输的需要和行车的安全。砂箱中装有粒度不大于 1 mm的干砂。

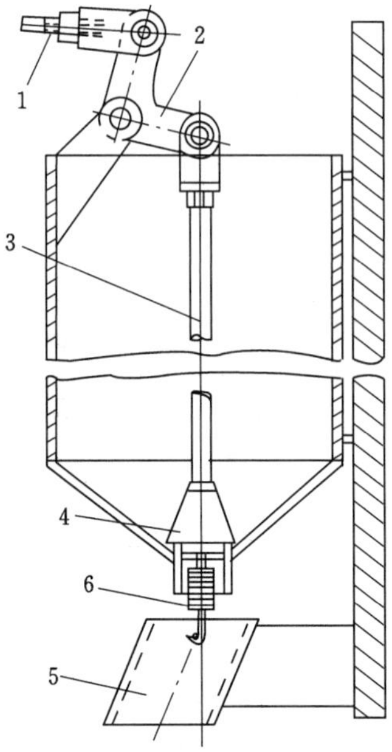

图 7-9 撒砂装置

1,3——拉杆;2——摇臂;4——锥体;5——出砂导管;6——弹簧

八、缓冲器及连接器

缓冲器设在车架的两端,用以承受冲撞。采用弹簧缓冲器能减轻冲击。

连接器是连接被牵引的矿车。为能牵引具有不同高度的矿车,机车上的连接器做成多层接口。目前,矿用电机车的连接器还多是手动摘挂,已有改用自动连接器的机车在使用。

第三节 矿用电机车的运行、维护与故障处理

电机车在运行中必须按规程正确操作和使用,加强日常维护和维修工作,使其处于良好的工作状态。

一、电机车的操作规程

(1) 控制器的主轴手柄由某一位置转至另一位置时,动作应迅速果断,不要停滞于两位置之间,以免电流烧损触头。

(2) 发现车轮打滑时应立即把主轴手柄扳到零位,再逐渐转动手柄至正常运转位置。不允许为预防车轮打滑,在主轴手柄未转到零位前就施闸制动,以防电动机过度超载而烧坏。

(3) 降下受电弓后,必须迅速将控制器主轴手柄转到零位。

(4) 启动和停车时要特别注意操作,不应以逆电流使电动机反转来停车。

二、电机车在运行中的注意事项

(1) 经常检查轴承箱，牵引电动机轴承与车轴连接处发热情况；检查电缆接头处是否完好。

(2) 用车辆运送人员，每班发车前都应检查各车的连接装置、轮轴和车闸等；运输人员时，严禁同时运送有爆炸性的、易燃性或腐蚀性的物品。

(3) 在运送人员时，为确保安全，列车运行速度不得超过 4 m/s。

三、电机车主要部件的维护

(一) 轴承与轴承箱

定期注入润滑油，保持润滑良好。轴承箱如在运转中过热，应检查车轮轮毂与轴承座之间的间隙是否过小，其间隙不小于 2 mm。轴承内外圈及滚柱表面有无磨损或疲劳现象，出现微小局部麻点，应及时更换新轴承。

(二) 轮对

电机车轮对负担很重，磨损快，是机车的易损部件。每天检查机车时，需敲击轮箍以判断其完整性及对轮心的箍紧程度。轮箍表面若出现大于 3 mm 深的缺陷或不均匀磨损度大于 5 mm 时，需在车床上车光轮对外圈，并保证主动轮的轮缘尺寸相等，且符合技术要求；轮箍磨损至 25 mm 厚时，必须更换新的。为了避免磨损，应防止机车运动中车轮打滑。

(三) 弹簧托架

弹簧托架长期承载机车重量，对弹簧钢板应定期注油润滑，保持清洁。簧片有裂纹或断裂应及时更换，否则会影响整车运行。

(四) 齿轮传动装置

齿轮传动装置应选用合适的润滑油，定期检查润滑油的油质，及时更换变质的润滑油。定期检查减速箱的密封情况，防止润滑油流失导致齿轮磨损加剧。

(五) 牵引电动机

经常清理电动机外壳上的污垢，保持其散热良好。定期检查整流子表面的磨损情况，及时修整。定期检查电刷的磨损情况，及时进行调整，保持电刷与整流子接触良好。

(六) 控制器

应经常检查机械闭锁的可靠性及各触头铜片是否接触良好，各形状闭合、断开是否灵活可靠，如触头被烧蚀，应立即打磨光洁，烧蚀严重者应立即更换。

四、电机车的常见故障分析与处理

电机车的常见故障、原因及处理方法见表 7-1。

表 7-1 电机车的常见故障、原因及处理方法

故障现象	产生原因	处理方法
（一）电机车		
1. 电机车牵引力太小	(1) 主动轮对轮缘表面有油污； (2) 轨道表面有水或污物； (3) 双电动机只有一台工作	(1) 清理油污； (2) 清理水或污物； (3) 维修控制器或电动机接线
2. 电机车牵引速度低	(1) 供电线路电压偏低； (2) 列车的矿车数偏多； (3) 晶闸管脉冲调速装置电器元件损坏	(1) 升高线路电压达到额定值； (2) 减少矿车数； (3) 检修并更换损坏的电器元件
3. 电机车运行冲击力大	(1) 启动过程操作不当； (2) 弹簧托架的钢板折断； (3) 车轮轮箍磨损严重并变形； (4) 轨道变形	(1) 按规程操作； (2) 更换弹簧钢板； (3) 更换轮对或轮箍； (4) 维修轨道
（二）电动机		
1. 电动机不能正常启动	(1) 电枢绕组接线因焊接不良或碳刷压力过大而开路； (2) 整流子火花太大，温升过高而开焊； (3) 换向器的焊点断开； (4) 碳刷过度磨损，压力不足； (5) 受电弓损坏或与架空线接触不良； (6) 晶闸管脉冲调速装置电器元件损坏； (7) 供电线路电压低于规定值	(1) 检查碳刷压力，维修线路； (2) 维修整流子和线路； (3) 维修焊接接点； (4) 更换碳刷； (5) 维修或更换受电弓； (6) 检查维修，更换损坏的电器元件； (7) 升高线路电压达到额定值
2. 电动机过热	(1) 牵引的矿车数太多； (2) 电机车频繁启动； (3) 电动机轴承润滑油过多； (4) 电枢绕组短路	(1) 减少矿车数； (2) 避免短时间内多次启动； (3) 减少轴承润滑油油量； (4) 维修电枢绕组
3. 电动机声音异常	(1) 轴承过度磨损或损坏； (2) 轴承润滑油不足或不洁； (3) 碳刷压力过大； (4) 固定磁极的螺钉松动	(1) 更换轴承； (2) 补充或更换润滑油； (3) 调整碳刷压力； (4) 拧紧松动的螺钉
4. 电动机轴承过热	(1) 轴承损坏； (2) 润滑油不足或不洁	(1) 更换轴承； (2) 补充或更换润滑油
（三）轴承箱和齿轮箱		
1. 轴承箱过热	(1) 轴承箱与车轮轮毂的间障过小； (2) 箱内的润滑油时间太长或不洁； (3) 轴承损坏或轴承内外圈及滚柱表面有损伤	(1) 适当增大二者的间隙； (2) 更换润滑油； (3) 更换轴承
2. 齿轮箱有异常噪声	(1) 齿轮磨损严重或箱内有异物 (2) 润滑油量不足或不洁 (3) 操作不当，产生冲击	(1) 检查、更换齿轮，排除异物 (2) 补充或更换润滑油 (3) 按规程操作
（四）撒砂装置		
撒砂不灵活	(1) 砂子的粒度偏大； (2) 砂子太潮湿或砂箱进水； (3) 操纵杆操作不灵活	(1) 选用符合要求的砂子； (2) 选用干砂并防止砂箱进水； (3) 调整操纵杆

思考与练习题

1. 矿用电机车的类型和应用范围如何？
2. 架线电机车与蓄电池电机车相比各有哪些特点？
3. 矿用电机车的机械构造有哪些？各部分的作用是什么？
4. 电动机不能正常启动的原因有哪些？排除故障的方法是什么？

第八章 辅助运输机械

第一节 概 述

煤矿运输是煤炭生产的重要组成部分。根据任务的不同，煤矿运输分为主要运输和辅助运输。煤矿辅助运输泛指煤矿生产中除煤炭运输之外的各种运输，主要包括材料、设备、人员和矸石等的运输。它是整个煤矿运输系统不可或缺的重要组成部分。

在煤矿井下主要运输大巷采用机车运煤时，材料、设备、人员和矸石也需要用机车运输；若用带式输送机运煤，则需另设专用的辅助运输设备。在采区巷道内，一般都采用刮板输送机或带式输送机运煤，采用钢丝绳绞车或蓄电池机车运送材料和设备。使用综采机组的工作面在综采设备安装搬家时，由于设备的整件质量大、数量多，且要求安全、快速、高效，因此对辅助运输提出了更高的要求。若采用高效的辅助运输设备，可大大缩短综采工作面搬家时间，对提高煤炭产量及机组的利用率有很重要的意义。

煤矿辅助运输的特点是：

(1) 运输线路随工作地点的迁移而经常变化；

(2) 运输线路水平或倾斜互相交错连接；

(3) 工作地点分散，运输线路复杂，运输环节多；

(4) 待运物料品种繁多，形状各异；

(5) 井下巷道空间受限制，并有瓦斯和煤尘等爆炸性物质，需用防爆净化设备。

鉴于上述特点，煤矿辅助运输系统及其设备具有复杂性和多样性。除了过去常用的常规辅助运输设备，诸如矿用绞车、调度绞车、电机车和一般的矿车、平板车、材料车之外，近年来又出现了许多新型高效的辅助运输设备，如单轨吊车、卡轨车、齿轨机车、胶套轮机车、无轨运输车、无极绳连续牵引车，等等。这些新型高效辅助运输设备的使用，从根本上改变了煤矿辅助运输的落后面貌。

矿井辅助运输系统的构成以及辅助运输设备的选用，与煤层地质条件、开采方式和采掘机械化程度等多种因素有关。在我国早期建成的大中型矿井中，由于采掘机械化程度不高、矿井生产能力有限，一般采用一矿多工作面的生产方式，其辅助运输系统为：井下主要水平运输大巷一般采用架线电机车运输，采区巷道主要采用矿用绞车、小型调度绞车、小型蓄电池机车等。这种运输方式的主要问题是：运输环节多、系统复杂、占用设备多，由井底车场至采区工作面需经多次转载和中转编列，辅助人员多。

近年来，国内外研制了很多新型煤矿井下辅助运输设备。当前，国内外煤矿比较常用的新型高效辅助运输设备主要有无轨运输设备（无轨胶轮车）、轨道运输设备和单轨吊车等三大类。与传统的辅助运输设备相比，这些设备在技术特性、运输效率和安全性能方面都具有明显的优点。

第二节　矿用绞车与单轨吊车的主要结构

一、概述

在煤矿，人员及物料的提升和运输，综采设备的安装、拆卸及搬迁，各种重物及设备的牵引等均离不开矿用绞车。凡在水平或倾斜的轨道上利用绞车及钢丝绳牵引矿车或提升容器沿轨道移动的运输方式统称为钢丝绳牵引运输。按矿车的运行特点，钢丝绳牵引运输分为使用单滚筒或双滚筒的滚筒式绞车的有极绳运输，以及使用摩擦轮式或其他特殊形式绞车的无极绳运输。

单轨吊车适用于煤矿井下人员、材料设备和矸石等的辅助运输，可实现轻型液压支架的整体搬运。它主要用于大巷采区上、下山及采掘工作面的巷道运输。单轨吊车的轨道是一种特殊的工字钢，悬吊在巷道支架上或砌碹梁、锚杆及预埋链上，吊车就在此轨道上往返运行。一般只有一根专用的轨道，故名单轨吊车。随着煤矿集约化生产的发展，设备日益重型化，出现了双轨甚至三轨，在坡度大的巷道还增设了齿轨，称为齿轨单轨吊车。

采用单轨吊车可以基本解决整个矿井的辅助运输机械化问题。我国许多中小型矿井以及某些大型矿井的井筒及巷道断面较小，巷道系统比较复杂，如果这些矿的巷道顶板比较稳定，支护条件较好，运输的单件质量不是太大，特别是那些巷道有底鼓的矿井，选用单轨吊车运输系统是比较合适的。

二、矿用绞车

（一）有极绳矿用绞车

有极绳运输是指钢丝绳的一端与矿车相连，通过绞车使钢丝绳放出或收回，达到运输的目的，如图 8-1 所示。有极绳运输又可分为单绳运输、双绳运输和首尾绳运输。

单绳运输采用单滚筒绞车沿倾斜巷道牵引矿车向上运行，矿车向下运行则靠自重。

双绳运输一般采用双滚筒绞车，每一个滚筒上各有一根钢丝绳，每一根各挂一个车组。由于两个滚筒缠绕方向相同而出绳方向不同，故开车后，一根钢丝绳是缠绕，另一根钢丝绳则是放松，这样一个车组向上运行，另一个车组向下运行。这种双绳运输比单绳运输的循环时间短，生产效率高，但必须在巷道中铺设双轨，而且车场布置比较复杂。

有极绳运输设备包括绞车、钢丝绳和容器（矿车）等。

《煤矿安全规程》对主要提升装置定义为“含有提人绞车及滚筒直径 2 m 以上提升物料的绞车的提升装置”。一般绞车滚筒直径在 2 m 以下的称为绞车，滚筒直径在 2 m 以上的称为提升机。提升机、钢丝绳和容器（矿车）的内容将在后续章节中详细介绍，在此只讲运输绞车。

运输绞车根据结构、用途不同，可分为调度绞车和斜巷运输绞车两种。

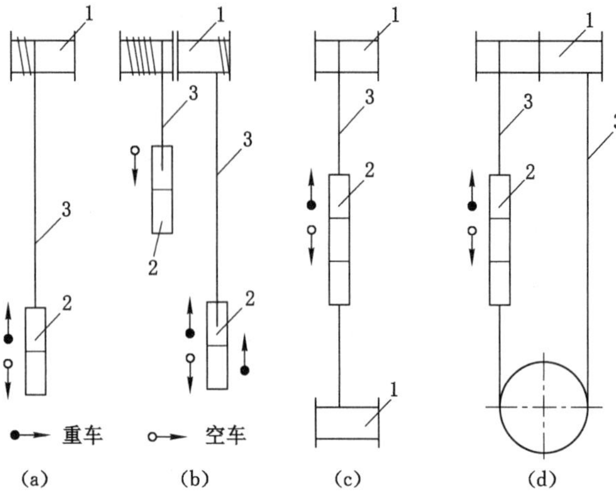

图 8-1　有极绳运输示意图

(a) 单绳运输；(b) 双绳运输；(c)，(d) 无极绳运输

1——绞车；2——容器(矿车)；3——钢丝绳

1. 调度绞车

(1) 用途及适用范围

调度绞车是用来调度车辆及进行辅助牵引作业的一种绞车，多用于矿井巷道中拖运矿车及辅助搬运，也可用在采掘工作面、装车站调度空、重载矿车。JD-1、JD-1.6 型调度绞车用于矿井、井底车场、中间巷道、采区运输巷编组矿车，掘进头调度矿车，也可供矿山地面、冶金矿场建筑工地进行地面辅助搬运工作。

(2) 结构特征与工作原理

调度绞车的外形如图 8-2(a)所示。绞车在结构上采用了两组内齿轮传动副和一级行

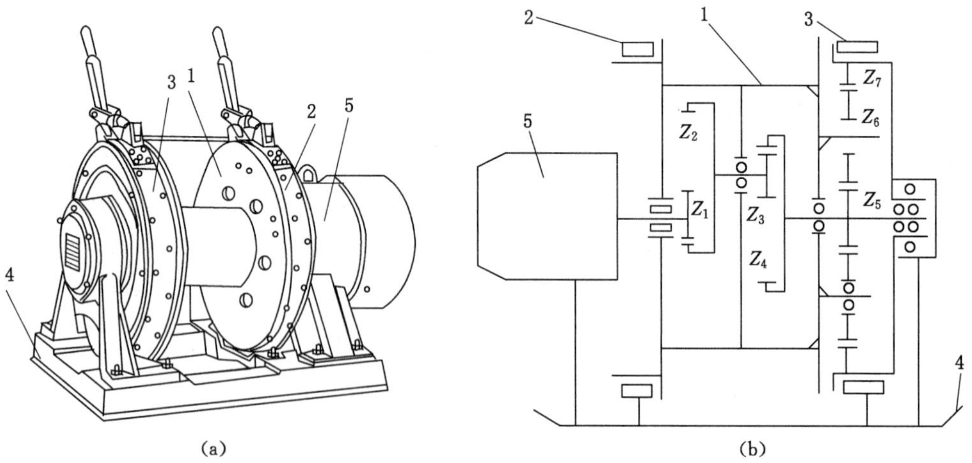

图 8-2　JD-11.4 型调度绞车

(a) 绞车外形图；(b) 绞车传动原理图

1——滚筒装置；2——制动闸；3——工作闸；4——底座；5——电动机

星齿轮传动，其传动系统如图 8-2(b)所示。两组内齿轮副装在滚筒内，电动机轴端装有电机齿轮，直接伸入滚筒内与小内齿轮啮合，经小连轴齿传递到另一小内齿轮，再传递到大连轴齿，大连轴齿与大行星齿轮啮合，带动行星机构转动。此时有三种情况：

① 如果左刹车闸松开，右刹车闸刹住大内齿轮，此时大行星齿轮除作自转外还要围绕中心齿轮公转，同时带动大齿轮架旋转，由于滚筒是由键、螺栓和大齿轮架连接在一起的，因此滚筒也旋转起来，此时即可进行牵引，称为牵引工作状态。

② 如果右刹车闸松开，左刹车闸刹住滚筒，此时滚筒停止转动，重物被停留在某一位置，称为停止状态。这时右端齿轮架不再旋转，大行星齿轮亦不再公转，而是自转，并带动大内齿轮空转。

③ 如果左、右两刹车闸均松开，重物便因自重自由下落，带动滚筒反转，称为工作下放状态。为了调节下放速度或停止，两刹车装置应交替刹紧或松开。

2. 斜巷运输绞车

斜巷运输绞车一般用于井下倾斜巷道内运输材料或设备等，也可供产量较低的小型矿井作主要提升设备使用。此类绞车按滚筒数目分，可分为单滚筒绞车和双滚筒绞车；按滚筒直径大小分，可分为 0.8 m、1.2 m、1.6 m 三种规格；按传动方式分，可分为齿轮传动绞车和液压传动绞车；按防爆性能分，可分为防爆绞车和非防爆绞车。

JT 系列单滚筒矿用提升运输绞车的结构如图 8-3 所示，其采用了结构紧凑的盘式制动闸、中心驱动减速器、圆盘式深度指示器及快速调绳离合装置。与老系列的绞车相比较，提升能力平均提高了 10%。

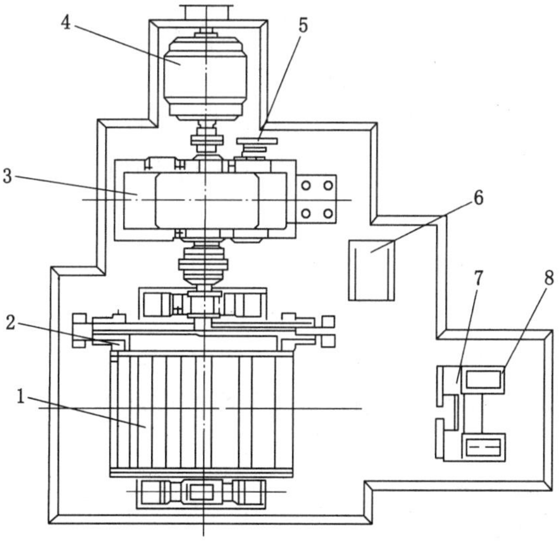

图 8-3 JT 系列单滚筒矿用运输绞车

1——主轴装置；2——盘形闸；3——减速器；4——电动机；5——制动器；6——液压站；7——深度指示器；8——操作台

图 8-4 所示是 JTY-1.2/1B 型防爆液压绞车的外形结构。

防爆液压绞车的机械部分和一般绞车相同，由主轴装置、盘形制动闸、深度指示器、操

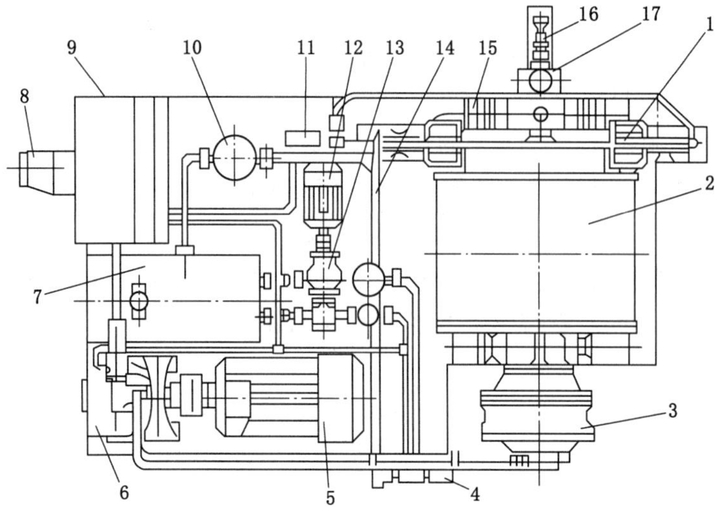

图 8-4 JTY1.2/1B 型防爆液压绞车的外形结构

1——盘形闸；2——主轴装置；3——液压马达；4——阀组；5——主液压泵电动机；6——轴向柱塞式主泵；7——油箱；8——座椅；9——操纵台；10——冷却器；11——防爆电磁铁；12——副泵电动机；13——双联叶片泵；14——精过滤器；15——机座；16——超速保护装置；17——深度指示器

作台和机座等组成；液压部分由液压马达、主液压泵（双向变量轴向柱塞泵）、副液压泵（双联叶片液压泵）、油箱、冷却器、滤油器和阀组等组成；电气部分由控制各种电气设备的启动器和操作保护两大系统组成。

防爆液压绞车工作时，由笼型电动机驱动主液压泵，使液压油产生液压能，通过液压马达又把液压能转变为机械能驱动滚筒进行运转。当主液压泵的输出油量增加、减少、为零或改变油液流动方向时，液压马达也相应加快、减慢、停止或反转，从而驱动绞车滚筒实现加速、减速、停转或反转等工作。副泵系统主要起制动、补油、操作和控制作用。

（二）无极绳运输

无极绳绳轮如图 8-5 所示，将钢丝绳接成一个封闭圈，两端分别套在两个绳轮上：一个绳轮为主动轮，另一个绳轮为张紧导向轮。当主动绳轮旋转时，靠其与钢丝绳之间的摩擦力，牵引钢丝绳带动矿车在轨道运行。若从装车场按一定的间隔不断地将矿车与钢丝绳挂接，那么在出车场处就可不断地摘挂钩并推出矿车。因此这种运输是连续的，它的货运量

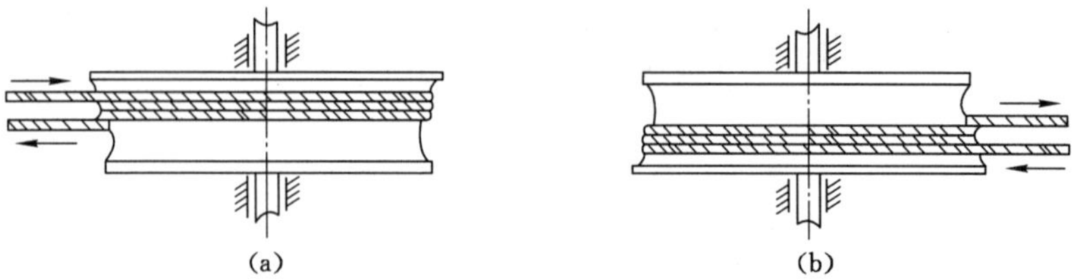

图 8-5 无极绳绳轮

(a) 圆锥形绳轮；(b) 抛物线形绳轮

与距离无关。无极绳运输适用于矿井井下水平巷道或倾角不大(5°～20°)的上、下山运输，也可以作地面运输。

无极绳运输系统一般由牵引绞车、张紧装置、尾轮、托辊、钢丝绳、连接装置等组成。无极绳运输一般采用双侧布置方式，一侧走重车，另一侧走空车。由于矿车是在钢丝绳行进中摘挂，所以其运行速度不能太大。

1. 牵引绞车

无极绳牵引绞车是整个系统的动力源，采用机械传动，摩擦驱动，主要用于煤矿井下采区大倾角、多变坡、大吨位、长距离运输。考虑到设备运行的安全稳定性，在设计时，绞车最大速度一般不超过 2.5 m/s，整体运输液压支架时速度一般在 1 m/s；运距按 1 000～3 000 m 设计；最大坡度根据牵引力及最大运输质量推算，一般不超过 12°。牵引绞车驱动方式一般有两种，一是采用抛物线单滚筒驱动，二是采用绳槽式滚筒驱动。

抛物线单滚筒驱动时钢丝绳在滚筒上缠绕 3～3.5 圈，主要优点是：

(1) 钢丝绳围包角大，对驱动绳衬的摩擦因数要求较低，可选用摩擦因数较小的材料作绳衬。

(2) 可双向出绳，能够实现两个方向的牵引，在实际安装布置时与运输线路道岔方向无关，安装布置灵活方便。

(3) 结构简单，成本较低。

主要缺点是：由于在滚筒上的钢丝绳除了绳与绳互相接触摩擦外，钢丝绳与绳衬之间还有滑动摩擦，因此钢丝绳的磨损相对较严重，寿命较低。

绳槽式双滚筒驱动有时也称为对轮驱动，包括一个驱动滚筒和一个从动滚筒。钢丝绳一般在驱动滚筒上缠绕三四个半圈，在从动滚筒上缠绕二三个半圈，以此形成螺旋缠绕。主要优缺点和抛物线单滚筒驱动方式正好相反。

就主动绳轮讲，有圆锥形、抛物线形和夹钳式三种，后一种用得较少。当绳轮转动时，每一个后面的绳圈绕于前一绳圈一旁，如果绳轮为平面轮缘，钢丝绳会很快绕出绳轮而不能工作。如图 8-5 所示，当绳轮的轮缘为圆锥形或抛物线形时，在缠绕过程中，各绳圈将向绳轮的小直径方向滑动。显然，具有圆锥形轮缘的绳轮，只能向一个方向转动；否则，钢丝绳仍会绕出绳轮。与此相反，具有抛物线轮缘的绳轮允许两个方向转动，钢丝绳不会脱出绳轮。

2. 钢丝绳张紧装置

无极绳牵引运输系统中钢丝绳张紧至关重要，可保证钢丝绳在滚筒绳衬上有较稳定的正压力，使牵引绞车正常牵引，而钢丝绳不至于在滚筒上打滑。另外，在起伏变化的巷道中，运行的钢丝绳的紧边和松边是经常变化的，要求张紧系统必须及时地自适应调整，保证随时对松边钢丝绳施加一定的初张力，同时张紧系统需吸收由起伏坡度变化和钢丝绳弹性变形等原因而产生的伸长量。

由于运输距离大，钢丝绳变化量较大，要求张紧装置具有较大的吸收能力，因此一般采用三轮或五轮重锤式张紧器，其结构简单、反应速度快、成本低。

3. 压绳、分绳技术

无极绳牵引运输系统在起伏变化的巷道中运行时，钢丝绳的上漂与拉棚，直接影响着系统运行甚至巷道支护的安全。因此，为防止钢丝绳上漂，出现拉棚现象，并有效地防止车辆掉道，必须采用可靠的压绳技术。在轨道凹点处采用强制性压绳，并防止两钢丝绳由于轨道不直而相互交叉。压绳轮分主压绳轮组和副压绳轮组，副压绳轮组的轮子相对固定，结构简单；而主压绳轮组的轮子靠弹簧压紧，在受到外力作用时会张开，结构相对复杂。主压绳轮组的结构如图 8-6 所示。

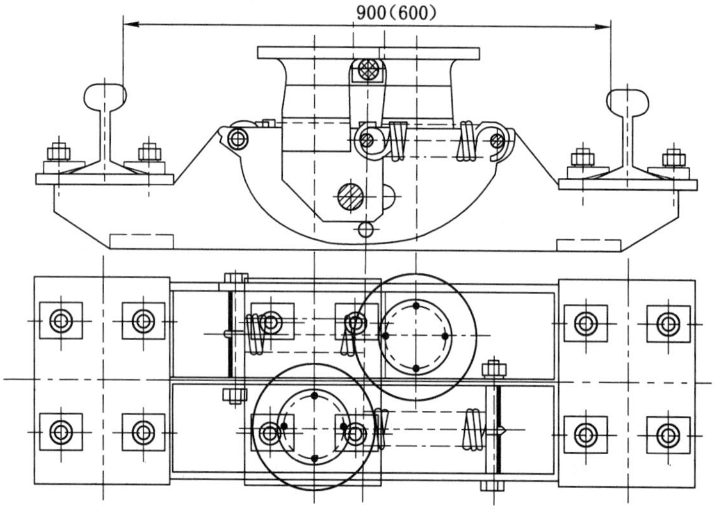

图 8-6 主压绳轮组结构图

三、单轨吊车

(一) 单轨吊车的组成和工作原理

单轨吊车主要由轨道、牵引设备和吊挂车辆组成。吊挂车辆按其用途主要有牵引吊车、制动吊车、承载吊车以及乘人吊车等形式。图 8-7 所示为钢丝绳牵引单轨吊车运输系统示意图，其工作原理如图 8-8 所示，单轨吊车通过牵引设备即摩擦轮绞车，牵引各种吊挂车辆沿吊挂在巷道顶部的特制工字钢做成的单轨上行走，从而实现运输。

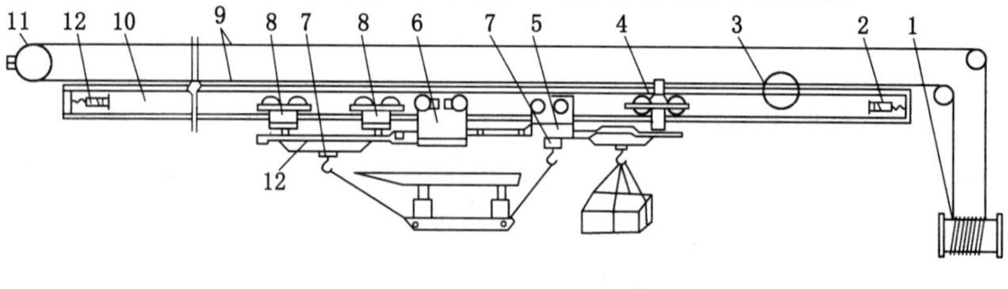

图 8-7 钢丝绳牵引单轨吊车运输系统示意图

1——牵引绞车；2——缓冲器；3——导绳滑轮组；4——牵引车；5——制动车；6——控制车；7——倒链起重器；8——支撑车；9——牵引钢丝绳；10——吊挂车导轨；11——尾轮；12——横梁

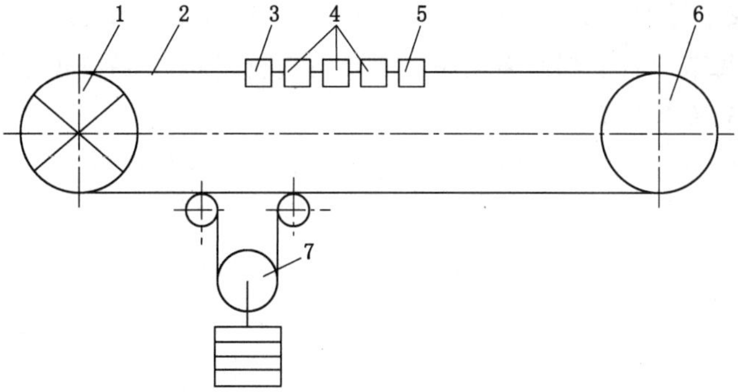

图 8-8　钢丝绳牵引单轨吊车工作原理图

1——摩擦轮；2——钢丝绳；3——牵引车；4——制动车；5——集装箱；6——回绳轮；7——张紧装置

（二）单轨吊车用轨道

单轨吊车用的轨道是工字形断面，与普通的工字钢不同，其翼板厚而窄，对长度方向的平直性、截面形状误差、机械强度和化学成分都有严格的要求，以提高其承载能力和耐磨性。

轨道有直轨、曲轨两种。直轨结构如图 8-9(a)所示，每节单轨 1 的两端分别焊接连接吊钩 2、插板 3 和连接柄 4、夹板 5。部分直轨上还装有导绳轮座 6，每隔五六节单轨安装一节带导绳轮座的单轨。直轨间的连接如图 8-9(b)所示。

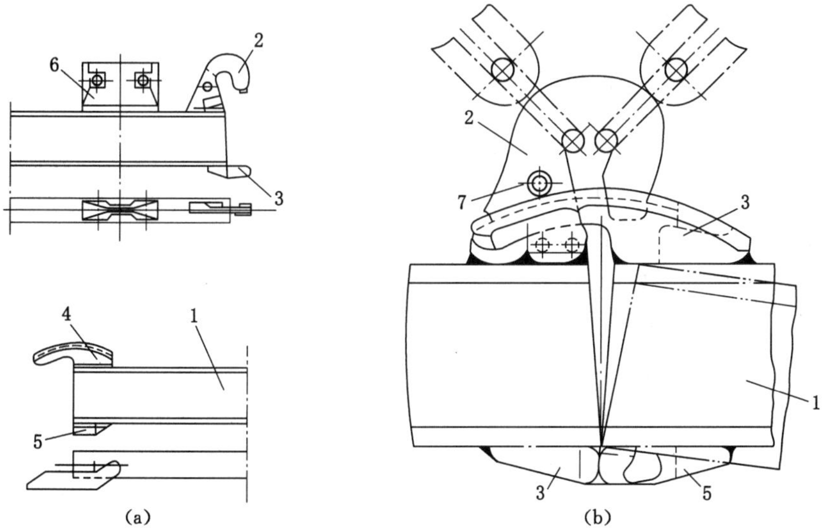

图 8-9　直轨结构及其连接

1——单轨；2——连接吊钩；3——插板；4——连接柄；5——夹板；6——导绳轮座；7——弹性套筒销

安装单轨时，将一节单轨的连接柄连在与其相邻的另一节单轨的凸台上，下面的插板插入另一节单轨下面的夹板内。两节单轨在连接状态中，带连接柄的一端可以向上或向下偏转 7°。因为连接吊钩的凸台和连接柄具有相同的曲率半径，因而在允许的偏差范围内，连接柄与吊钩凸台之间均能保持严密和良好的接触。

曲轨是预制成半径为 4 m、中心角为 15°的弯轨。曲轨之间用法兰刚性连接，为给牵引绳在弯道上导向，每节曲轨上都有绳轮座。曲轨与直轨之间，用特殊的连接直轨相连。

(三) 单轨吊车的牵引设备

单轨吊车的牵引设备主要有两种形式，即摩擦轮绞车和吊挂机车。

1. 摩擦轮绞车

钢丝绳牵引单轨吊车是使用摩擦轮绞车作为其牵引设备，如图 8-10 所示。牵引钢丝绳通过导向轮换向，在传动绳轮上缠绕 540°。绳轮轮面衬有塑料衬垫，开动液压马达，经外齿轮和内齿圈传递动力，使绳轮转动，带动钢丝绳牵引吊挂车组运行。摩擦轮绞车以液压马达为动力，可实现无级调速，同时具有启动平稳，易达到防爆要求和遥控的优点。

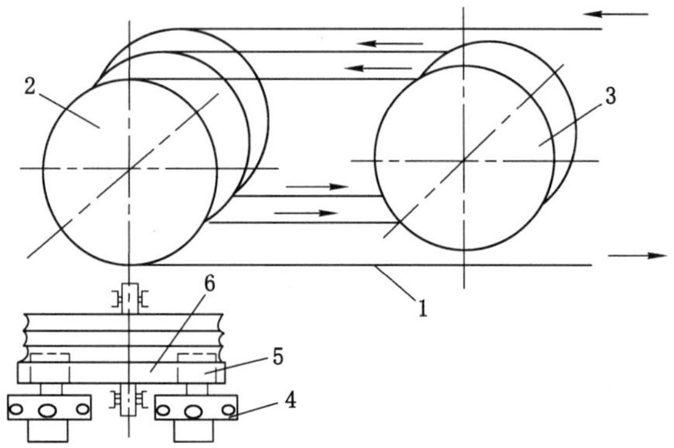

图 8-10 摩擦轮绞车工作原理

1——钢丝绳；2——绳轮；3——导向轮；4——液压马达；5——外齿轮；6——内齿圈

2. 吊挂机车

吊挂机车按其动力源不同，有柴油机吊挂机车和蓄电池吊挂机车两种。其共同特点是，车体用承载吊车吊挂在单轨上，通过专用驱动轮产生牵引力。

图 8-11 所示为柴油机吊挂机车。驱动轮在工字钢的两侧成对装设，用弹簧或液压缸使驱动轮紧压在工字钢单轨的腹板两侧。机车需要行走时，启动柴油机，柴油机输出的动力经减速器带动驱动轮旋转，驱动轮与单轨间产生黏着牵引力使机车运行。为增大黏着系数，驱动轮外缘用耐压耐磨的摩擦材料，黏着系数可达 0.5 左右。由于给驱动轮施加了较大的压力，机车的牵引力不受线路倾角的影响，可以在大倾角中运行。

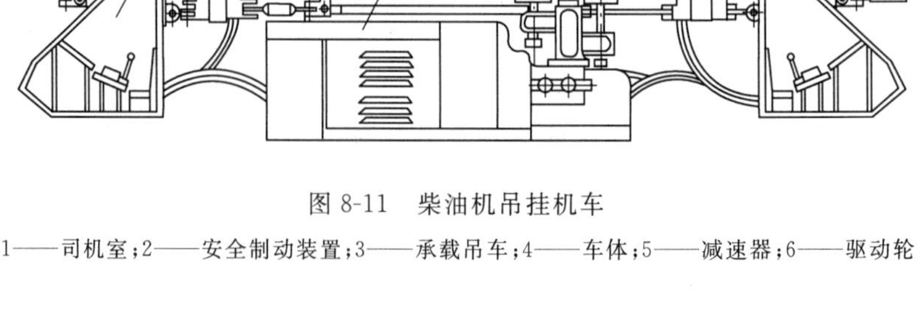

图 8-11 柴油机吊挂机车

1——司机室；2——安全制动装置；3——承载吊车；4——车体；5——减速器；6——驱动轮

吊挂机车可沿倾斜轨道运行，车上的制动装置有两套，可实现三种制动功能。工作制动闸装在驱动轮的内缘。安全制动闸设在车体与两端的司机室之间，用刚性的连接杆与车体连成一体。安全制动闸可实现操作制动和超速自行制动。操作制动由司机控制；超速时，限速器动作，打开释放阀，制动液压缸回油，闸瓦紧急制动。

第三节　卡轨车与无轨胶轮车的主要结构

一、概述

卡轨车是一种由钢丝绳牵引或机车牵引，在专用轨道上运行的运输车辆，其牵引和载重车辆的转向架装有垂直和水平卡轨轮组。当车辆在专用轨道上运行时，卡轨轮卡在轨道的槽口中滚动，可防止车辆掉道。卡轨车的特点是载重大、运速高、运距长、爬坡能力强，能适应起伏、弯曲和倾斜的巷道。它主要用于煤矿井下材料、设备、人员和矸石的辅助运输，尤其适用于重型设备，如综采设备的搬运。

卡轨车按牵引方式可分为钢丝绳牵引和机车牵引两类。钢丝绳牵引卡轨车是以绞车为牵引机构的无极绳运输。其功率和牵引力大，速度高，重载爬坡能力强，适用于重型设备的运输、坡度大(12°～25°)和弯道少的运输系统，不适用于底鼓严重的地段或分支巷道。

机车牵引卡轨车按牵引机车的动力分为防爆柴油机卡轨车、防爆特殊型蓄电池卡轨车。机车牵引卡轨车的机动性好，能适应多分支巷道和多个采掘工作面运输的需要，用于平硐或倾角小的斜井开拓时，能实现从地面不经转载直达工作面的运输；用于立井开拓时，可实现从井底车场直达工作面的运输。

无轨胶轮车是用于井下的、在巷道底板上运行的胶轮运输车，不需专门的轨道。它以柴油机或蓄电池为动力，由牵引车和承载车组成，前部为牵引车，后部为承载车，前、后车铰接。无轨胶轮车按用途分运输类车辆和铲运类车辆。运输类车辆主要完成长距离的人员、材料和中小型设备的运输，它包括运人车、运货车和客货两用车；铲运类车辆主要完成材料和设备装卸、支架和大型设备的铲装运输。无轨胶轮车按动力装置分柴油机胶轮车、蓄电池胶轮车和拖电缆胶轮车。

二、卡轨车

图 8-12 所示是钢丝绳牵引卡轨车系统，系统主要由轨道装置、卡轨车车辆及牵引控制设备三部分组成。钢丝绳牵引的卡轨车运输距离一般在 1.5 km 之内，如果巷道平直、转弯少、坡度小，运输距离可以增至 3 km 以上。为保持较大的钢丝绳牵引力，可以采用双绳或三绳牵引方式，运行速度一般不超过 2 m/s，目的是保证重载运输时重心平稳，防止转弯时翻到。

卡轨车的牵引钢丝绳直径在 16～30 mm 之间，不允许使用活接头，可以用插接接头。无油或有油钢丝绳均可以采用。钢丝绳牵引卡轨车的控制方式，一般均由绞车司机远方操作，在牵引车上设跟车人员，由他向绞车司机发出停、开信号，确保运行安全。另外，跟车人员也可以使用遥控装置直接制动绞车。

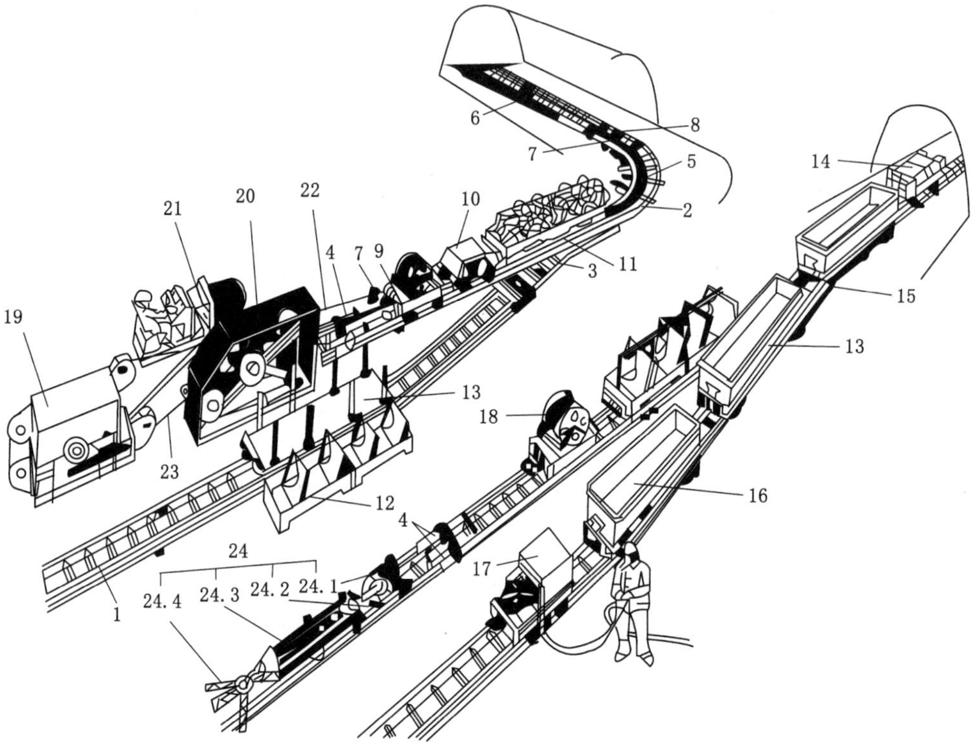

图 8-12　钢丝绳牵引卡轨车系统

1——直线轨道；2——弯道；3——道岔；4——缓冲装置；5——弯道导向轮组；6——托绳辊；7——空绳导向轮；8——通过式导向轮组；9——牵引车(带储绳筒)；10——控制车；11——带人座运输车；12——人座车；13——运输车；14——制动车；15——连接杆；16——可翻转容器；17——调度用卡轨车；18——储绳滚筒；19——牵引绞车；20——张紧装置；21——带操纵台的泵站；22——返回绳(空绳)；23——牵引绳；24——回绳站(24.1——带护板回绳轮；24.2——测力计；24.3——棘轮张紧器；24.4——锚固装置)

(一) 牵引设备

牵引设备用来牵引卡轨车运输系统中的卡轨车辆，使其沿轨道运行，实现运输。牵引设备有两种主要形式，即摩擦轮绞车和卡轨机车。卡轨机车按其动力源不同又有柴油机卡轨机车和蓄电池卡轨机车两种。

1. 摩擦轮绞车

摩擦轮绞车是钢丝绳牵引卡轨车运输系统的牵引设备，卡轨车运输系统使用的摩擦轮绞车与单轨吊使用的摩擦轮绞车结构及工作方式相同。

2. 卡轨机车

图 8-13 所示为一种卡轨机车结构示意图，主要由动力部、驱动装置、司机室和制动装置等组成。动力部是防爆低污染柴油机带动的变量泵。液压泵采用轴向柱塞变量泵，驱动装置有两套，每套有两台定量液压马达，各带动一个驱动轮。驱动轮用液压缸紧压在轨道上，以增大卡轨机车的黏着牵引力。

在卡轨机车的两端各设一套制动装置，制动时，在弹簧力作用下使闸瓦夹持槽钢轨道的上翼缘，以产生摩擦制动力；松闸时，靠液压力使闸瓦与槽钢轨道的上翼缘脱开。该制动装置还有超速自行制动的功能。司机室位于卡轨机车的两端，以便双向行驶。动力部与司机室之间用垂直销轴连接，以使卡轨机车能在弯道半径较小的轨道上行驶。

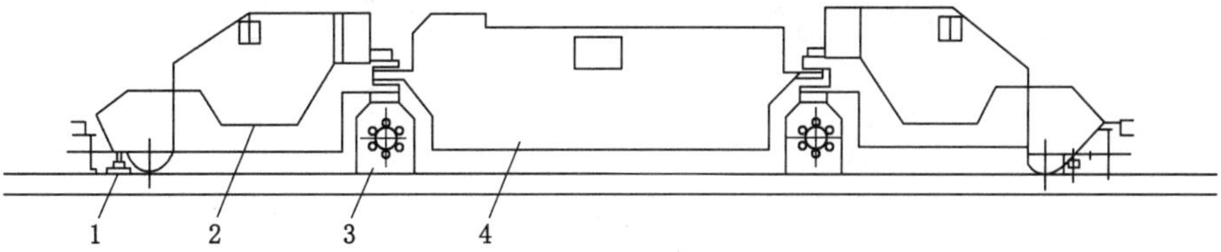

图 8-13　卡轨机车结构示意图

1——制动装置；2——司机室；3——驱动装置；4——动力部

（二）卡轨车辆

卡轨车在结构上除装有行走轮外，都装设了防止行走轮脱轨的装置，即卡轨轮。卡轨轮装于车架底部，卡在槽钢轨道的槽内，使行走轮转动时不致掉道。

卡轨车辆按其功能有牵引车、制动车、承载车和乘人车等。

1. 牵引车

牵引车是钢丝绳牵引卡轨车系统中与牵引钢丝绳连挂的车辆。在牵引车上装有储绳筒，用来调节绳长，以适应运输距离的变化。调整时，将绳卡松开，从储绳筒中放出或绕入所需的绳长，然后用绳卡将牵引绳固定在牵引车上。

2. 制动车

在钢丝绳牵引卡轨车系统中必须在列车编组中配备制动车，当发生断绳、脱钩或车速超过规定值时，车上的紧急制动系统动作，闸瓦夹紧轨道，产生制动力，使卡轨车减速停止在轨道上。图 8-14 所示为 KYZ-90P 型制动车的外形图，主要由车架、液压系统、限速释放系统、提升机构和制动机构等组成。

当车速达到规定值时，与增速机构连接的释放器动作，在开启释放阀的同时，释放逻辑阀的控制压力，使提升缸和制动缸的压力卸掉，制动缸中的弹簧推动提升缸和制动缸，从轨道面及轨道两侧卡紧钢轨，产生摩擦制动力实现紧急制动。

3. 承载车

承载车按其用途不同有平板式、箱体式等不同类型。平板式承载车用于运输大型设备，如液压支架等；箱式承载车用来运输一般材料或设备。承载车可用现有矿用平板车加装卡轨防跳轮改制而成，有时一般车辆也可以作为承载车编入列车运行。

4. 乘人车

乘人车是卡轨车运输系统中专门运送人员的车辆，由车体和行走部组成。车体由钢板焊接而成，行走部结构与承载车基本相同。

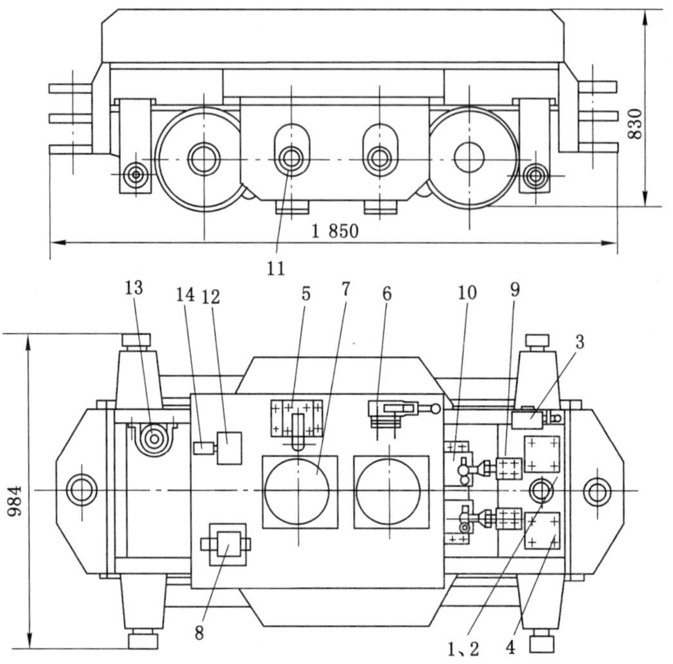

图 8-14 KYZ-90P 型制动车外形图

1,2——油箱、吸油滤油器;3——手压泵;4——逻辑阀;5——行程阀;6——定位开闭阀;7——提升缸;8——顺序阀;9——释放阀;10——释放器;11——制动缸;12——开关阀;13——蓄能器;14——压力表

三、无轨胶轮车

无轨胶轮车一般采用铰接车身,前部为牵引车,后部为承载车,如图 8-15 所示。这种车可以在很小的曲率半径(一般为 3～6 m)内转弯,能够在起伏不平的巷道底板上自由驾驶;机身较低,一般不超过 1.5 m,矮的不超过 1 m;使用重型充气塑料轮胎;带有可靠的制动系统,可重载爬坡达 12°～14°;蓄电池无轨胶轮铲车行驶速度一般不超过 2.5 m/s,柴油机无轨胶轮铲车可达 4～6 m/s;重型无轨胶轮车可整运 18～27 t 液压支架,轻型可运输人员、物料,最多一辆车可运 25～40 人,运煤车可运载矸石 14～20 t,并在 20 s 内自卸。

车辆的前端工作机构可以快速更换,即可以在 1～2 min 内,从铲斗换成铲板,集装箱、散装前卸料斗,侧卸料斗或起底带齿铲斗,还可改为人坐车、救护车、修理车、牵引吊车等。有的车辆上还可装设绞车、钻机、锚杆机等,实现一机多用。蓄电池无轨胶轮铲车无排气污染,轻型可以运人运料,重型可运支架设备。缺点是工作 4～5 h 后需要更换电池充电,但这对不经常满载运行且次数不太频繁的辅助运输作业来说还是适合的。

无轨胶轮车一般车体较宽,行驶中巷道两侧需要有不小于 220～300 mm 的间隙,因而需要巷道尺寸较宽,且最好是无棚腿支护,如锚杆支护、锚喷支护或砌碹巷道。底板抗压强度应不小于 100～250 kPa,最好是砂岩或砂质页岩等较完整的底板条件,有淋水时需降低使用坡度,底板较软或破碎时需经常铲平清理,有的甚至需要加打混凝土路面进行硬化处

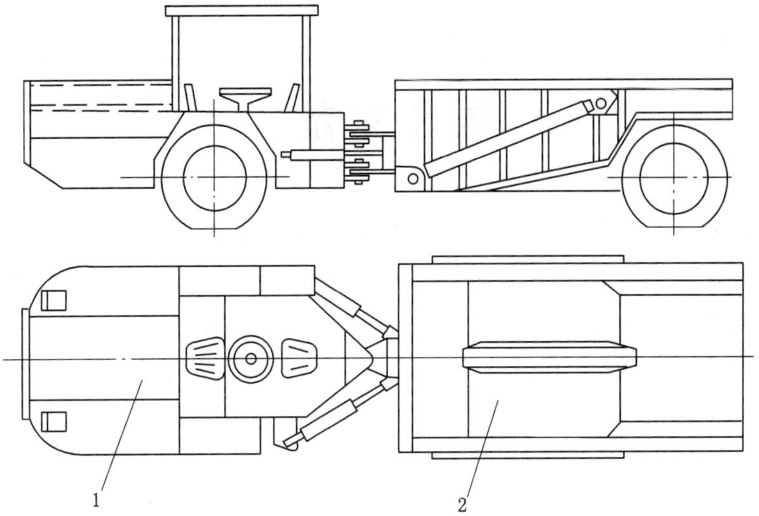

图 8-15　WY-2 型无轨胶轮运输车

1——前车；2——后车

理或加垫板。此外，还要求巷道有较大的弯道半径。

无轨胶轮车特别适用于赋存较浅、倾角不大的近水平煤层矿井，理想的是 12°左右的斜副井，用胶轮车从地面到采区直接运送人员、材料、设备和矸石。无轨胶轮车也可用于顶、底板条件较好的竖井开拓方式的矿井。

思考与练习题

1. 简述煤矿辅助运输的特点。
2. 什么是有极绳运输？什么是无极绳运输？
3. 简述有极绳矿用绞车的组成部分。
4. 单轨吊车运输的特点有哪些？
5. 卡轨车有何特点？可在哪些场合使用？

参考文献

[1] 陈国山.矿山提升与运输[M].第二版.北京:冶金工业出版社,2015.
[2] 陈维健,齐秀丽,肖林京等.矿山运输与提升设备[M].徐州:中国矿业大学出版社,2007.
[3] 晋民杰,李自贵.矿井提升机械[M].北京:机械工业出版社,2011.
[4] 李炳文,万丽荣,柴光远.矿山机械[M].徐州:中国矿业大学出版社,2010.
[5] 刘胜利.矿山固定机械[M].北京:煤炭工业出版社,2009.
[6] 毛君.煤矿固定机械及运输设备[M].修订本.北京:煤炭工业出版社,2012.
[7] 孟凡英.流体力学与流体机械[M].修订本.北京:煤炭工业出版社,2011.
[8] 舒斯洁,吴义顺,李寿昌.矿山机械[M].徐州:中国矿业大学出版社,2009.
[9] 王荣祥,任效乾.矿山工程设备技术[M].北京:冶金工业出版社,2005.
[10] 王志甫.矿山固定机械与运输设备[M].徐州:中国矿业大学出版社,2006.
[11] 魏大恩.矿山机械[M].北京:冶金工业出版社,2016.
[12] 吴昌友,于辉.矿山固定机械及运输设备[M].北京:北京交通大学出版社,2014.
[13] 谢锡纯.矿山机械与设备[M].第三版.徐州:中国矿业大学出版社,2012.
[14] 杨桢.矿山机械[M].北京:北京理工大学出版社,2012.
[15] 张书征.矿山流体机械[M].北京:煤炭工业出版社,2010.
[16] 庄严.矿山运输与提升[M].徐州:中国矿业大学出版社,2009.